BANDAOTI ZHIZAO GONGYI KONGZHI LILUN

半导体制造工艺控制理论

王少熙　郑然　阴玥　游海龙　张淳　著

西北工业大学出版社

西　安

【内容简介】 稳定受控的半导体制造工艺是实现芯片高可靠性水平的重要方法。本书从工序能力指数、统计过程控制和实验优化设计三个方面展开，详细讲述三种技术的常规理论和特殊应用方法和模型，并结合具体半导体制造工艺提出解决方案。本书共6章，第1章阐述半导体制造工艺控制理论概念和背景；第2章阐述单变量工序能力指数；第3章阐述多变量工序能力指数；第4章阐述常规过程控制技术；第5章阐述特殊过程控制技术；第6章给出实验设计及工艺表征的理论及应用。

本书可作为高等学校电子科学与技术、微电子学与固体电子学、管理科学与工程等相关专业的教材，也可供从事半导体质量控制的科技人员参考。

图书在版编目(CIP)数据

半导体制造工艺控制理论/王少熙等著. —西安：西北工业大学出版社，2018.4
ISBN 978-7-5612-5953-5

Ⅰ.①半… Ⅱ.①王… Ⅲ.①半导体工艺 Ⅳ.①TN305

中国版本图书馆CIP数据核字(2018)第074432号

策划编辑：杨 军
责任编辑：孙 倩

出版发行：西北工业大学出版社
通信地址：西安市友谊西路127号 **邮编**：710072
电　　话：(029)88493844 88491757
网　　址：www.nwpup.com
印 刷 者：陕西金德佳印务有限公司
开　　本：787 mm×1 092 mm 1/16
印　　张：11
字　　数：265千字
版　　次：2018年4月第1版 2018年4月第1次印刷
定　　价：49.00元

前　言

随着我国集成电路产业的迅速发展，产品质量不断提高，传统可靠性增强方法遇到瓶颈，对可靠性设计和分析提出了新的要求。行业一致认为半导体制造工艺的高可靠稳定受控状态直接决定产品的内在可靠性水平。如何针对复杂先进半导体制造工艺稳定控制，实现产品的高可靠性水平成为关注重点。为尽可能全面、系统地介绍半导体制造工艺控制的基础理论体系和应用技术，编写了本书。

本书的主要内容为统计质量控制理论在半导体制造行业的应用，并针对半导体制造工艺特殊性提出新的模型算法和解决方案。要求读者具备微电子可靠性、半导体制造工艺以及数理统计等方面的基础知识。笔者从质量控制三大核心技术工序能力指数、统计过程控制和实验设计出发，阐述工序能力指数、统计过程控制和实验设计的基本理论，并针对现代化半导体制造工艺特点，详细阐述多变量工序能力指数、特殊过程控制技术以及工艺表征和实验设计内容，有助于读者在半导体制造工艺和质量控制技术之间建立起知识贯通的基本框架，为半导体制造质量控制复合型高端人才培养提供理论基础。

全书分 6 章，第 1 章阐述半导体制造工艺控制理论的概念和背景；第 2 章阐述单变量工序能力指数；第 3 章阐述多变量工序能力指数；第 4 章阐述常规过程控制技术；第 5 章阐述特殊过程控制技术；第 6 章给出实验设计及工艺表征理论和应用。

在本书撰写过程中，郑然参与了第 2 章、阴玥参与了第 3 章、张淳参与了第 5 章的编写工作，游海龙撰写了第 6 章，王少熙撰写其余章节并负责全书统稿。在本书的写作过程中，还查阅了国内外有关学者的著作和文章，参考了课题组多年的研究成果，包括顾凯、龚自立、万长兴、张同友、徐如清等研究生的毕业论文，在此一并表示衷心的感谢。

在此感谢樊星的大力支持，并把书送给王韬荣和王一樊两位小朋友。

由于水平有限，书中难免存在疏漏和不足之处，恳请读者批评指正。

著　者

2018 年 1 月于西安

目　录

第1章　绪　　论

“质量是企业的生命”“质量就是效益”表达了人们对质量问题重要性的认识。美国著名质量管理专家朱兰(J. M. Juran)在第48届美国质量管理学会年会上指出,20世纪以“生产率的世纪”载入史册,未来的世纪将是“质量的世纪”。伴随着全球经济一体化的发展,国际市场的竞争日趋激烈,与时间和成本一样,可靠性已成为企业生存与发展的主要制胜因素。广泛应用国内外先进的质量方法和质量技术对于企业提高产品可靠性、提高产品竞争力具有重要意义。好的质量是低成本、高效率、低损耗、高收益的保证;也是长期赢得顾客信任度,企业获得可持续发展的基石。尽管中国企业界最近的热点似乎集中在购并、资本经营、市场拓展、多元化等方面,但事实上,对任何一家生产制造企业来讲,高可靠性的管理、生产流程的控制,是企业发展的最为重要的“内功”之一。如何练好“内功”,不仅需要有质量管理的思想、方法和手段,更需要有可靠性工程技术的支持。如何利用质量工程技术,设计并生产出低成本、短周期、高质量、高可靠性的产品,由此获得竞争优势,已成为国内外广大理论研究者和实际工作者广泛关注的问题。

1.1　半导体制造工艺可靠性

由于可靠性与成品率即工艺水平有很强的相关关系,随着微电子技术的迅猛发展,集成电路的规模不断扩大,生产工艺越来越复杂,基于集成电路技术的各种新产品层出不穷,而且越来越呈现出高集成、高智能、高技术综合化的新特点。从经济规模效益和全寿命周期费用成本出发,人们对产品质量和可靠性的要求也不断提高;在经济行为中,大型整机生产厂家不但要求元器件供方的产品是来自统计受控状态下的工艺生产过程,而且还要求半导体制造生产线具有很高的工序能力,以期保证微电子产品的高可靠性和长寿命周期。

目前电子元器件生产的工艺不合格品率已降至PPM(Parts Per Million:百万分之几)水平,一般集成电路的失效率也将降至0.1FIT(Failures in Time)数量级,在这种情况下,评价元器件产品质量和可靠性的传统方法或因失去效果或因成本太高已明显不能满足微电子行业的发展。比如目前在国际上已达到几乎每一批产品都能通过批抽样检验的程度,这种传统的“事后”批抽样检验方法已无法区分不同厂家、不同批次产品之间必然存在的质量差别,其结果是生产厂家认为其产品质量已无懈可击,缺乏进一步提高产品质量的动力,同时元器件使用单位也无法确定哪个厂家生产的产品质量更高。

国际上从20世纪80年代初开始,在如何准确地定量评价高可靠性元器件内在质量方面进行了广泛地探索,提出了工序能力指数和统计过程控制的应用,并形成一套相对完整的质量评价与控制技术。如整机生产厂家在批量采购元器件时,不再追求元器件失效率的具体数值,转而使用工序能力指数技术对半导体制造工艺水平进行评价,通过数据证明元器件产品是出自高可靠性水平的半导体制造生产线,从而保证元器件具有很高的“内在质量”。

为了在制造过程中贯彻预防原则,贝尔实验室的沃尔特·休哈特(W. A. Shewhart)在

20世纪初创造了基于控制图的统计过程控制理论。但是直到第二次世界大战(以下简称“二战”)爆发后,为克服军工产品质量不稳的问题并降低成本、增加产品产量、保证及时交货,美国国防部于1942年将休哈特等一批专家召集起来,制定了采用数理统计方法进行质量控制的战时质量管理标准。尽管该理论在第二次世界大战应用中收到很好的效果,但在战后美国成为工业强国并一个时期内在世界商贸中独霸天下,该统计方法在质量可靠性管理中并没有得到广泛应用。二战中经济遭受严重破坏的日本在1950年通过戴明(W. Edwards Deming)博士将统计过程控制的概念引入日本,后邀美国著名质量管理专家朱兰到日本讲学,统计方法在日本的企业中开始受到重视并得到广泛应用,而且收到了良好的效果,提高了日本产品的质量,增强了其产品的国际竞争力。

1.2 传统可靠性方法存在的问题

长期以来,评价元器件可靠性的传统方法有以下三种:

(1)批接收抽样检验。按照有关标准的规定,从提交的一批元器件产品中抽取一定数目的元器件进行规定项目的测试检验。若抽取的样本能通过检验,则该批产品为合格。如果抽取的样本不能通过检验,则整批产品判为不合格。

(2)可靠性寿命试验。按照相关标准的规定,抽取一定的样本进行加速寿命试验,通过对试验结果进行数据处理,评价产品的可靠性等级水平。

(3)从现场收集并积累使用寿命数据,评价相应产品的使用质量和可靠性。

但是,由于这些方法的固有缺陷,因此已无法用来即时评价当代高可靠元器件的质量水平。

1.批接收抽样检验方法已不能区分高水平产品之间的质量差别

批接收抽样检验相当于给元器件产品是否合格制定了一个“及格”的标准。到20世纪80年代中期,随着微电子技术的迅猛发展,元器件产品总体水平的提高,国际上已经达到几乎每一批产品都能通过常规的批抽样检验。因此传统的批抽样检验方法无法区分不同的厂家、不同批次产品之间存在的质量差别。其结果是元器件生产厂家认为其产品质量已无懈可击,缺乏进一步提高产品质量的动力和方向。同时元器件产品的用户也无法确定哪个厂家生产的产品质量更高。

2.可靠性寿命试验方法已进入“死胡同”

常规的可靠性寿命试验方法是依据抽样理论,抽取一定数量样品,进行规定时间的加速试验,然后根据试验结束时的失效样品数,判断该批元器件的可靠性是否达到某一水平。试验样品数与可靠性水平密切相关。表1-1是一个具体实例。

表1-1 失效率与可靠性试验样品数的关系

(1 000h 加速寿命试验)

失效率水平	允许0失效	允许2个失效
1 000FIT	355	835
100FIT	3 550	8 350
10FIT	35 500	83 500

由表 1-1 可见，评价 1 000FIT 失效率，即可靠性水平为 6 级，只需几百个元器件。如果要评价 10FIT 失效率，即可靠性水平为 8 级，则需要几万个样品。

图 1-1 所示为 Intel 公司 CPU 器件失效率的变化。当今，CPU 电路失效率只有 10FIT 左右。一般集成电路的失效率将低至 0.1FIT。显然，由于可靠性寿命试验方法所要求的试验样品数太多，已不可能用于评价高可靠元器件的质量水平。

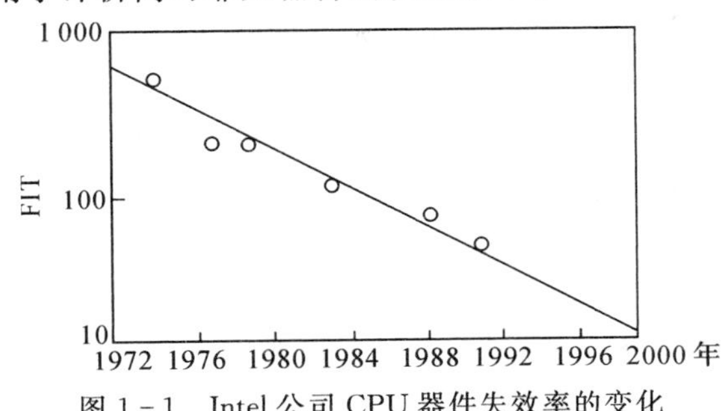

图 1-1　Intel 公司 CPU 器件失效率的变化

3. 现场数据采集与积累方法的“滞后性”

显然，采用现场数据积累方法需要经过一定的现场使用时间以后才能对一种元器件的质量和可靠性水平做出评价。对于新研制的品种，这种“滞后性”问题更加突出。如果考虑到由于保密和其他人为因素给数据采集和积累带来的困难，更加限制了现场数据采集与积累方法在评价元器件质量和可靠性方面的适用性。

1.3　实现高可靠性的新思路

1. 基本观点

基于上述问题，从 20 世纪 80 年代开始，国际上在如何即时定量评价高可靠元器件内在质量方面进行了广泛的探索。根据下述基本原理，形成了一套有效的评价方法。

(1) 可靠性是靠设计、制造出来的，因此可以通过对设计和工艺的评价来评价可靠性。

(2) $t=0$ 时的“失效”决定了成品率，$t>0$ 以后的失效决定了可靠性。也就是说元器件的可靠性与成品率有很强的相关性。Intel 公司通过对近 100 万个芯片的试验，得到反映可靠性水平的老化成品率 Y_r 与中测成品率 (Sort Yield) 的关系如图 1-2 所示，表现出很强的正相关关系。中测成品率越高，老化成品率也越高，而且数据分散性越小。因此可以通过对成品率的评价来反映元器件的可靠性水平。

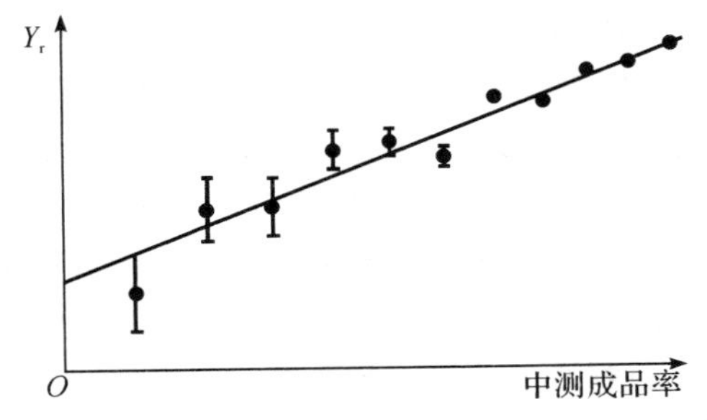

图 1-2　老化成品率与中测成品率之间的关系

(3) 从工艺角度考虑，影响元器件质量和可靠性的原因是工艺中总要产生“缺陷”。如果缺陷趋于零，则工艺成品率趋于 100%，而失效率趋于 0。因此，工艺成品率的评价能反映出产品的质量和可靠性水平。

(4) 只有工艺过程稳定受控，才能持续地生产出质量好可靠性高的元器件。

(5) 在工艺水平一定的情况下，提高设计水平，特别是通过优化设计，确定参数最佳中心值，扩大允许的参数变化容限，就能提高产品成品率。因此，产品成品率能综合反映出设计和制造水平。

2.核心技术

基于上述观点，进入20世纪90年代以后，国际上一些大型的整机生产厂家在批量采购元器件时，不再追求元器件失效率的具体数值，而是采用下述3项技术评价元器件产品的内在质量和可靠性。例如Motorola公司在批量采购元器件时，同时要求供货方提供这3方面的数据。事实证明，这些评价技术在保证元器件质量和可靠性方面已取得了明显的效果。

(1)工序能力指数：其目的是评价工艺线是否具备生产质量好可靠性高的元器件所要求的工艺水平。目前采用的评价指标是要求生产线上关键工序的工序能力指数不小于1.5。工艺不合格品率不大于3.4PPM。如果达不到这一要求，很难保证生产出的元器件能满足大型整机厂对元器件质量和可靠性的要求。

(2)工艺过程统计受控状态分析：其目的是不但要求生产线具有很高的工艺能力，而且要求在日常生产过程中能一直保持这种高水平的生产状态。为此，要求采用统计过程控制技术(SPC，Statistical Process Control)，通过SPC分析，证明在生产过程中未出现异常情况。从而保证提供的元器件产品是在受控的环境下生产的，具有较高的质量和可靠性。

随着微电子技术的迅速发展，集成电路的规模不断扩大，生产工艺越来越复杂，为了满足对集成电路质量和可靠性的越来越高的要求，必须对复杂的生产工艺进行有效监控，确保生产工艺的稳定性。统计过程控制技术作为一种有效的监控手段已在国外获得了广泛的应用。

统计过程控制技术是一种量化质量管理技术，它利用数理统计分析理论，将连续采集的大量工艺参数数据转化为信息，用来制定工艺文件，纠正和改善工艺特性。SPC技术通过分析判断生产过程的统计受控状态来实时监控生产过程的运行，使操作者可以根据情况适时做出决定，以减少工艺波动，降低系统偏差。减少工艺波动就能增加预测性，减小成品率损失，提高产品质量和可靠性。在统计过程控制技术中，控制图理论在其中有着极为重要的作用。

控制图理论是美国的休哈特博士(W. A. Shewhart)在1924年提出的，最早在机械制造领域获得应用并且取得了极大的成功。由于微电子工业的具体情况比较复杂，微电子制造业生产过程的质量管理和控制中控制图技术一直没有得到广泛应用。随着微电子工业的迅速兴起，当单片集成电路的集成度达到10^9，同时微电子产品的失效率则已降低到10FIT水平，从而对微电路生产的质量和成品率提出了更高的要求。1986年，美国率先采用SPC技术对微电路生产质量进行管理，并于1988年制定了SPC标准，使得微电路生产的成品率和可靠性有了很大提高。

(3)元器件出厂平均质量水平PPM考核：要求对一段时间范围内元器件出厂平均质量水平PPM的考核，证明产品的出厂不合格品率PPM值已控制在比较低的数值上。

(4)制造工艺表征和实验设计(DOE)：半导体制造工艺是典型的多工序工艺过程。特别是在超大规模集成电路的制造中，整个工艺过程包括的工序可能达到几百道。为了获得高质量、高性能价格比的优越产品，要求对每道工序进行更为有效的工艺优化设计与更为严格的控制。半导体工艺设计与控制的基础是建立一种既符合工艺技术和工艺设备实际情况又使用方便的半导体工艺与设备模型。现代半导体制造技术对工艺设备优化和控制提出新的要求，需要建立特定工艺设备控制参数与输出指标之间更为直接的联系。

1.4　半导体制造工艺控制流程

建立统计过程控制体系，结合工序能力指数和 PPM 质量水平应用控制过程控制技术，除要解决一系列技术问题外，还包括领导者的责任与承诺、质量保证大纲的制定、培训等管理工作，以及计量、维修、原材料采购等配套工作。图 1－3 所示为实施半导体制造工艺统计过程控制的基本技术流程。

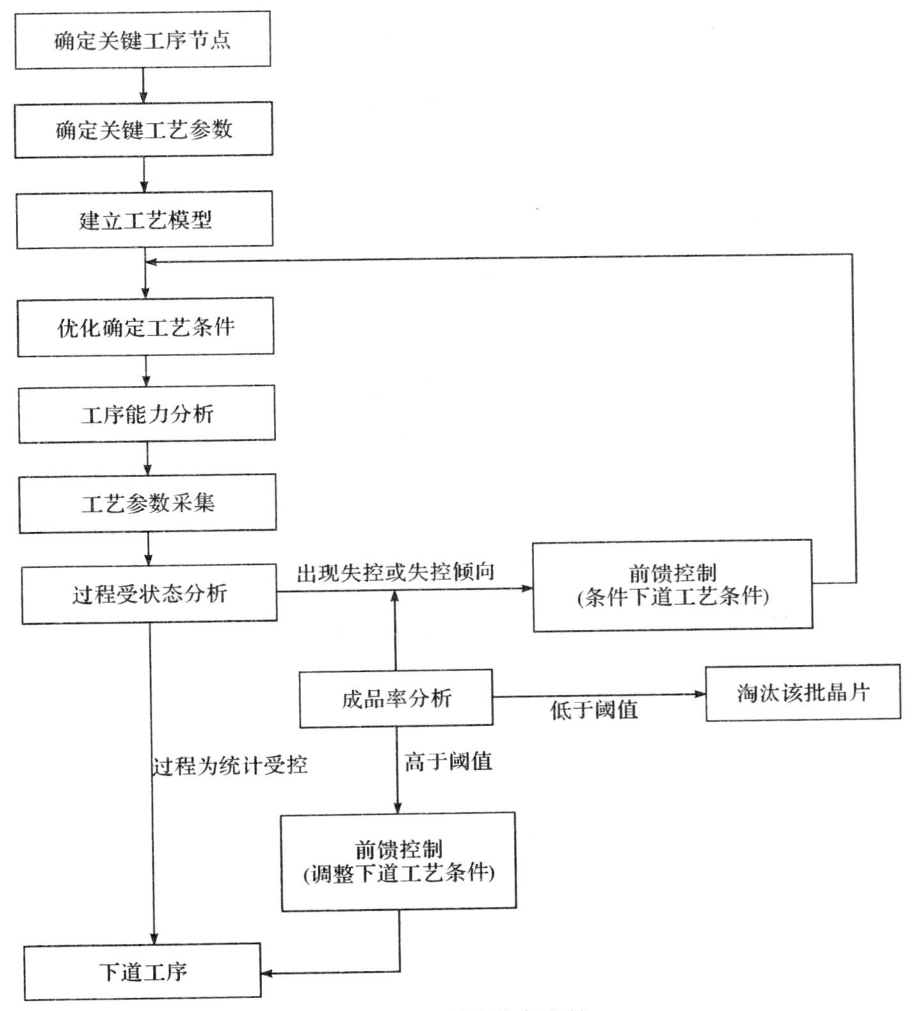

图 1－3　SPC 技术流程

由图可见，主要包括下述 4 方面工作：关键工艺过程节点及其关键工艺参数的确定（含工序能力分析）、工艺参数数据采集、工艺受控状态定量分析和过程控制技术。

(1)关键工艺过程节点。统计过程控制（SPC）中的过程（process）具有非常广泛的含义，它是指进行生产或实施服务时涉及的人员、程序、方法、生产设备、材料、测量设备和环境的集合。过程应该具有可测量的输入和输出。过程中可改变产品（服务）的形成、功能、特性及其互换性的工序、环节称为过程节点。对微电路制造工艺来说，工序多、流程长。从应用 SPC 的角度考虑，必须首先确定需要实施 SPC 技术的关键过程节点。

关键过程节点是指对最终产品(服务)的特征、质量、可靠性有重要影响的过程节点。原则上讲，除非通过统计方法或能力研究证明某节点不是关键节点，否则所有的节点均应视作关键过程节点。例如，微电路生产中，外延、氧化、淀积、刻蚀、扩散、离子注入、晶片背面处理、划片、粘片、键合、封装、引线整形和涂敷、打印标志等都应视为关键过程节点。

(2)关键工艺参数。为了定量表征关键过程节点的特性和状态，必须确定相应的关键工艺参数。关键工艺参数是指既能全面反映关键过程节点状态，又适合于参数采集的工艺参数。通过对这些参数的 SPC 分析，可确定该节点是否处于统计控制状态，并在出现失控(或失控倾向)时帮助查找原因。

需要说明的是“工艺参数”在这里是个广义概念，可包括以下几类参数：

1)原材料参数：如键合工序中表征硅铝丝质量的参数。

2)设备参数：如键合台温度参数。

3)环境参数：如空气洁净度参数。

4)工艺条件参数：如氧化、扩散工艺中的气流。

5)工艺结果参数：如键合工序中引线键合强度。

在确定了关键工序和关键工艺参数以后，就应该通过可靠性与参数相关性分析的方法，确定对参数的规范要求，并针对参数的规范要求计算工序能力指数。只有通过各种调整措施，使工序能力指数满足要求后，才能具体实施 SPC，以保证处于统计受控的工艺也能同时满足工艺规范的要求。

参考文献

[1] 朗志正，质量管理技术与方法[M]. 北京：中国标准出版社，1998.

[2] 贾新章，李京苑. 统计过程控制与评价——Cpk、SPC 和 PPM 技术[M]. 北京：电子工业出版社，2004.

[3] Kane V E. Process Capability Indices[J]. Journal of Quality Technology，1986，18(1)：41-52.

[4] Kotz S，Johnson N. Process Capability Indices-A Review[J]. Journal of Quality Technology，2002，34 (1)：2-19.

[5] Norma F Hubele. Discussion[J]. Journal of Quality Technology. 2002，34 (1)：20-22.

[6] Eugene L Grant，Richard S Leavenworth. 统计质量控制[M]. 北京：清华大学出版社，2001.

第2章　单变量工序能力指数

工序能力指数是实现半导体制造工艺控制的关键技术之一，分析工序能力指数的目标就是提高工艺的高可靠性水平，从而提高产品的成品率。本章叙述了单变量工序能力指数的概念和定义，阐述工序能力指数与成品率的关系，推导样本数据为非正态分布和样本数据为截尾样本时工序能力指数的计算。

2.1　工序能力指数

对于稳定受控的工艺，由于不可避免地存在各种随机因素的作用，工艺参数总呈现一定的分散性。一般情况下，工艺参数遵循正态分布 $N(\mu,\sigma^2)$，其中 μ 为均值，σ 为标准偏差。σ 的大小反映了参数的分散程度。σ 越小，工艺参数的均匀程度越高，也就是说，包括原材料、设备、工艺技术、操作方法等因素在内的该工序在工艺参数的集中性方面综合表现好。对正态分布，绝大部分参数值集中在 $\mu\pm3\sigma$ 范围内，其比例为 99.73%。就是说，$\pm3\sigma$（或者称为 6σ）一方面代表了工艺参数的正常波动范围幅度，同时也反映了该工序能稳定生产合格产品能力的强弱，该范围的变化，表示该工序的固有能力强弱。因此，工序能力是指工序在一定时间内处于统计控制状态下的质量波动的幅度。

2.1.1　潜在工序能力指数

6σ 表示的工序能力只是用参数分散程度反映了工序自身的固有能力。显然该工序的实际工艺成品率高低还与工艺规范的要求密切相关。为了综合表示工艺水平满足工艺参数规范要求的程度，广泛采用式(2－1)定义的工序能力指数：

$$C_p=\frac{T_U-T_L}{6\sigma} \tag{2-1}$$

式中，T_U，T_L 分别为工艺参数的上、下规范限，式(2－1)适用于工艺参数同时具有上下规范限的情形。如果工艺均值 μ 与工艺参数规范中心 T_0 重合，则有 $\mu=T_0=(T_U+T_L)/2$。在实际的工艺生产中，工艺参数的规范中心值 T_0 和参数的目标值 μ 可能不重合。

在半导体制造生产中，有些工艺参数只规定了下限值。例如，键合工序的内引线拉力强度参数只要大于某一下限值 T_L，无上限要求。这时工序能力指数应按下式计算：

$$C_{pl}=\frac{\mu-T_L}{3\sigma} \tag{2-2}$$

若 $\mu<T_L$，则取 C_{pl} 为零，说明该工序完全没有工序能力。

如果只有规范上限的情况：如果工艺参数规范只规定了上限值 T_U，无下限要求，则工序能力指数应按式(2－3)计算：

$$C_{pu}=\frac{T_U-\mu}{3\sigma} \tag{2-3}$$

若 $\mu>T_L$，则取 C_{pu} 为零，说明该工序完全没有工序能力。

工序能力指数 C_p 能直接反映出工艺成品率的高低，因此就定量地表征了该工序满足工艺规范要求的能力。

2.1.2 实际工序能力指数

在实际的元器件生产中，工艺参数分布中心 μ 与工艺规范中心值 T_0 相重合的情况并不多见，因为在整个工艺流程中不可能全部采用闭环工艺控制，大多采用非闭环工艺控制，因此在加工工艺参数时，不可能精确控制元器件某一工艺参数值刚好达到工艺参数规范中心值处时结束该道生产工序，一般先做试片，根据试片测试结果调整工艺条件。即使是在闭环工艺控制条件下，也只是利用工控单板机对过程主要工艺参数进行连续控制，将各个参数控制在其允许的规范范围之内，这就是质量波动的自动补偿。由此可见不管工艺条件是闭环控制还是非闭环控制，μ 和 T_0 往往是不重合的。根据实践统计表明，非闭环工艺条件下，工艺参数分布中心值 μ 与规范中心值 T_0 偏移的程度一般为 1.5σ，图 2-1中实线表示的是参数分布中心比规范中心 T_0 小 1.5σ 的情况。如果考虑到 μ 与 T_0 之间的偏离，需要修正 C_p，定义实际工序能力指数见下式：

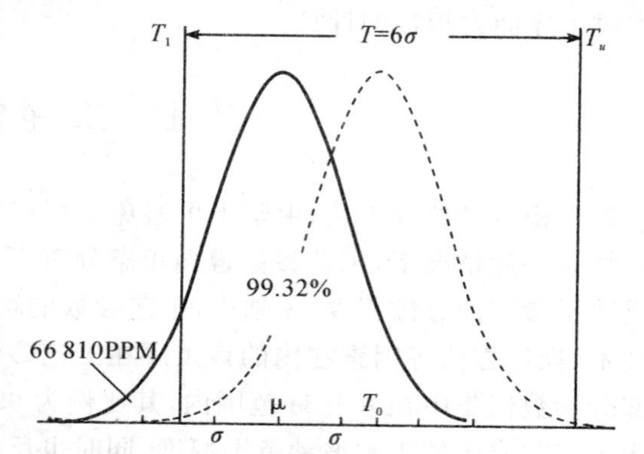

图 2-1　工艺参数分布中心与规范中心 T_0 偏离 1.5σ

$$C_{pk}' = \min\left(\frac{T_U-\mu}{3\sigma},\frac{\mu-T_L}{3\sigma}\right)$$

$$= \frac{T}{6\sigma}(1-K) = \frac{(T_U-T_L)}{6\sigma}\left[1-\frac{|\mu-(T_U+T_L)/2|}{(T_U-T_1)/2}\right] \tag{2-4}$$

其中 K 为工艺参数分布中心对工艺规范中心的相对偏离度。当工艺规范取为 ±6σ 且工艺规范中心与工艺分布均值偏离 1.5σ 时，对应的实际工序能力指数 C_{pk} = 1.5，工艺成品率为 99.999 66%，不合格品率仅为 3.4PPM。C_{pk} 考虑了工艺参数分布均值相对工艺规范范围的位置关系。C_p 和 C_{pk} 都是针对工艺不合格品率的监测。特别的 C_{pk} 还能反映工序的对中性。但是，当工序质量特性值的标准偏差很小时，C_{pk} 的值大小并不反映工序对中性的好坏。C_{pk} 指数的这一局限性可由图 2-2 说明。

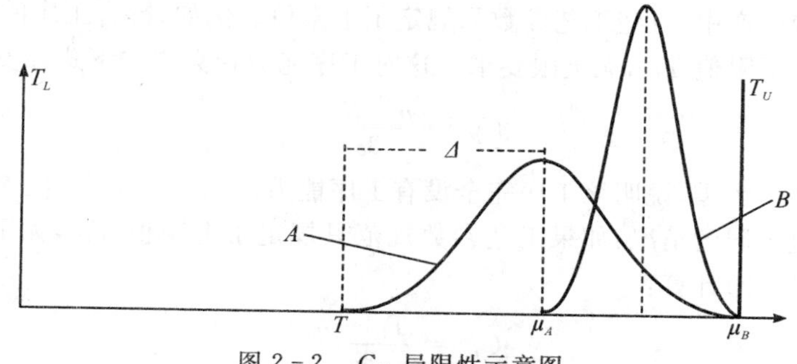

图 2-2　C_{pk} 局限性示意图

图示的两曲线分别代表 A,B 两个工序输出,虽然它们的 C_{pk} 值均为 1,但是它们的工序对中性确有明显的差异。特别地,如果工艺参数分布中心落在工艺规范界限之上和之外时,$C_{pk} \leqslant 0$,工艺成品率小于或等于 50%。此时可认为 $C_{pk}=0$,说明工艺完全没有工序能力,必须采取措施改进工艺过程的加工能力。

2.1.3　单变量工序能力总结

以上概述常见的工序能力指数,实际的应用中,还须注意以下内容:

工序能力指数能够对生产过程的生产能力给出简洁直观的信息,而且能推算出工艺成品率水平,尽管采用的工艺参数数据可能都满足工艺规范要求,但是可以由这些数据推算出工艺的不合格品率。

工艺参数的分布属于非正态分布时,常规的工序能力指数定义的理论基础就不成立,为了仍然能够应用工序能力指数表征生产的工序能力水平,需要提出非正态分布工序能力指数模型。

在工艺质量评价中应采用相同的工序能力指数模型,否则不同工序能力指数的定义形式会造成分析结果的不确定性和评价不同厂家同道工序的生产能力时缺乏可比性,得出错误的结论,误导工程人员对工艺过程进行不适宜的干预。

为了获得更多的关于生产过程的生产能力和工艺参数的信息,应该在获得了工序能力指数值的同时与绘制的该工艺过程工艺参数的统计过程控制图一起进行分析,通过工序能力指数大小获得该工序生产过程的成品率信息,从而对生产过程的生产能力有一个更全面的了解。而且生产厂家可以通过工序能力指数比较工序的生产能力,在评价半导体制造生产线的工艺质量时它有很强的实用价值和可操作性。

2.2　工序能力指数与成品率关系

2.2.1　潜在工序能力指数与成品率关系

通常认为使用工序能力指数最原始的动机就是联系工序的成品率,工序成品率作为表征工艺设计水平的潜在指标,与工序能力指数值呈正相关关系。假定工艺参数 X 服从正态分布,则工艺成品率为

$$\begin{aligned}\eta &= \int_{T_L}^{T_U} N(\mu,\sigma^2)\,\mathrm{d}x \\ &= P(|X-\mu| < 3\sigma C_p) = P\left(\frac{|X-\mu|}{\sigma} < 3C_p\right) \\ &= 2\Phi(3C_p)-1\end{aligned} \tag{2-5}$$

其中 Φ 为正态分布函数。若规范要求范围为 $\pm 3\sigma$,即 $T_U - T_L = 6\sigma$,则可得 $C_p=1$。而对正态分布,工艺参数在 $\mu \pm 3\sigma$ 范围的比例为 99.73%,这就说明 $C_p=1$ 对应工艺成品率为 99.73%,相应不合格品率为 0.27%,若用 PPM 表示则为 2 700PPM。同理可以得出不同工序能力指数 C_p 对应的工艺成品率和不合格品率值,见表 2-1。

表 2-1　C_p 与工艺成品率以及不合格品率的关系

C_p	成品率 η	不合格频率(PPM)
0.50	86.64%	133 614
0.67	95.45%	45 500
0.80	98.36%	16 395
0.90	99.31%	6 934
1.00	99.73%	2 700
1.10	99.903 3%	967
1.20	99.968 2%	318
1.30	99.990 4%	96
1.33	99.993 6%	64
1.40	99.997 3%	27
1.50	99.999 32%	6.8
1.60	99.999 84%	1.6
1.67	99.999 942%	0.58
1.70	99.999 966%	0.34
1.80	99.999 994%	0.06
2.00	99.999 999 82%	0.0018

2.2.2　实际工序能力指数与成品率关系

如果对等式(2-5)进行扩展使用，在仅仅得知 C_{pk} 值时，用 C_{pk} 替换等式(2-5)中的 C_p 然后计算成品率值，这样得出的结果是错误的。图形显示如图 2-3 所示。

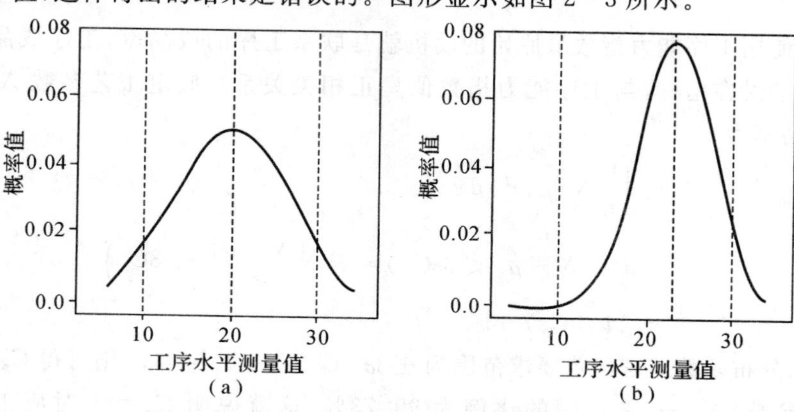

图 2-3　两道工序数据概率分布图(C_{pk} =0.50)

图 2-3 的(a)和(b)分别是两道不同的工序，但是它们的工序能力指数 C_{pk} 值都为 0.50，

而两道工序的成品率值却不同。图 2-3(a)对应的成品率 $\eta=86.639\%$，图 2.3(b)对应的成品率 $\eta=93.184\%$。

分析图 2-3 中两道工序对应不同的成品率的原因，主要是因为 C_p 表征的是工序的潜在能力，规范区间的中间值必须和样本均值重合，而实际工序能力指数没有这样的要求。因此当样本均值和规范区间中间值不重合，并且标准偏差也不一样时，可以得出相同的工序能力指数，但是成品率却不相同。

对正态分布的工艺参数，在工艺参数规范中心与工艺参数分布中心重合以及不同偏离情况下，工艺不合格品率与工序能力指数的关系如图 2-4 所示。

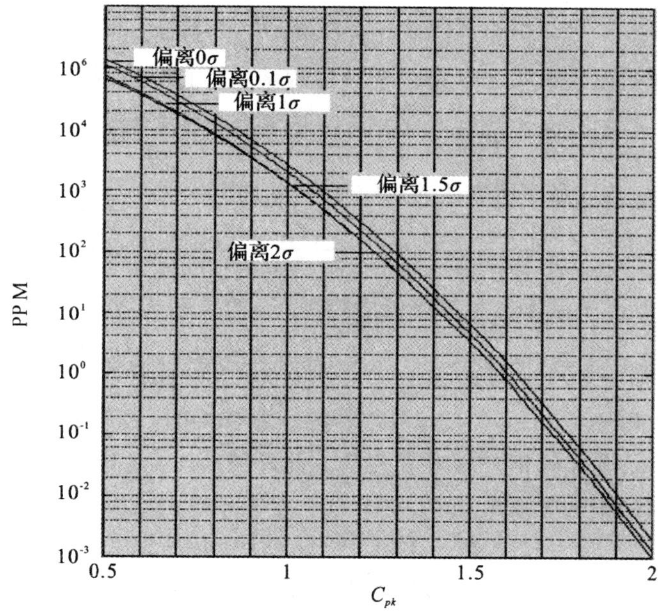

图 2-4　不同偏离情况下工艺不合格品率 PPM 值与工序能力指数的关系曲线

C_p 只是反映了工艺规范控制限与工序能力的相对关系，而没有反映工艺参数分布均值相对工艺规范范围的位置关系，所以它只反映了工序的加工质量满足工程标准或顾客提出的技术规格的潜在能力，当工艺参数的分布均值 μ 偏离工艺规范中心 T_0 时，C_p 的定义公式失去作用。从图 2-4 中可以看出，当工艺规范中心和工艺分布均值偏离增大时，对应的工艺不合格品率曲线下移，可见 C_{pk} 与成品率没有一一对应的关系。因此在使用工序能力指数时，不能忽略存在偏离的情况。

通常而言，如果工序产品特性 X 满足正态分布 $N(\mu,\ \sigma^2)$，那么该道工序的成品率 η 可以表示如下：

$$\eta=P(T_L\leqslant X\leqslant T_U) \tag{2-6}$$

从式(2-6)可以得出

$$\begin{aligned}\eta&=1-P(X<T_L)-P(X>T_U)\\&=1-P\left(\frac{X-\mu}{\sigma}<\frac{T_L-\mu}{\sigma}\right)-P\left(\frac{X-\mu}{\sigma}>\frac{T_U-\mu}{\sigma}\right)\\&=\Phi\left(\frac{T_U-\mu}{\sigma}\right)-\Phi\left(\frac{T_L-\mu}{\sigma}\right)\end{aligned} \tag{2-7}$$

这里,函数 $\Phi()$ 表示标准正态分布 $N(0, 1)$ 的累积分布函数。令 $T_0 = (T_U + T_L)/2$, $d = (T_U - T_L)/2$,那么就有 $T_U = T_0 + d$, $T_L = T_O - d$ 。代入上式可得:

$$\eta = \Phi\left(\frac{T_0 + d - \mu}{\sigma}\right) - \Phi\left(\frac{T_0 - d - \mu}{\sigma}\right) \tag{2-8}$$

对式(2-8)作一个变换,则

$$\eta = 1 - \Phi\left(-\frac{d + \mu - T_0}{d} \times \frac{d}{\sigma}\right) - \Phi\left(-\frac{d - \mu + T_0}{d} \times \frac{d}{\sigma}\right) \tag{2-9}$$

设 $\delta = (\mu - T_0)/d$, $\gamma = \sigma/d$ 代入式(2-9)可得:

$$\eta = 1 - \Phi\left[-\frac{(1+\delta)}{\gamma}\right] - \Phi\left[-\frac{(1-\delta)}{\gamma}\right] \tag{2-10}$$

分析式子(2-10),发现 η 关于 δ 是一个对称的函数,因此可以把式(2-10)改写为

$$\eta = 1 - \Phi\left[-\frac{(1+|\delta|)}{\gamma}\right] - \Phi\left[-\frac{(1-|\delta|)}{\gamma}\right] \tag{2-11}$$

根据工序能力指数 C_{pk} 与成品率所表达的式(2-4),分别引入 T_0, d, δ 和 γ ,式子(2-4)可简化为

$$C_{pk} = \frac{d - |\mu - T_0|}{3\sigma} = \frac{1 - |(\mu - T_0)/d|}{3(\sigma/d)} = \frac{1 - |\delta|}{3\gamma} \tag{2-12}$$

结合式(2-11)可以得出成品率 η 和工序能力指数 C_{pk} 的关系式为

$$\eta = 1 - \Phi[-3C_{pk}] - \Phi\left[-\frac{3C_{pk}(1+|\delta|)}{1-|\delta|}\right] \tag{2-13}$$

分析式(2-13),可以得知 $\eta \geqslant 2\Phi(3C_{pk}) - 1$,与式(2-5)相比较则又从另一个方面证实了工序能力指数 C_{pk} 与成品率之间不一一对应关系。此外结合 C_p 的定义还可以得出两个工序能力指数 C_p , C_{pk} 与成品率的关系式:

$$\eta = 1 - \Phi[-3(2C_p - C_{pk})] - \Phi(-3C_{pk}) \tag{2-14}$$

当工艺数据均值 μ 与规范中值 T_0 重合时,关系式就等同式(2-5)。这里分别取 μ 和 T_0 重合, μ 和 T_0 偏离 1.5σ 两种情况,分别计算出工序能力指数与工艺成品率对应的具体数据,计算结果见表 2-2。

表 2-2 工序能力指数与工艺成品率以及不合格品率的关系

C_{pk}	$\mu = T_0$		μ 与 T_0 偏离 1.5σ	
	成品率 η	不合格品率(PPM)	成品率 η	不合格品率(PPM)
0.50	86.64%	133 614	93.319%	66 810
0.67	95.45%	45 500	97.725%	22 750
1.00	99.73%	2 700	99.865%	1 350
1.33	99.993 66%	63.4	99.996 83%	31.7
1.50	99.999 32%	6.8	99.999 66%	3.4
1.67	99.999 942%	0.58	99.999 971%	0.29
2.00	99.999 999 80%	0.001 97	99.999 999 902%	0.000 98

表中的数据同样反应了工序能力指数 C_{pk} 与成品率之间的关系。

2.3　非正态工序能力指数

工序能力指数计算公式基于两个理论假设：第一个假设是所收集的数据是来自受控的工艺生产线；第二个假设是收集的数据满足正态分布。实际上，半导体行业数据处理时包含了非正态分布的情况。在实际生产中，存在稳定的工艺不一定满足正态分布的假设。一般情况下工序处于统计控制状态，工艺输出服从稳定的正态分布；当工序中存在因素影响时，此时工艺输出的数据分布将不再是正态的。如果使用正态分布假设下的工序能力指数来评价这些非正态分布的情况，将会导致错误的结果。因此需要对非正态分布的情况提出解决方案。

2.3.1　工序能力分析中的皮尔逊分布拟合

在现代半导体制造生产过程进行工艺质量的分析和评价时，需要对大量的工艺参数测量数据进行统计处理，在确定其分布规律以后，才能进一步分析和计算其工艺不合格品率、工序能力指数和 6σ 设计水平等质量特性。目前，实际生产中用到的分布有正态分布、指数分布、对数正态分布和威布尔分布等。但对于实际的工艺生产过程而言，这些分布只涵盖了一部分情况，仍然存在相当多的工艺测量数据用这几种分布拟合时并不能取得令人满意的结果，拟合精度低，不能准确量度工艺质量水平。甚至于上述分布对某些测量数据根本无法进行拟合，不能对数据进行统计分析，因而也就不能评价工艺质量水平。目前国外普通集成电路失效率降至 0.1FIT 以下，工艺不合格品率也降至 PPM 水平，如何准确有效的确定工艺参数所遵循的实际分布类型是对微电路工艺进行质量分析和评价的前提条件。

在应用实践的推动下，数理统计学家卡・皮尔逊(K. Pearson)引入了一个包含四个参数的皮尔逊(Pearson)分布族。它涵盖面广(包括了目前常用的分布)，拟合误差小，还包括了偏态分布，在实践中具有很强的适用性。该分布共分为七种类型，以其特征值 K 来区分。图 2－5描绘了在(偏度^2，峰度)空间中各种不同概率分布的适用范围。

由图 2－5 可见，正态分布、指数分布、对数正态分布等常用分布函数在图中仅是一个点。还有大量的区域被其他 Pearson 分布所覆盖。图 2－5 中的阴影区域为不可能区域，它的边界方程为

$$峰度-偏度^2-1=0$$

1. 基本概念

(1) Pearson 分布定义。Pearson 分布由下面微分方程定义：

$$\frac{\mathrm{d}f(x)}{\mathrm{d}x}=\frac{(x-b)f(x)}{b_0+b_1x+b_2x^2} \tag{2-15}$$

式中，b,b_0,b_1,b_2 是描述分布的参数。

满足式(2－15)的分布密度函数 $f(x)$ 就称为 Pearson 分布。所有 Pearson 分布组成了 Pearson 分布族。

在实际应用中，为了计算的方便，常常将众数 a 取为坐标原点，即作变换 $X=x-a$，将上式变为

$$\frac{\partial \ln f}{\partial x}=\frac{X}{B_0+B_1X+B_2X^2} \tag{2-16}$$

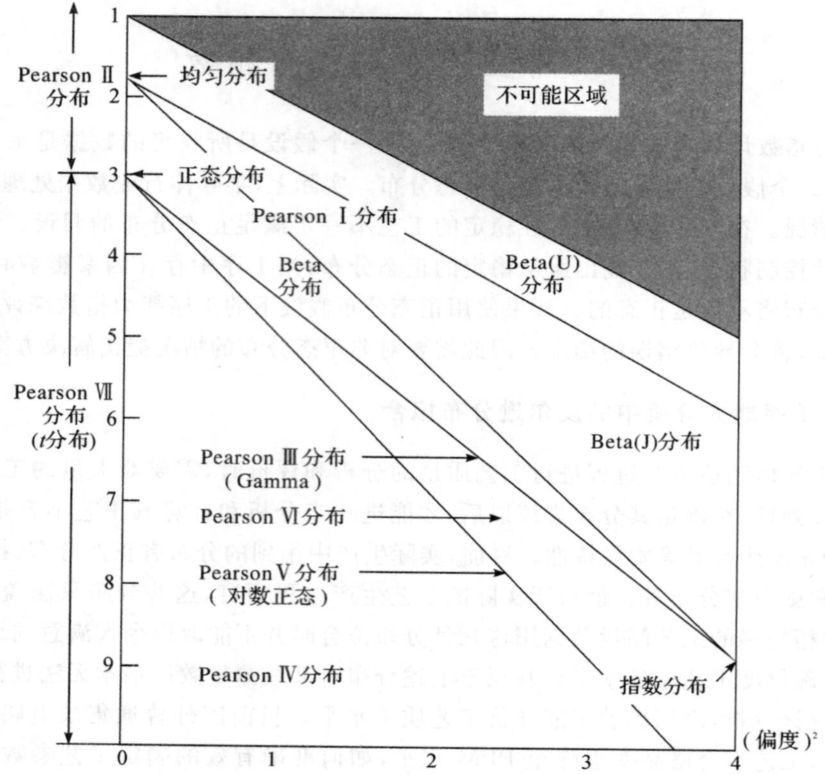

图 2-5　在（偏度²，峰度）平面上的各种不同的概率分布

为了进一步表征 Pearson 分布族的类型，引入由下式定义的特征值 K：

$$K=\frac{B_1^2}{4B_0B_2}=\frac{\hat{v}_1\ (\hat{v}_2+3)^2}{4(4\hat{v}_2-3\hat{v}_1^2)(2\hat{v}_2-3\hat{v}_1^2-6)} \tag{2-17}$$

对于不同的 K 值，二次三项式 $B_0+B_1X+B_2X^2$ 有不同的根，求解微分方程(2-16)，便可以得到 Pearson 分布族各型分布的密度函数的显式表达式。下面介绍在实际应用中常见的3类。

(2) Ⅰ型 Pearson 分布。$K<0$ 时，$B_0+B_1X+B_2X^2$ 有两个异号的实根，两根分布在众数的两旁。解微分方程(2-16)，得

$$f=c\ (X+\alpha_1)^{m_1}\ (X-\alpha_2)^{m_2},\quad \alpha_1\ ,\alpha_2>0$$

其中，$m_1=\dfrac{\alpha_1}{B_2(\alpha_1+\alpha_2)}$，$m_2=\dfrac{\alpha_2}{B_2(\alpha_1+\alpha_2)}$，$\alpha_1$，$\alpha_2$ 为二次三项式的两实根。系数 c 可由方程 $\int_{\alpha_1}^{\alpha_2}f(X)\mathrm{d}X=1$ 解得。由此得下式表示的Ⅰ型 Pearson 分布密度函数，其中 B 为 Beta 函数。

$$f(X)=\frac{1}{B(m_1+1,m_2+1)}X^{m_1}\ (1-X)^{m_2}\quad ,0\leqslant X\leqslant 1 \tag{2-18}$$

Ⅰ型 Pearson 分布也称为Ⅰ型 Beta 分布或不完全的 Beta 分布。

(3) Ⅲ型 Pearson 分布。$B_2=0$ 时，K 为无穷大。解式(2-16)得Ⅲ型 Pearson 分布密度函数：

$$f=c\left(1+\frac{X}{a}\right)^p\exp\left(-\frac{pX}{a}\right)\quad ,X\geqslant -a \tag{2-19}$$

式中，$p = -\frac{a}{B_1}(1-8a)$，$a = \frac{B_0}{B_1}$。

若令 $x = X + a$，并设 $p = \gamma - 1$，$\frac{p}{a} = \alpha$，求得系数 c 后，可将Ⅲ型 Pearson 分布密度函数表示为

$$f(x) = \frac{\alpha^{\gamma}}{\Gamma(\gamma)} e^{-\alpha\gamma} x^{\gamma-1}, \quad x \geqslant 0, \quad \alpha, \gamma > 0 \tag{2-20}$$

Ⅲ型 Pearson 分布也称为 Γ 分布。

(4) Ⅶ型 Pearson 分布。

当 $B_1 = 0$，$B_0 > 0$ 时，$K = 0$，即为Ⅶ型 Pearson 分布，也是常说的 t 分布。

解式(2-16)，得：

$$\frac{d}{dx}(\ln f) = \frac{X}{B_2(X^2 + a^2)}$$

其解为 $f(X) = c\left(1 + \frac{X^2}{a^2}\right)^{-m}$，　其中，$m = -\frac{1}{2B_2}$，$a = \frac{B_0}{B_2}$。

将解方程 $\int_{\alpha_1}^{\alpha_2} f(X) dX = 1$ 得到的系数 C 带入，得：

$$f(X) = \frac{1}{aB(0.5, m-0.5)}\left(1 + \frac{X^2}{a^2}\right)^{-m} \tag{2-21}$$

这就是Ⅶ型 Pearson 分布的密度函数。

如果 $B_2 = 0$，就可以得到正态分布。因此正态分布是 Pearson 分布的一个特例。

2. Pearson 各型分布的拟合步骤

进行 Pearson 分布族拟合的基本思路是通过分析得到 Pearson 各类型分布的前四阶中心矩与分布参数的定量关系式，由测量数据计算出四阶中心矩后，确定该测量数据遵循的 Pearson 分布类型及相应的分布参数。拟合步骤如下：

(1) 对采集的 n 个样本数据进行排序，绘制样本数据的频度直方图，计算样本数据的众数 a。

(2) 计算数据的前四阶中心矩。

$$\hat{\mu} = \bar{x} \tag{2-22}$$

$$\hat{\sigma} = \frac{1}{n-1}\sum_{i=1}^{n}(x_i - \bar{x})^2 \tag{2-23}$$

$$\hat{v}_1 = \frac{\sqrt{n}\sum_{i=1}^{n}(x_i - \bar{x})^3}{\left[\sum_{i=1}^{n}(x_i - \bar{x})^2\right]^{1.5}} \tag{2-24}$$

$$\hat{v}_2 = \frac{n\sum_{i=1}^{n}(x_i - \bar{x})^4}{\left[\sum_{i=1}^{n}(x_i - \bar{x})^2\right]^2} \tag{2-25}$$

其中，式(2-24)和式(2-25)分别表示数据的偏度和峰度。

(3) 由式(2-17)计算特征值 K，根据 K 值范围选用适合的 Pearson 分布类型。

(4) 使相应类型 Pearson 分布的前四阶矩等于由第(2)步计算的测试数据前四阶矩计算

值，推算出该类型分布的参数。

(5) 进行 Pearson 分布的拟合优度检验，选择置信水平 α。在置信水平 α 下检验原假设是否接受。

3. Pearson 分布参数与前四阶矩关系分析

由上述步骤可见，用 Pearson 分布拟合实际工艺参数的关键是确定 Pearson 分布参数与前四阶矩之间的关系。为计算方便，首先计算出各种分布的 n 阶原点矩 μ'_n，再利用由下式关系推导出拟合参数的解析表达式。

$$\left.\begin{aligned}\mu_1 &= \mu'_1 \\ \mu_2 &= \mu'_2 - (\mu'_1)^2 \\ \mu_3 &= \mu'_3 - 3\mu'_1\mu'_2 + 2(\mu'_1)^2 \\ \mu_4 &= \mu'_4 - 4\mu'_1\mu'_3 + 6(\mu'_1)2\mu'_1 - 3(\mu'_1)^4\end{aligned}\right\} \tag{2-26}$$

下面是在实际生产中常用的 Pearson 分布族Ⅰ，Ⅲ，Ⅶ型分布的拟合参数解析式分析结果。

(1) Ⅰ型 Pearson 分布。该分布概率密度函数表达式为式(2-18)。

Ⅰ型 Pearson 分布的 n 阶原点矩为

$$\mu'_n = \frac{\Gamma(m_1+1+n)\Gamma(m_1+m_2+2)}{\Gamma(m_1+1)\Gamma(m_1+m_2+n+2)}$$

利用 Γ 函数的性质，可得

$$\mu'_1 = \frac{m_1+1}{m_1+m_2+2}, \quad \mu'_2 = \frac{(m_1+2)(m_1+1)}{(m_1+m_2+3)(m_1+m_2+2)}$$

利用式(2-26)可以解得分布密度函数(2-18)参数的表达式为

$$\begin{cases} m_1 = \dfrac{\mu_1(\mu_1 - \mu_2^2 - \mu_2)}{\mu_2} - 1 \\ m_2 = \dfrac{(1-\mu_1)(\mu_1 - \mu_2 - \mu_1^2)}{\mu_2} - 1 \end{cases}$$

其中 $\begin{cases}\mu_1 = \widehat{\mu}'_1 \\ \mu_2 = \widehat{\mu}_2\end{cases}$ (以下相同)。

(2) Ⅲ型 Pearson 分布。Ⅲ型 Pearson 分布概率密度函数如式(2-19)和式(2-20)所示，其 n 阶原点矩为

$$\mu'_n = \frac{\gamma(\gamma+1)\cdots(\gamma+n-1)}{\alpha^n}$$

代入式(2-26)中，可以得到如下解析式：

若采用式(2-19)表示的Ⅲ型 Pearson 分布，解得式中的参数为

$$p = \frac{\mu_1^2}{\mu_2} - 1, \quad a = \mu_1 - \frac{\mu_2}{\mu_1}$$

若采用式(2-20)表示的Ⅲ型 Pearson 分布，解得式中的参数为

$$\gamma = \mu_1^2/\mu_2, \quad \alpha = \mu_1/\mu_2$$

(3) Ⅶ型 Pearson 分布。Ⅶ型 Pearson 分布概率密度函数如式(2-21)所示，其 n 阶原点矩为

$$\mu'_n = \int_{-\infty}^{+\infty} X^n \frac{1}{aB(0.5, m-0.5)}\left(1+\frac{X^2}{a^2}\right)^{-m} \mathrm{d}X$$

由偶函数在对称区间积分的性质，可得

$$\begin{cases}\mu'_{2n-1}=0\\ \mu'_{2n}=a^{2n}\dfrac{\Gamma(n+0.5)\Gamma(0.5a^2-n)}{\Gamma(0.5)\Gamma(0.5a^2)},\end{cases}\quad n=1,2,\cdots$$

同样，利用式(2-26)，解得Ⅶ型 Pearson 分布概率密度函数式(2-21)中的参数为

$$\begin{cases}a^2=\dfrac{2\mu_2}{\mu_2-2}\\ m=\dfrac{3\mu_2-2}{2\mu_2-4}\end{cases}$$

由拟合步骤(4)令 $\mu_1=\hat{\mu}$，$\mu_2=\hat{\sigma}$，$\mu_3=\hat{v}_1$，$\mu_4=\hat{v}_2$，根据上面的参数表达式就可以得出各类型的参数值。

2.3.2　常规非正态数据拟合方法

1. *分位点方法*

分位点方法就是使用两个分位点值表征工艺数据的变化范围然后计算工序能力指数，计算公式如下：

$$C_p=\frac{T_U-T_L}{\chi_{0.99865}-\chi_{0.00135}} \tag{2-27}$$

$$C_{pk}=\min\left(\frac{T_U-m}{\chi_{0.99865}-m},\frac{m-T_L}{m-\chi_{0.00135}}\right) \tag{2-28}$$

其中 m 是分布的中值，而 $\chi_{0.00135}$ 和 $\chi_{0.999865}$ 分别是对应于分布概率 0.001 35 和 0.998 65 的分位点。一般来说，这种方法的主要问题是：不能依靠关于数据本身，而是需要从数据中直接获得关于分布的所有信息，这些信息是计算工序能力指数所需要的，而且所需的工作量会很大，但是公式理论意义很明确。

2. *自由容限域方法*

使用自由容限域的方法计算非正态工序能力指数，计算公式如下所示：

$$C_p=\frac{T_U-T_L}{\omega} \tag{2-29}$$

$$C_{pk}=\frac{2\min[(T_U-\mu),(\mu-T_L)]}{\omega} \tag{2-30}$$

式中，ω 表示覆盖 99.73%容限域的宽度。由于固有的工序参数变化幅度比抽样估计的要大，该方法考虑了正态分布时的不同结果值，同时考虑了正态分布和非正态分布的情况。

3. *权重方差方法*

根据数据的偏度提出了权重方法的工序能力指数计算方法。计算公式如下：

$$C_p=\frac{T_U-T_L}{6\sigma\sqrt{1+|1-2P_x|}} \tag{2-31}$$

$$C_{pk}=\min\left\{\frac{T_U-\mu}{3\sigma\sqrt{2P_x}},\ \frac{\mu-T_L}{3\sigma\sqrt{2(1-P_x)}}\right\} \tag{2-32}$$

这里 $P_x=\dfrac{1}{n}\sum\limits_{i=1}^{n}I(\overline{X}-X_i)$，其中 $I()$函数为如果 $X>0$ 则 $I(X)=1$，反之则 $I(X)=0$。使用该方法计算的工序能力指数结果很容易受到数据偏度的影响，结果会随偏度的上升而减小。

4. Clements 方法

和分位点法类似，Clements 也是采用不同的区间来代理原始公式中的标准偏差值。计算公式如下：

$$C_p = \frac{T_U - T_L}{U_p - L_p} \tag{2-33}$$

$$C_{pk} = \min\left\{\frac{T_U - M}{U_p - M}, \frac{M - T_L}{M - L_p}\right\} \tag{2-34}$$

式中，U_p 和 L_p 分别为 99.865 百分位点和 0.135 百分位点，M 表示数据的中位数。和分位点方法的区别在于该方法主要是基于数据的偏度和峰度。对于小样本容量的计算将会导致错误的信息。因而不适应小批量数据的工序能力评价。Clements 方法和分位点方法的区别在于前者处理对象为数据，后者处理对象为函数。

5. Box - Cox 转换方法

Box 和 Cox 提出了 Box - Cox 转换体系，通过该体系把数据转换为满足正态分布的数据，然后从转换后的数据中提取出均值和方差进行工序能力指数的计算。该转换公式如下：

$$X^{\lambda} = \begin{cases} \dfrac{X^{\lambda} - 1}{\lambda}, & \lambda \neq 0 \\ \ln X, & \lambda = 0 \end{cases} \tag{2-35}$$

可以看出使用式(2 - 35)的转换主要取决于参数 λ，λ 值可通过极大似然法得出。通过上式的转换，可把原始数据转换为满足正态分布的数据，然后使用工序能力指数定义式就可以获得所需结果。该方法的缺陷在于转换可能有时候不能实现，并且结果很难转换成原来的比例。

6. 约翰逊转换方法

Johnson 提出了 Johnson 转换体系，对非正态分布进行拟合。转换公式为

$$Z = \begin{cases} \gamma + \eta \ln\left(\dfrac{X - \varepsilon}{\lambda + \varepsilon - X}\right) & \text{有界转换} \\ \gamma + \eta \ln(X - \varepsilon) & \text{对数正态转换} \\ \gamma + \eta \sinh^{-1}\left(\dfrac{X - \varepsilon}{\lambda}\right) & \text{无界转换} \end{cases} \tag{2-36}$$

式中，ε 和 γ 为位置控制参数；η 和 λ 为标度参数(一般为正)。三种 Johnson 转换形式对应的各参数和变量的取值范围参阅。如果上述三个方程式中至少有一个 Z 服从标准正态分布，则可以用 Johnson 转换体系法对 X 所代表的过程的能力指数进行估计。基于 Johnson 转换体系的非正态工序能力指数估计方法的基本原理是：选择一个能将原始非正态分布数据转换为最接近标准正态分布的最优 Johnson 转换形式，然后基于该转换形式，估计原始数据的两个特定百分位数，在此基础上计算非正态条件下的工序能力指数。同样该方法也具有 Box - Cox 转换方法的问题。

2.3.3 切比雪夫-埃尔米特多项式模型

数据的均值、标准偏差，偏度和峰度四个变量能够体现分布特性，结合这四个参数变量和切比雪夫-埃尔米特多项式可以把非正态分布函数展开到 10 阶多项式。根据数据的均值、标准偏差，偏度和峰度四个参数变量，结合切比雪夫-埃尔米特多项式，建立一个的非正态工序能力指数计算模型。

随机变量 x 的偏度和峰度是指 x 的标准化变量 $[x-E(x)]/\sqrt{D(x)}$ 的三阶中心矩和四阶中心矩，其中 $E(x)$，$D(x)$分别是随即变量 x 的均值和方差。定义如下：

偏度：

$$v_1 = E\left[\left(\frac{x-E(x)}{\sqrt{D(x)}}\right)^3\right] = \frac{E[(x-E(x))^3]}{(D(x))^{3/2}} \tag{2-37}$$

偏度(Skewness)是描述某变量取值分布对称性的统计量。

Skewness＝0，数据分布形态与正态分布偏度相同；

Skewness＞0，正偏差数值较大，为正偏或右偏；

Skewness＜0，负偏差数值较大，为负偏或左偏。

峰度：

$$v_2 = E\left[\left(\frac{x-E(x)}{\sqrt{D(x)}}\right)^4\right] = \frac{E[(x-E(x))^4]}{(D(x))^2} \tag{2-38}$$

峰度(Kurtosis)是描述某变量所有取值分布形态陡缓程度的统计量。

Kurtosis＝0，与正态分布的陡缓程度相同；

Kurtosis＞0，比正态分布的高峰更加陡峭；

Kurtosis＜0，比正态分布的高峰来得平坦。

偏度描述了随机变量分布相对其均值的不对称程度，峰度放映了与正态分布相比，随机变量分布的尖锐程度或者平坦度。当随机变量 x 服从正态分布时，其偏度 $v_1=0$，峰度 $v_2=3$。

μ，σ，v_1 和 v_2 分别表示数据的均值、标准偏差，偏度和峰度的估计值。这四个特性参数能反映非正态分布数据的主要特性，即使原始数据的分布情况未知，只要得出这四个参数值就可以直接计算工序能力指数。样本容量为 n 时，这四个参数的近似计算公式参阅式(2-22)～式(2-25)为

$$\mu = \hat{\mu}, \quad \sigma = \hat{\sigma}, \quad v_1 = \hat{v}_1, \quad v_2 = \hat{v}_2 \tag{2-39}$$

数学中常用多项式来展开函数。Kendall 和 Stuart 提出一个概率密度函数 $f(x)$可以使用下面的切比雪夫-埃尔米特多项式展开：

$$f(x) = \frac{1}{\sqrt{2\pi}\sigma}\exp\left[-\frac{(x-\mu)^2}{2\sigma^2}\right] + \sum_{m=1}^{\infty} a_m H_m\left(\frac{x-\mu}{\sigma}\right)\frac{1}{\sqrt{2\pi}\sigma}\exp\left[-\frac{(x-\mu)^2}{2\sigma^2}\right] \tag{2-40}$$

式中，H_m 是阶数为 m 的切比雪夫-埃尔米特多项式，a_m 为常数项，且有

$$a_m = \frac{1}{m!}\int_{-\infty}^{\infty} f(x) H_m\left(\frac{x-\mu}{\sigma}\right)\mathrm{d}x \tag{2-41}$$

$$\left.\begin{aligned} &H_{m+1}(x) = xH_m(x) - mH_{m-1}(x) \\ &H_0(x) = 1, \quad H_1(x) = x \end{aligned}\right\} \tag{2-42}$$

根据此多项式，可得如下结论：

由切比雪夫-埃尔米特多项式的性质，在区间$[a, b]$的累积分布函数则为

$$\begin{aligned} F(b) - F(a) = &\int_a^b \frac{1}{\sqrt{2\pi}\sigma}\exp\left(-\frac{(x-\mu)^2}{2\sigma^2}\right)\mathrm{d}x + \\ &\sum_{m=1}^{\infty} a_m \int_a^b H_m\left(\frac{x-\mu}{\sigma}\right)\frac{1}{\sqrt{2\pi}\sigma}\exp\left(-\frac{(x-\mu)^2}{2\sigma^2}\right)\mathrm{d}x \end{aligned} \tag{2-43}$$

引入误差函数 $erf(z) = \frac{2}{\sqrt{\pi}}\int_0^z \exp(-x^2)\mathrm{d}x$，并假设 $b=-a=B$，则

$$F(B)-F(-B)=\frac{1}{2}\left[\operatorname{erf}\left(\frac{B-\mu}{\sqrt{2}\sigma}\right)+\operatorname{erf}\left(\frac{B+\mu}{\sqrt{2}\sigma}\right)\right]+$$
$$\sigma\sum_{m=1}^{\infty}a_m\left\{H_{m-1}\left(\frac{-B-\mu}{\sigma}\right)\frac{1}{\sqrt{2\pi\sigma}}\exp\left(-\frac{(B+\mu)^2}{2\sigma^2}\right)-\right.$$
$$\left.H_{m-1}\left(\frac{B-\mu}{\sigma}\right)\frac{1}{\sqrt{2\pi\sigma}}\exp\left[-\frac{(B-\mu)^2}{2\sigma^2}\right]\right\} \tag{2-44}$$

对切比雪夫-埃尔米特多项式取阶数 m 为 10，对函数 $f(x)$ 均值、标准偏差、偏度和峰度可表示如下：

$$\mu=\int_{-\infty}^{\infty}f(x)x\mathrm{d}x\,\sigma^2=\int_{-\infty}^{\infty}f(x)(x-\mu)^2\mathrm{d}x$$

$$v_1=\int_{-\infty}^{\infty}f(x)\left(\frac{x-\mu}{\sigma}\right)^3\mathrm{d}x,\quad v_2=\int_{-\infty}^{\infty}f(x)\left(\frac{x-\mu}{\sigma}\right)^4\mathrm{d}x-3$$

可推出 $a_0=1$，$a_1=0$，$a_2=0$，$a_3=\frac{1}{6}v_1$，$a_4=\frac{1}{24}v_2$，$a_5=0$，$a_6=\frac{1}{27}v_1^2$，$a_7=\frac{1}{5\,040}(35v_1v_2-10v_1)$，$a_8=\frac{1}{1\,152}v_2^2$，$a_9=\frac{1}{1\,296}v_1^3$，$a_{10}=\frac{1}{1\,728}v_1^2v_2$。

对应工序能力包含 99.73%的工序范围，令 $F(B)-F(-B)=99.73\%$，计算出 B，则可通过下式得出工序能力指数：

$$C_p=\frac{T_U-T_L}{2B} \tag{2-45}$$

式(2-45)暗含了规范上下限相对均值对称这个条件，当这个条件不成立时，需要进行坐标转换：令 $T_0=(T_U+T_L)/2$，则 $\mu'=\mu-T_0$，$T_U'=T_U-T_0$，$T_L'=T_L-T_0$，那么工序能力指数计算公式为

$$C_{pk}=\frac{T_U'-T_L'}{2B} \tag{2-46}$$

2.4 截尾样本的成品率分析

实际中面对的质量特性参数样本数据为截尾数据，正常情况下生产出的产品，其质量特性参数母体通常服从正态分布。因此，合格产品的特性参数服从截尾正态分布。为评估产品成品率及可靠性，传统的处理方法有两种。一是直接将截尾数据视为完整样本数据，继而推测产品成品率，并以此作为产品可靠性的判断标志。显然，这种方法会高估产品质量。另一种方法借鉴非正态工序能力指数的计算思想，将截尾样本视为非正态数据，并对其进行数据转换处理，最后计算相应的工序能力指数。将数据转换将改变数据分布，导致计算结果的误差较大，可以利用经验公式来估计截尾样本分布参数继而推测产品成品率。

2.4.1 截尾正态分布的参数估计

假设 X 为衡量产品质量的特性参数，在正常生产情况下 X 服从正态分布，设正态分布母体均值为 μ，标准偏差为 σ。参数 X 的下规范要求为 LSL，上规范要求为 USL。对供应商所交付的合格产品进行抽样检测得到样本 $\{x_1, x_2, \cdots, x_n\}$，样本数据服从截尾正态分布。

1. 双侧截尾的情况

对于双侧截尾情况，产品的上、下规范限均存在且为有限值。结合“六西格玛”设计思想，将规范范围对应的$\pm P\sigma$值作为生产水平及产品质量的标识，则 $\mathrm{USL}-\mathrm{LSL}=2P\sigma$。规范中心 $T_0=(\mathrm{LSL}+\mathrm{USL})/2$。在实际生产中，$\mu$ 往往与规范中心 T_0往往存在一定偏离，令 $\mu-T_0=\delta\sigma$。对于给定的规范限 LSL 和 USL，根据 2.2 节的介绍，产品成品率可采用下式计算：

$$\eta=\Phi(\delta+P)-\Phi(\delta-P) \tag{2-47}$$

式中，Φ 为标准正态分布的累计分布函数。由式(2-47)可知，对于给定的正态双侧截尾样本，只要基于截尾数据估算得到 $P\sigma$ 水平 P 值以及完整样本母体均值 μ 相对规范中心 T_0的偏离程度 δ 值，即可求得该产品的成品率。

极大似然法和最小二乘法是最常用的分布参数估计方法。而当样本母体分布已知时，极大似然法的估计精度高于最小二乘法。因此，本节将采取极大似然估计法，对截尾样本数据进行分布参数估计。双侧截尾正态分布的概率密度函数为

$$f(x;\mu,\sigma)=\begin{cases}\dfrac{\varphi(\frac{x-\mu}{\sigma})}{\sigma[\Phi(\frac{\mathrm{USL}-\mu}{\sigma})-\Phi(\frac{\mathrm{LSL}-\mu}{\sigma})]}, & \mathrm{LSL}\leqslant x\leqslant \mathrm{USL}\\ 0 & \text{其他}\end{cases} \tag{2-48}$$

式中，φ 为标准正态分布的概率密度函数。为方便计算，将式(2-48)转换为 P 与 δ 的函数，则概率密度函数的表达式为

$$f(x;P,\delta)=\begin{cases}\dfrac{P\varphi[(Px-PT_0-\delta h)/h]}{h[\Phi(\delta+P)-\Phi(\delta-P)]}, & \mathrm{LSL}\leqslant x\leqslant \mathrm{USL}\\ 0 & \text{其他}\end{cases} \tag{2-49}$$

而样本的对数似然函数为

$$\mathrm{LnL}=\sum_{i=1}^{n}\lg f(x_i;P,\delta) \tag{2-50}$$

为求解参数估计值，P 与δ 的极大似然估计应满足如下似然方程：

$$\left.\begin{aligned}\left.\frac{\partial \mathrm{LnL}}{\partial P}\right|_{P=\hat{P}}=0\\ \left.\frac{\partial \mathrm{LnL}}{\partial \delta}\right|_{\delta=\hat{\delta}}=0\end{aligned}\right\} \tag{2-51}$$

式中，P 与 δ 的极大似然估计不存在显式表达式，求解 $\hat{P}$ 与 $\hat{\delta}$ 可以利用 Newton - Raphson 法进行迭代求解。

2. 单侧截尾的情况

单侧截尾正态分布的参数估计方法与双侧截尾情况基本一致，唯一的区别在于概率密度函数的表达式有所不同。单侧截尾正态分布的概率密度函数为

$$f(x;\mu,\sigma)=\begin{cases}\dfrac{\varphi\left(\frac{x-\mu}{\sigma}\right)}{\sigma\left[1-\Phi\left(\frac{\mathrm{LSL}-\mu}{\sigma}\right)\right]}, & x\geqslant \mathrm{LSL}\\ 0, & \text{其他}\end{cases} \tag{2-52}$$

式中，φ 为标准正态分布的概率密度函数。供应商产品成品率为

$$\eta = 1 - \Phi\left(\frac{\mathrm{LSL} - \mu}{\sigma}\right)$$

令 $\mu - \mathrm{LSL} = \delta\sigma$，则产品成品率为

$$\eta = 1 - \Phi(-\delta) \tag{2-53}$$

此时，单侧截尾正态分布的概率密度函数可转化为如下表达式：

$$f(x;\delta,\sigma) = \begin{cases} \dfrac{\varphi\left(\dfrac{x - \mathrm{LSL}}{\sigma} - \delta\right)}{\sigma[1 - \Phi(-\delta)]}, & x \geqslant \mathrm{LSL} \\ 0, & \text{其他} \end{cases} \tag{2-54}$$

样本的对数似然函数为

$$\mathrm{LnL} = \sum_{i=1}^{n} \log f(x_i;\delta,\sigma) \tag{2-55}$$

建立 δ 和 σ 的极大似然方程：

$$\left.\begin{aligned} \left.\frac{\partial \mathrm{LnL}}{\partial \delta}\right|_{\delta=\hat{\delta}} = 0 \\ \left.\frac{\partial \mathrm{LnL}}{\partial \sigma}\right|_{\sigma=\hat{\sigma}} = 0 \end{aligned}\right\} \tag{2-56}$$

再次利用 Newton - Raphson 法即可求得单侧截尾情况下正态分布均值和标准偏差的极大似然估计。

2.4.2 Fisher 信息矩阵与置信区间

为了衡量参数估计值的精度，常用的判定标准是置信区间。计算截尾正态分布参数估计值的置信区间，需引入 Fisher 信息及 Fisher 信息阵(Fisher Information Matrix，FIM)的概念。

如果 Y 为可观测的随机变量，未知参数 θ 为 Y 所服从分布的分布参数。Fisher 信息表征了随机变量 Y 所携带的未知参数 θ 的信息量大小。Y 的概率密度函数为 $f(Y;\ \theta)$，即 θ 的似然函数。对数似然函数 $\lg\ f(Y;\ \theta)$ 关于 θ 的二阶偏导数的期望被称作 Fisher 信息：

$$I(\theta) = E\left[\left(\frac{\partial^2}{\partial^2 \theta}\lg f(X;\theta)\right) \middle| \theta\right] = \int \left(\frac{\partial^2}{\partial^2 \theta}\lg f(X;\theta)\right) f(X;\theta)\mathrm{d}X$$

当对数似然函数 $\lg f(X;\ \theta)$ 关于 θ 的二阶偏导数存在时，上式可写作：

$$I(\theta) = -E\left[\frac{\partial^2}{\partial \theta^2}\lg f(X;\theta) \middle| \theta\right] \tag{2-57}$$

如果母体分布包含 v 个分布参数，未知参数向量 $\boldsymbol{\theta} = (\theta_1,\ \theta_2,\cdots,\ \theta_v)^{\mathrm{T}}$，此时 Fisher 信息为 $v \times v$ 矩阵，该矩阵称为 Fisher 信息阵，矩阵元素为

$$(I(\theta))_{i,j} = E\left[\left(\frac{\partial}{\partial \theta_i}\lg f(X;\theta)\right)\left(\frac{\partial}{\partial \theta_j}\lg f(X;\theta)\right) \middle| \theta\right]$$

FIM 为 v 阶半正定矩阵，在满足一定正则性的前提下，FIM 可表示为

$$(I(\theta))_{i,j} = -E\left[\frac{\partial^2}{\partial \theta_i \partial \theta_j}\lg f(X;\theta) \middle| \theta\right] \tag{2-58}$$

根据中心极限定理，极大似然估计依分布服从于正态分布。也就是说，如果 $\hat{\theta}$ 为分布参数的极大似然估计，θ_0 为分布参数真实值，则

$$\hat{\theta} - \theta_0 \xrightarrow{d} N\left(0, \frac{1}{nI_1(\theta_0)}\right) \tag{2-59}$$

式中，$I_1(\theta_0)$为样本容量为 1 的 FIM。对于给定的样本$\{x_1, x_2, \cdots, x_n\}$，尽管分布参数的真实值未知，但其极大似然估计$\hat{\theta}$近似服从正态分布：

$$\hat{\theta} \sim N(\hat{\theta}, \frac{1}{nI_1(\hat{\theta})}) \tag{2-60}$$

式(2-60)表明，通过求解 FIM，即可近似获得极大似然估计所满足的分布，继而求得置信区间。

1. 双侧截尾正态分布参数估计的置信区间

(1)置信区间的计算。当样本母体分布已知时，通过极大似然法进行分布参数估计，再利用式(2-55)和式(2-56)求得该分布所对应的 FIM，最终结合式(2-56)求得极大似然估计的置信区间。就本小节所讨论的情况而言，样本服从双侧截尾正态分布，未知分布参数向量$\boldsymbol{\theta}=(P, \delta)^{\mathrm{T}}$，对数似然函数为

$$\lg f(X;P,\delta) = -\frac{1}{2}\lg(2\pi) - \frac{(PX - PT_0 - \delta h)^2}{2h^2} - \lg[\Phi(\delta + P) - \Phi(\delta - P)] + \lg P - \lg h$$

为方便计算，引入如下中间函数：

$$y(P,\delta) = \Phi(\delta + P) - \Phi(\delta - P)$$

$$a(P,\delta) = \frac{\partial y}{\partial P} = \varphi(\delta + P) + \varphi(\delta - P)$$

$$b(P,\delta) = \frac{\partial y}{\partial \delta} = \varphi(\delta + P) - \varphi(\delta - P)$$

对数似然函数$\lg f(X;P, \delta)$的二阶偏导数为

$$\frac{\partial^2}{\partial^2 P}\lg f(X;P,\delta) = -\frac{1}{P^2} - \frac{(X - T_0)^2}{h^2} - \frac{y(P,\delta)\frac{\partial}{\partial p}a(P,\delta) - a^2(P,\delta)}{y^2(P,\delta)}$$

$$\frac{\partial^2}{\partial^2 \delta}\lg f(X;P,\delta) = -1 - \frac{y(P,\delta)\frac{\partial}{\partial \delta}b(P,\delta) - b^2(P,\delta)}{y^2(P,\delta)}$$

$$\frac{\partial^2}{\partial P\partial \delta}\lg f(X;P,\delta) = \frac{\partial^2}{\partial \delta\partial P}\lg f(X;P,\delta) = \frac{X - T_0}{h} - \frac{y(P,\delta)\frac{\partial}{\partial \delta}a(P,\delta) - a(P,\delta)b(P,\delta)}{y^2(P,\delta)}$$

令$I(P, \delta)$为双侧截尾正态分布的 FIM，根据式(2-58)得

$$(I(P,\delta))_{11} = -E[\frac{\partial^2}{\partial P^2}\lg f(X;P,\delta) \Big| P,\delta] = \frac{1}{P^2} + \frac{E(X - T_0)^2}{h^2} + \frac{y(P,\delta)\frac{\partial}{\partial p}a(P,\delta) - a^2(P,\delta)}{y^2(P,\delta)} \tag{2-61}$$

$$(I(P,\delta))_{22} = -E[\frac{\partial^2}{\partial \delta^2}\lg f(X;P,\delta) \Big| P,\delta] = 1 + \frac{y(P,\delta)\frac{\partial}{\partial \delta}b(P,\delta) - b^2(P,\delta)}{y^2(P,\delta)} \tag{2-62}$$

$$(I(P,\delta))_{12} = (I(P,\delta))_{21} = -E[\frac{\partial^2}{\partial P \partial \delta}\lg f(X;P,\delta) \Big| P,\delta] =$$

$$-\frac{E(X-T_0)}{h} + \frac{y(P,\delta)\frac{\partial}{\partial \delta}a(P,\delta) - a(P,\delta)b(P,\delta)}{y^2(P,\delta)} \tag{2-63}$$

依据统计学原理，若 X 服从双侧截尾正态分布，则 X 的期望和方差分别为

$$E(X) = \mu + \frac{\varphi\left(\frac{\text{LSL}-\mu}{\sigma}\right) - \varphi\left(\frac{\text{USL}-\mu}{\sigma}\right)}{\Phi\left(\frac{\text{USL}-\mu}{\sigma}\right) - \Phi\left(\frac{\text{LSL}-\mu}{\sigma}\right)}\sigma =$$

$$T_0 + \frac{\delta h}{P} + \frac{hb(P,\delta)}{Py(P,\delta)}$$

$$Var(X) = \{1 + \frac{\frac{\text{LSL}-\mu}{\sigma}\varphi\left(\frac{\text{LSL}-\mu}{\sigma}\right) - \frac{\text{USL}-\mu}{\sigma}\varphi\left(\frac{\text{USL}-\mu}{\sigma}\right)}{\Phi\left(\frac{\text{USL}-\mu}{\sigma}\right) - \Phi\left(\frac{\text{LSL}-\mu}{\sigma}\right)} -$$

$$[\frac{\varphi\left(\frac{\text{LSL}-\mu}{\sigma}\right) - \varphi\left(\frac{\text{USL}-\mu}{\sigma}\right)}{\Phi\left(\frac{\text{USL}-\mu}{\sigma}\right) - \Phi\left(\frac{\text{LSL}-\mu}{\sigma}\right)}]^2\}\sigma^2 =$$

$$\{1 - \frac{Pa(P,\delta) + \delta b(P,\delta)}{y(P,\delta)} - [\frac{b(P,\delta)}{y(P,\delta)}]^2\}\frac{h^2}{P^2}$$

因此，有如下结论成立：

$$E(X-T_0) = E(X) - T_0 = \frac{\delta h}{P} + \frac{hb(P,\delta)}{Py(P,\delta)} \tag{2-64}$$

$$\begin{aligned} E(X-T_0)^2 &= E[X - E(X) + E(X) - T_0]^2 = \\ &\text{Var}(X) + [E(X) - T_0]^2 = \\ &\text{Var}(X) + [\frac{\delta h}{P} + \frac{hb(P,\delta)}{Py(P,\delta)}]^2 \end{aligned} \tag{2-65}$$

将式(2-64)、式(2-65)分别代入式(2-61)和式(2-63)，得出截尾正态分布 FIM 的各元素为

$$(I(P,\delta))_{11} = \frac{1}{P^2} + \left\{1 - \frac{Pa(P,\delta) + \delta b(P,\delta)}{y(P,\delta)} - [\frac{b(P,\delta)}{y(P,\delta)}]^2\right\}\frac{1}{P^2} +$$

$$\left[\frac{\delta}{P} + \frac{b(P,\delta)}{Py(P,\delta)}\right]^2 + \frac{y(P,\delta)\frac{\partial}{\partial p}a(P,\delta) - a^2(P,\delta)}{y^2(P,\delta)}$$

$$(I(P,\delta))_{22} = 1 + \frac{y(P,\delta)\frac{\partial}{\partial \delta}b(P,\delta) - b^2(P,\delta)}{y^2(P,\delta)}$$

$$(I(P,\delta))_{12} = (I(P,\delta))_{21} =$$

$$-\frac{\delta}{P} - \frac{b(P,\delta)}{Py(P,\delta)} + \frac{y(P,\delta)\frac{\partial}{\partial \delta}a(P,\delta) - a(P,\delta)b(P,\delta)}{y^2(P,\delta)}$$

综上所述，若 P,δ 的极大似然估计分别为 $\hat{P}$ 和 $\hat{\delta}$，则 $\hat{\boldsymbol{\theta}} = (\hat{P},\hat{\delta})^{\mathrm{T}}$ 近似服从正态分布 $N(\hat{\theta}, 1/(nI_1(\hat{P},\hat{\delta})))$，因此，$\hat{P}$ 的 95%置信区间为

$$\left(\hat{P}-Z_{0.05/2}\sqrt{\frac{1}{n\,(I_1(\hat{P},\hat{\delta}))_{1,1}}},\hat{P}+Z_{0.05/2}\sqrt{\frac{1}{n\,(I_1(\hat{P},\hat{\delta}))_{1,1}}}\right) \tag{2-66}$$

$\hat{\delta}$ 的 95%置信区间为

$$\left(\hat{\delta}-Z_{0.05/2}\sqrt{\frac{1}{n\,(I_1(\hat{P},\hat{\delta}))_{2,2}}},\hat{\delta}+Z_{0.05/2}\sqrt{\frac{1}{n\,(I_1(\hat{P},\hat{\delta}))_{2,2}}}\right) \tag{2-67}$$

式中，Z_α 为标准正态分布的α 分位数。由于 P 值反映了产品特性参数的集中程度，δ 反映了完整数据母体均值相对于规范中心的偏离大小，结合式(2－47)可知，产品成品率与随着 P 的增大而增加，随着δ 的增加而减小。因此，产品成品率η 的 95%置信区间为

$$\left.\begin{aligned}&(\Phi(\hat{\delta}+Z_{0.05/2}\sqrt{\frac{1}{n\,(I_1(\hat{P},\hat{\delta}))_{2,2}}}+\hat{P}-Z_{0.05/2}\sqrt{\frac{1}{n\,(I_1(\hat{P},\hat{\delta}))_{1,1}}})-\\&\Phi(\hat{\delta}+Z_{0.05/2}\sqrt{\frac{1}{n\,(I_1(\hat{P},\hat{\delta}))_{2,2}}}-\hat{P}+Z_{0.05/2}\sqrt{\frac{1}{n\,(I_1(\hat{P},\hat{\delta}))_{1,1}}}),\\&\quad\Phi(\hat{\delta}-Z_{0.05/2}\sqrt{\frac{1}{n\,(I_1(\hat{P},\hat{\delta}))_{2,2}}}+\hat{P}+Z_{0.05/2}\sqrt{\frac{1}{n\,(I_1(\hat{P},\hat{\delta}))_{1,1}}})-\\&\quad\Phi(\hat{\delta}-Z_{0.05/2}\sqrt{\frac{1}{n\,(I_1(\hat{P},\hat{\delta}))_{2,2}}}-\hat{P}-Z_{0.05/2}\sqrt{\frac{1}{n\,(I_1(\hat{P},\hat{\delta}))_{1,1}}}))\end{aligned}\right\} \tag{2-68}$$

(2)样本容量对精度的影响。极大似然估计的基础是中心极限定理，估计值的准确度受限于样本容量的大小。样本容量越大，极大似然估计的均方误差越小，置信区间越窄，从而估计精度越高。研究中发现，P 和 δ 极大似然估计的均方误差不仅受样本容量影响，还与 P 和 δ 的值有关。对于固定的样本容量，$n=500$，分析在不同真实值下的 P 和 δ 与极大似然估计的均方误差的关系，结果如图 2－6 和图 2－7 所示。

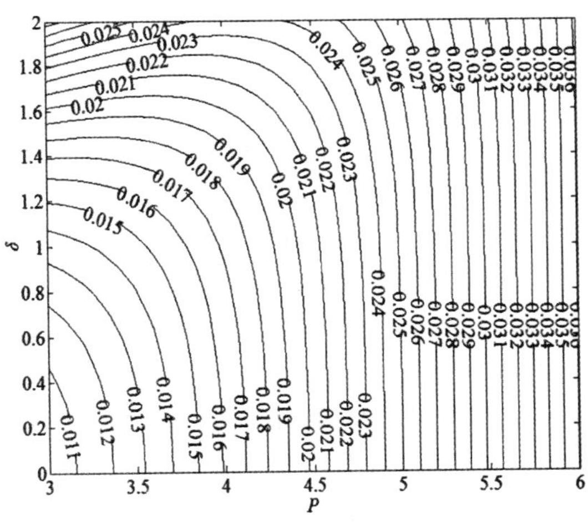

图 2－6　参数 P 极大似然估计均方误差

图 2－6 的结果表明：P 值越大，其极大似然估计误差越大，估计误差与 δ 关系不大；P 值越小，其极大似然估计误差越小，δ 对 P 值估计误差具有明显的影响。图 2－7 结果表明：P 值对 δ 的估计误差几乎没有影响，但估计误差随着 δ 的增大而增加。由于 P 和 δ 决定了产品成品率，因此，在不同的成品率情况下，为保证极大似然估计具有相同的精度，需采用的样本容量有所不同。表 2－3 列出了部分 P 和 δ 取值下对应的成品率结果，以及当置信区间宽度不超过 P 和 δ 的±10%时所需的最小样本容量。

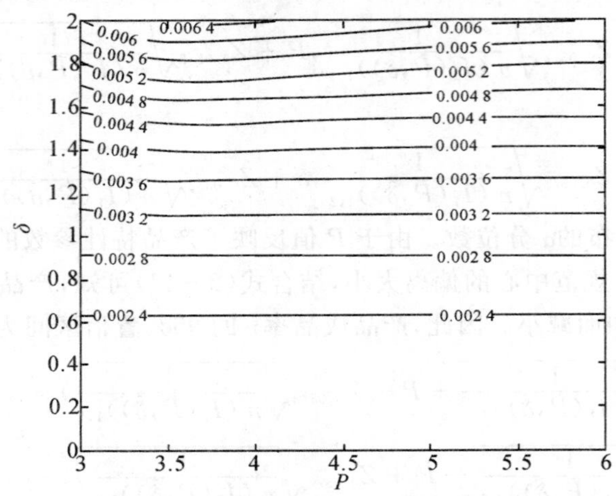

图 2-7　参数 δ 极大似然估计均方误差

表 2-3　P,δ 与成品率关系以及置信区间不超过±10%时所需的最小样本容量

δ	$P=2.0$		$P=2.5$		$P=3.0$		$P=3.5$		$P=4.0$	
	成品率	样本容量	成品率	样本容量	成品率	样本容量	成品率	样本容量	成品率	样本容量
0.0	0.954 5	470	0.987 6	285	0.997 3	222	0.999 5	201	0.999 9	194
0.5	0.927 0	517	0.975 9	313	0.993 6	237	0.998 6	208	0.999 8	197
1.0	0.840 0	674	0.933	405	0.977 2	288	0.993 8	232	0.998 6	207
1.5	0.691 2	996	0.841 3	593	0.933 2	392	0.977 2	286	0.993 8	232
2.0	0.500 0	1585	0.691 5	940	0.841 3	587	0.933 2	392	0.977 2	286

由表 2-3,为了保证成品率的估计精度,生产成品率越低,需要的样本量越大。根据上述分析,基于截尾数据推测成品率的步骤如下:

1)采用 200～300 个合格产品,测试并记录产品参数数据;

2)利用第 2 节介绍的方法计算 P 和 δ 的极大似然估计,并利用式(2-47)计算成品率;

3)若成品率大于 95%,表明样本容量大小适当,成品率的推测结果可信;

4)若成品率小于 95%,为提高计算结果的精度,需要根据 P 和 δ 的结果及式(2-61)、式(2-62)求出此时所需的最小样本容量,增加样本容量,重新计算成品率;或者利用式(2-63)求出该样本对应的成品率 95%置信区间,供评价使用。

2. 单侧截尾正态分布参数估计的置信区间

(1)置信区间的计算。如果样本服从单侧截尾正态分布,此时未知分布参数向量 $\boldsymbol{\theta}=(\delta,\sigma)^{\mathrm{T}}$,对数似然函数为

$$\lg f(X;\delta,\sigma)=-\frac{1}{2}\lg(2\pi)-\frac{1}{2}\left(\frac{x-LSL}{\sigma}-\delta\right)^2-\lg[1-\Phi(-\delta)]-\lg\sigma$$

为方便计算,引入如下中间函数:

$$y(\delta)=1-\Phi(-\delta)$$

对数似然函数 $\lg f(X;\delta,\sigma)$ 的二阶偏导数为

$$\frac{\partial^2}{\partial^2\delta}\lg f(X;\delta,\sigma)=-1-\frac{y(\delta)\frac{\partial}{\partial\delta}\varphi(-\delta)-\varphi^2(-\delta)}{y^2(\delta)}$$

$$\frac{\partial^2}{\partial^2\sigma}\lg f(X;\delta,\sigma)=-\frac{3(x-\mathrm{LSL})^2}{\sigma^4}+\frac{2(x-\mathrm{LSL})\delta}{\sigma^3}+\frac{1}{\sigma^2}$$

$$\frac{\partial^2}{\partial\delta\partial\sigma}\lg f(X;\delta,\sigma)=\frac{\partial^2}{\partial\sigma\partial\delta}\lg f(X;\delta,\sigma)=\frac{\mathrm{LSL}-x}{\sigma^2}$$

令 $I(\delta,\sigma)$ 为单侧截尾正态分布的 FIM，根据式(2－58)得

$$(I(\delta,\sigma))_{11}=-E\left[\frac{\partial^2}{\partial\delta^2}\lg f(X;\delta,\sigma)\middle|\delta,\sigma\right]=1+\frac{y(\delta)\frac{\partial}{\partial\delta}\varphi(-\delta)-\varphi^2(-\delta)}{y^2(\delta)} \tag{2-69}$$

$$(I(\delta,\sigma))_{22}=-E\left[\frac{\partial^2}{\partial\sigma^2}\lg f(X;\delta,\sigma)\middle|\delta,\sigma\right]=\frac{3E(x-LSL)^2}{\sigma^4}-\frac{2\delta E(x-LSL)}{\sigma^3}-\frac{1}{\sigma^2} \tag{2-70}$$

$$(I(\delta,\sigma))_{12}=(I(\delta,\sigma))_{21}=-E\left[\frac{\partial^2}{\partial\delta\partial\sigma}\lg f(X;\delta,\sigma)\middle|\delta,\sigma\right]=\frac{E(x-LSL)}{\sigma^2} \tag{2-71}$$

若 X 服从单侧截尾正态分布，则 X 的期望和方差分别为

$$E(X)=\mu+\frac{\varphi\left(\frac{\mathrm{LSL}-\mu}{\sigma}\right)}{1-\Phi\left(\frac{\mathrm{LSL}-\mu}{\sigma}\right)}\sigma=LSL+\delta\sigma+\frac{\varphi(-\delta)}{1-\Phi(-\delta)}\sigma$$

$$Var(X)=\{1+\frac{\frac{\mathrm{LSL}-\mu}{\sigma}\varphi(\frac{\mathrm{LSL}-\mu}{\sigma})}{1-\Phi(\frac{\mathrm{LSL}-\mu}{\sigma})}-[\frac{\phi(\frac{\mathrm{LSL}-\mu}{\sigma})}{1-\Phi(\frac{\mathrm{LSL}-\mu}{\sigma})}]^2\}\sigma^2=$$

$$\{1-\frac{\delta\varphi(-\delta)}{1-\Phi(-\delta)}-[\frac{\varphi(-\delta)}{1-\Phi(-\delta)}]^2\}\sigma^2$$

因此，有如下结论成立：

$$E(X-\mathrm{LSL})=E(X)-\mathrm{LSL}=\delta\sigma+\frac{\varphi(-\delta)}{1-\Phi(-\delta)}\sigma \tag{2-72}$$

$$\begin{aligned}E(^X-\mathrm{LSL})^2&=E[^X-E(X)+E(X)-\mathrm{LSL}]^2=\\&\mathrm{Var}(X)+[E(X)-\mathrm{LSL}]^2=\\&\mathrm{Var}(X)+\sigma^2[\delta+\frac{\phi(-\delta)}{1-\Phi(-\sigma)}]^2\end{aligned} \tag{2-73}$$

将式(2－72)、式(2－73)分别代入式(2－70)和式(2－71)，得出单侧截尾正态分布的 FIM 各元素分别为

$$(I(\delta,\sigma))_{11}=1+\frac{y(\delta)\frac{\partial}{\partial\delta}\varphi(-\delta)-\varphi^2(-\delta)}{y^2(\delta)}$$

$$(I(\delta,\sigma))_{12}=(I(\delta,\sigma))_{21}=\frac{1}{\sigma}(\delta+\frac{\varphi(-\delta)}{1-\Phi(-\delta)})$$

$$(I(\delta,\sigma))_{22}=\frac{3E\,(x-\mathrm{LSL})^2}{\sigma^4}-\frac{2\delta E\,(x-\mathrm{LSL})}{\sigma^3}-\frac{1}{\sigma^2}=$$

$$\frac{1}{\sigma^2}[2+\frac{\delta\varphi(-\delta)}{1-\Phi(-\delta)}+\delta^2]$$

因此,如果 δ,σ 的极大似然估计分别为 $\hat{\delta}$ 和 $\hat{\sigma}$,则 $\hat{\boldsymbol{\theta}}=(\hat{\delta},\hat{\sigma})^{\mathrm{T}}$ 近似服从正态分布 $N(\hat{\theta},1/(nI_1(\hat{\delta},\hat{\sigma})))$,因此,$\hat{\delta}$ 的95%置信区间为

$$\left(\hat{\delta}-Z_{0.05/2}\sqrt{\frac{1}{n\,(I_1(\hat{\delta},\hat{\sigma}))_{1,1}}},\quad \hat{\delta}+Z_{0.05/2}\sqrt{\frac{1}{n\,(I_1(\hat{\delta},\hat{\sigma}))_{1,1}}}\right) \tag{2-74}$$

$\hat{\sigma}$ 的95%置信区间为

$$\left(\hat{\sigma}-Z_{0.05/2}\sqrt{\frac{1}{n\,(I_1(\hat{\delta},\hat{\sigma}))_{2,2}}},\quad \hat{\sigma}+Z_{0.05/2}\sqrt{\frac{1}{n\,(I_1(\hat{\delta},\hat{\sigma}))_{2,2}}}\right) \tag{2-75}$$

式中,Z_α 为标准正态分布的 α 分位数。对于仅有下规范限要求的截尾正态分布,其产品成品率应按式(2-53)计算。显然,成品率仅由 δ 决定且具有单调性,即产品成品率与随着 δ 的增大而增大,随着 δ 的增加而减小。因此,产品成品率 η 的95%置信区间为

$$\left(1-\Phi\left(-\hat{\delta}+Z_{0.05/2}\sqrt{\frac{1}{n\,(I_1(\hat{\delta},\hat{\sigma}))_{1,1}}}\right),1-\Phi\left(-\hat{\delta}-Z_{0.05/2}\sqrt{\frac{1}{n\,(I_1(\hat{\delta},\hat{\sigma}))_{1,1}}}\right)\right) \tag{2-76}$$

(2)样本容量对精度的影响。与双侧截尾情况相同,单侧截尾正态分布母体分布参数的极大似然估计准确度受限于样本容量的大小,即样本容量越大,极大似然估计的均方误差越小,置信区间越窄,从而估计精度越高。由式(2-53),产品成品率仅由 δ 决定,表2-4列出了在不同 δ 取值下对应的成品率结果以及当成品率的置信区间宽度不超过 δ 的±10%时所需的最小样本容量。

表2-4 δ 与成品率的关系以及置信区间宽度不超过±10%时所需的最小样本容量

成品率	样本容量	成品率	样本容量	成品率	样本容量	成品率	样本容量
0.022 8	19 423	0.135 7	5 811	0.420 7	1 751	0.758 0	634
0.028 7	17 038	0.158 7	5 072	0.460 2	1 544	0.788 1	579
0.035 9	14 930	0.184 1	4 427	0.500 0	1 364	0.815 9	531
0.044 6	13 072	0.211 9	3 866	0.539 8	1 209	0.841 3	491
0.054 8	11 435	0.242 0	3 378	0.579 3	1 075	0.864 3	456
0.066 8	9 997	0.274 3	2 954	0.617 9	959	0.884 9	426
0.080 8	8 734	0.308 5	2 586	0.655 4	859	0.903 2	401
0.096 8	7 627	0.344 6	2 267	0.691 5	773	0.919 2	379
0.115 1	6 658	0.382 1	1 990	0.725 7	699	0.933 2	362

参 考 文 献

[1] Taam W, Subbaiah P, Liddy J W. A note on multivariate capability indices [J]. Journal of Applied Statistics, 1993,20(3):229-351.

[2] 林少宫,李从珠,朱茂源,等.现代质量管理统计方法[M].北京:学术期刊出版社, 1988.

[3] Kane V E. Process Capability Indices[J]. Journal of Quality Technology,1986, 18 (1):41-52.

[4] Pearn W L, Kotz S, Johnson N L. Distributional and inferential properties of process capability indices [J]. Journal of Quality Technology 1992,24:216-231.

[5] Choi B C, Owen D B. A study of a new capability index[J]. Communications in statistic:Theory and Methods, 1990, 19: 1231-1245.

[6] 贾新章,曾志华.从工序能力指数评价到 6σ 设计[J].电子产品可靠性与环境试验,2002 (3):31-34.

[7] 贾新章. 元器件内在质量评价技术[J]. 电子产品可靠性与环境试验,2000(5):2-6.

[8] 贾新章,刘宁. PPM 水平下元器件内在质量评价系统[J]. 电子产品可靠性与环境试验, 2001,5:2-7.

[9] 彼得,罗伯特,罗兰. 6σ 管理法[M]. 北京:机械工业出版社,2001.

[10] 张公绪,孙静.新编质量管理学[M]. 北京:高等教育出版社,2003.

[11] 宋明顺.质量管理学[M]. 北京:科学出版社, 2005.

[12] 坦南特.6σ 设计[M]. 北京:电子工业出版社,2002.

[14] Somerville S E, Montgomery D C. Process indices and non-distributions [J]. Quality Engineering, 1996-1997(9):305-369.

[15] 理查德莱斯,阿奎拉诺,亚革不斯. 生产动作管理——制造与服务[M]. 北京:中国人民大学出版社,2001.

[16] Sergio Bittanti, Marco Lovera, Luca Moiraghi. Application of non-normal process capability indices to semiconductor quality control[J]. IEEE Trans on Semiconductor Manufacturing,1998,11(2):16-25.

[17] 龚自立,贾新章.元器件质量与可靠性数据统计分布规律的拟合[J].西安电子科技大学学报,2001,28(3):336-339.

[18] 贾新章,龚自立.现代工艺水平下工序能力指数 C_{pk} 的计算[J].西安电子科技大学学报, 2001,28(4):452-455.

[19] Johnson N L, Eric Nixon, Amos D E, et al. Table of percentage points of Pearson curves,for given $\sqrt{\beta_1}$ and β_2 [J]. Expressed in Standard Measure,1963, 50:459-498.

[20] 梁小筠.正态性检验[M].北京:中国统计出版社,1996.

[21] 刘宁.集成电路可靠性评价与设计中的关键技术研究[D].西安:西安电子科技大学,2002.

[22] Sergio B, Marco L,Luca M. Application of Non-normal Process Capability Indices to Semiconductor Quality Control [J]. IEEE transaction on semiconductor

manufacturing, 1998, 11(2): 296-303.

[23] Bissell D. Statistical Methods for SPC and TQM [M]. London: Chapman and Hall, 1994.

[24] Chan L K, Cheng S W, Spiring F A. A Graphical Technique for process Capability [C]//ASQC Quality Congr Trans, Dallas, 1995:268-275.

[25] Choi I S, Bai D S. Process Capability Indices for Skewed populations[C]//Proc 20th Int Conf on Computer and Industrial Engineering, 1996,1211-1214.

[26] Clements J A. Process Capability Indices for Non-normal calculations [J]. Quality Progress, 1989, 22: 49-55.

[27] Box G E, Cox D R. An analysis of transformations [J]. Journal of the Royal Statistical Society, Series B, 1964, 26: 221-252.

[28] Johnson N L. Systems of Frequency curves generated by methods of translation [J]. Biometrika, 1949, 36:149-176.

[29] Wright P A. A process capability index sensitive to skewness[J]. Journal of Statistical Computation and Simulation, 1995, 52: 195-203.

[30] Somerville S, Montgomery D. Process Capability Indices and non-normal distribution [J]. Quality Engineering, 1996, 19(2): 149-176.

[31] Liu Pei-Hsi, Chen Fei-Long. Process capability analysis of non-normal process data using the Burr XII distribution [J]. The International Journal of Advanced Manufacturing Technology, 2006, 27(2):975-984.

[32] Hamaker H C. Relative merits of using maximum error versus 3σ in describing the performance of laser-exposure reticle writing systems [C]. Optical/Laser Microlithography VⅢ (Proceedings of SPIE, vol. 2621), Sheldon GV, Wiley JN (eds.). SPIE: Bellingham, WA, 1995

[33] Hamaker H C. Improved estimates of the range of errors on photomask using measured values of skewness and kurtosis[C]. 15th annual Symposium on Photomask Technology and Management (Proceeding of SPIE, vol. 2621), Sheldon GV, Wiley JN (eds.). SPIE: Bellingham, WA, 1995

[34] Bordignon S, Scagliarini M. Statistical analysis of process capability indices with measurement errors [J]. Quality and Reliability Engineering International, 2002, 18: 321-332.

[35] Pearn W L, Chem K S. Making decisions in assessing process capability index Cpk [J]. Quality and Reliability Engineering International, 1999, 15: 321-326.

[36] 斯皮格尔，杨纪龙，杜秀丽，等. 统计学[M]. 北京：科学出版社，2002.

第3章 多变量工序能力指数

半导体制造是多工序过程。在超大规模集成电路的生产中，整个工序已达到上百之多，生产过程中工艺参数之间存在相关关系，进行工序能力分析时，常需要表征或评价基于一个以上工程规范或质量特征参数的工序（或产品）。随技术的进步，目前用单变量工序能力指数已不能全面反映一道工序的可靠性水平，如果分别考察各质量特性的工序能力，必然忽视质量特性可能存在的相关性，丢失内部关联信息，应当采用多变量统计技术来进行工序能力分析。多个工艺参数共同对工艺产品质量起决定作用时，产品的可靠性就要用多个质量特性的联合结果来描述。多变量问题由于涉及多个维度，因而它们对最终的工艺参数都有影响，要区分是哪个变量或哪些变量之间的相互影响导致工艺水平低下，从而采取正确的调整措施。

3.1 空间定义多变量工序能力指数

3.1.1 多变量工序能力指数

定义 $\boldsymbol{X}$ 为 $p\times n$ 样本矩阵，其中 p 是具有规范范围要求的工艺参数的个数，n 是工艺参数测量数据样本量。在 $\boldsymbol{X}$ 矩阵中行表示为一个工艺参数的所有测量值。$\overline{\boldsymbol{X}}$ 是 p 维矢量，是每个工艺参数的样本均值，$\boldsymbol{S}$ 是 $p\times p$ 矩阵，是采用常规方法对工艺参数均值 μ_0 和协方差矩阵 $\boldsymbol{\Sigma}$ 的观测值得到的方差-协方差的无偏估计。

工艺参数数据是多变量正态分布时，统计量 $(\boldsymbol{X}-\mu_0)^{\mathrm{T}}\boldsymbol{\Sigma}^{-1}(\boldsymbol{X}-\mu_0)$ 服从 χ^2 分布。定义 $(\boldsymbol{X}-\mu_0)^{\mathrm{T}}\boldsymbol{\Sigma}^{-1}(\boldsymbol{X}-\mu_0)\leqslant\chi^2_{m,0.9973}$ 形成的区域为工序区域，特别的，当这个不等式中的自由度 m 取1时（对应一维情况），其形成的区域就是 $\mu\pm3\sigma$ 区间，在此区域包含工序99.73%的产品，亦即工艺参数数据以99.73%概率水平分布在这个区域中，这与一维情形下的 3σ 规则所确定的区间一致。对于二维正态分布情形，对应为椭圆工序区域。

将一维拓展到多维情形时，工艺规范和工艺参数分布形成面积区域（二维）或空间区域（三维或更高维情况），在此情况下，多变量工序能力指数为面积或体积的比值。

$$\mathrm{MVC}_p=\frac{\mathrm{Vol.}\,(R_1)}{\mathrm{Vol.}\,(R_2)} \tag{3-1}$$

式中，R_1 是工艺的规范区域；R_2 是包含工艺参数分布99.73%的区域，由数理统计理论知，若工艺数据服从二维正态分布，那么 R_2 是椭圆区域。以二维情况为例说明，如图3-1所示。

Jessenberger C. Weihs 根据多维函数理论计算可表示为

$$\mathrm{MVC}_p=\frac{\prod_{i=1}^{p}(T_{Ui}-T_{Li})}{\mathrm{Vol}((X-\mu)'\boldsymbol{\Sigma}^{-1}(X-\mu)\leqslant\chi^2_{p,0.9973})} \tag{3-2}$$

式中，p 表示工艺参数（即变量）个数；T_{Ui}，T_{Li} 分别表示每个工艺参数的上、下规范限；$\boldsymbol{\mu}$ 是多变量正态分布的均值矢量；$\boldsymbol{\Sigma}$ 是正定的协方差矩阵；$\chi^2_{p,0.9973}$ 是具有 p 个自由度的 χ^2 分布的99.73%的分位数。

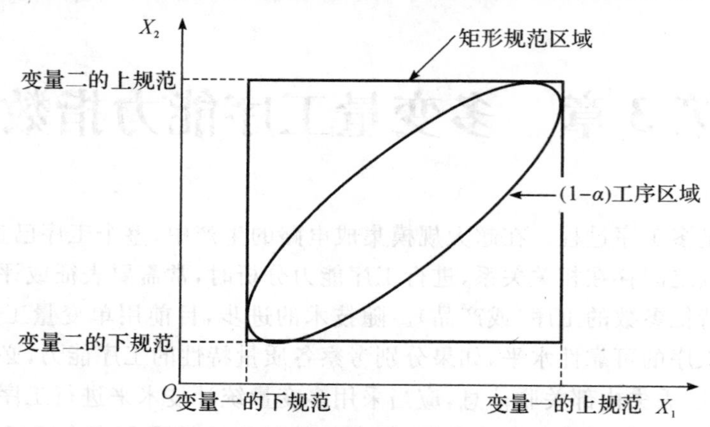

图 3-1　二维情形下工艺规范和 99.73%工艺分布区域

3.1.2　修改规范域

1. 修改规范域定义

在上面多变量工序能力指数定义中值得注意的是：椭圆区域的体积与 μ 值无关。当椭圆中心与目标值 T 重合时，也就是 $\mu=T$ 时，两体积的比值就表征了包含于规范区域的工艺分布的大小。但是因为它不能反映工艺规范区域体积与工艺参数均值 μ 之间的关系，大小相同的 MVC_p 值，其规范区域中心 T 与工艺参数均值 μ 的位置关系不一定相同，这样两体积的比值就不能准确地度量包含于规范区域的工艺分布大小。另一方面，MVC_p 定义中的分子是超立方体，分母是椭球体，这使得 99.73%的工序分布区域都包含在工艺规范区域内时，比值并不为 1。因此需要对工艺规范区域进行修正。如果工艺参数服从多变量正态分布，修正后的工艺参数规范区域同分布的概率等值线一样呈椭圆形状，此时当 $\mu=T$ 时，工序能力指数应等于 1，表明 99.73%的工序分布包含在工艺规范区域之内。另外可以把规范区域内最大椭球体体积和原始规范区域体积的比值作为形状调节因子来定义多变量工序能力指数。形状调节因子的概念可扩展到不同类型的分布（这些分布并非都具有椭圆形的等值线）。假如两变量分布是一个非对称的概率函数时，它给出的是梨形概率等值线，修正后的工艺规范区域是原始的矩形规范区域内的最大梨形体。

工艺规范经修正后，变成和工序分布区域相同形状的区域，如图 3-2 所示。原始的工艺规范区域是矩形，Taam 等人提出修正后的规范区域是同工序分布区域相同形状的椭圆，它完全包含于规范区域内，是根据协方差矩阵 $\boldsymbol{\Sigma}$ 产生的最大椭圆。由此多变量能力指数计算式子如下：

$$MVC_p{}^{*}=\frac{\mathrm{Vol}((\boldsymbol{X}-\mu)'\boldsymbol{\Sigma}^{-1}(\boldsymbol{X}-\mu)\leqslant M^2)}{\mathrm{Vol}((\boldsymbol{X}-\mu)'\boldsymbol{\Sigma}^{-1}(\boldsymbol{X}-\mu)\leqslant \chi^2_{p,0.9973})}\tag{3-3}$$

选取适当 M 使得分子是规范内的最大椭球体。

2. 公式简化

对式(3-3)进行简化，由多元统计分析可知：

$$\text{分子}=\mathrm{Vol}((\boldsymbol{X}-\mu)'\boldsymbol{\Sigma}^{-1}(\boldsymbol{X}-\mu)\leqslant M^2)=\frac{(\pi M^2)^{p/2}\ |\boldsymbol{\Sigma}|^{1/2}}{\Gamma(p/2+1)}$$

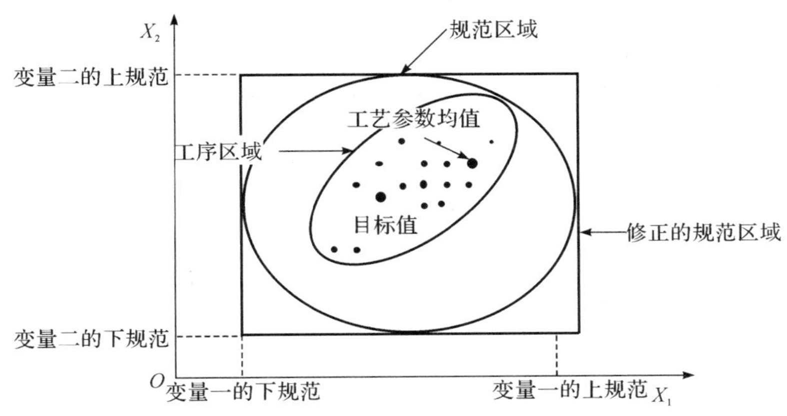

图 3-2　二维情况下修正的工艺规范区域

$$分母 = \mathrm{Vol}((\boldsymbol{X}-\mu)'\boldsymbol{\Sigma}^{-1}(\boldsymbol{X}-\mu)\leqslant \chi^2_{p,0.9973}) = \frac{(\pi\chi^2_{p,0.9973})^{p/2}\ |\boldsymbol{\Sigma}|^{1/2}}{\Gamma(p/2+1)}$$

因此 $\mathrm{MVC}_p{}^* = \left(\frac{M^2}{\chi^2_{p,0.9973}}\right)^{p/2} = \left(\frac{M}{\chi_{p,0.9973}}\right)^p M = \min\limits_{i=1\cdots p}\left(\frac{T_{Ui}-\mu_i}{\sigma_i},\frac{\mu_i-T_{Li}}{\sigma_i}\right)$。

μ_i 是每个工艺参数的均值，不是规范的中心值，则

$$\mathrm{MVC}_p{}^* = \min_{i=1\cdots p}\left(\left[\frac{T_{Ui}-\mu_i}{\chi_{p,0.9973}\sigma_i}\right]^p,\left[\frac{\mu_i-T_{Li}}{\chi_{p,0.9973}\sigma_i}\right]^p\right) \tag{3-4}$$

如果 $T_{Ui}-\mu_i=\mu_i-T_{Li}$，此种情况下，

$$M = \min_{i=1\cdots p}\left(\frac{T_{Ui}-\mu_i}{\sigma_i},\frac{\mu_i-T_{Li}}{\sigma_i}\right) = \min_{i=1\cdots p}(3C_{p\ i})$$

则

$$\mathrm{MVC}_p{}^* = \min_{i=1\cdots p}\left(\left(\frac{3}{\chi_{p,0.9973}}C_{pi}\right)^p\right) \tag{3-5}$$

其中 $C_{pi} = \dfrac{T_{Ui}-T_{Li}}{6\sigma_i}$

3.1.3　修改工序域

从另一个角度考虑，也可以修正工序分布区域，使之和工艺规范区域同形状，而且内切原始的工序分布区域。修正后的工序区域是一个矩形，原始的椭圆形工序区域内切于它。由此在假定工艺数据服从概率等值线为椭圆的多变量正态分布前提条件下，Shahriari，Hubele 和 Lawrence 提出了另外一种多变量工序能力指数的计算方法。

$$\mathrm{MVC}_{pm} = \left[\frac{\mathrm{Vol.}\ (R_1^*)}{\mathrm{Vol.}\ (R_2^*)}\right]^{\frac{1}{p}} \tag{3-6}$$

定义式中 R_1^* 是工艺规范区域的面积或体积，R_2^* 是修正后的工序区域的面积或体积，修正的工序区域为几何形状与工程规范区域相同，且内接具有一定概率水平的椭圆形等值线，如图 3-3 所示。对于二维正态分布，修正后的工序区域是一个矩形，矩形的边界定义了工艺上下限（分别是 UPL_i 和 LPL_i，$i=1,2,\cdots,p$），它们是二次式方程 $(\boldsymbol{X}-\mu_0)^{\mathrm{T}}\sum(\boldsymbol{X}-\mu_0)=\chi^2_{(p,\alpha)}$ 的解。解此方程可得两解为

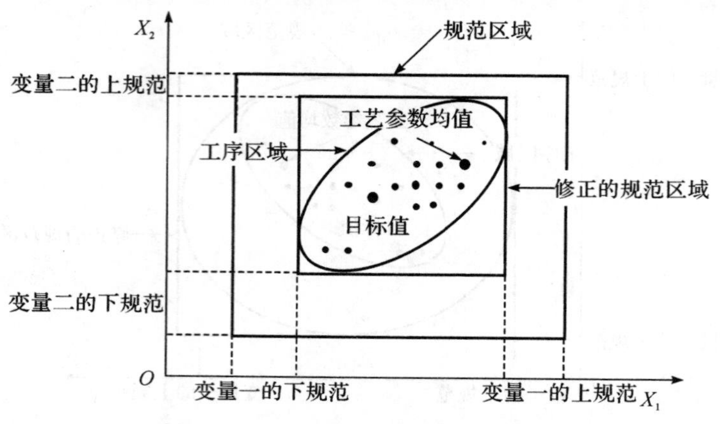

图 3-3　二维情况下修正的工序区域

$$\mathrm{UPL}_i = \mu_i + \sqrt{\frac{\chi^2_{(p,\ a)}\det(\boldsymbol{\Sigma}_i^{-1})}{\det(\boldsymbol{\Sigma}^{-1})}},\ \mathrm{LPL}_i = \mu_i - \sqrt{\frac{\chi^2_{(p,\ a)}\det(\boldsymbol{\Sigma}_i^{-1})}{\det(\boldsymbol{\Sigma}^{-1})}},\quad i = 1,2,\cdots,p$$

$\chi^2_{(p,\ a)}$ 是与概率水平等值线相关的具有 p 个自由度的 χ^2 分布的 100(α)%上侧分位数。$\det(\boldsymbol{\Sigma}_i^{-1})$是与 $\boldsymbol{\Sigma}_i^{-1}$ 矩阵对应的行列式，$\boldsymbol{\Sigma}_i^{-1}$ 代表删除 $\boldsymbol{\Sigma}^{-1}$ 矩阵的第 i 行和第 i 列得到的矩阵，实际上，来自大样本的估计值可用来代替方程中的 μ 和 $\boldsymbol{\Sigma}$。修改后的工序区域大小和边长的相对尺寸由概率水平等值线确定，它并不随工程规范区域成比例变化。由此得：

$$\mathrm{MVC}_{pm} = \left[\frac{\prod_{i=1}^{p}(T_{Ui} - T_{Li})}{\prod_{i=1}^{p}(\mathrm{UPL}_i - \mathrm{LPL}_i)}\right]^{\frac{1}{p}} \tag{3-7}$$

计算得到的 MVC_{pm} 值如果大于 1 表明修改的工序区域比工程确定的规范区域要小，即工序水平“良好”。显然，修改的工序区域受椭圆形等值线的形状(由方差—协方差矩阵决定)和椭圆的大小(取决于一定的概率水平)的影响。

3.2　成品率多变量工序能力指数

使用工序能力指数评价工艺水平的最终目标是改善工艺产品质量，提高工序的成品率，单变量工序能力指数与成品率的关系已经很明确(见第 2 章)。本节深入讨论在多变量情况下，工序能力指数与成品率的关系，并建立相应的模型与算法。

3.2.1　变量相互独立

对于多变量工序能力评价，Bothe 建议采用最小单道工序能力评价作为整体工序能力评价。例如，p 个质量特性对应的成品率分别是 η_1，η_2，…，η_p，整体工序能力采用 $\eta=\min\{\eta_1,\ \eta_2,\cdots,\ \eta_p\}$来衡量。发现这个方法不能准确如实地反映真正的整体工序能力。令 $p=5$，且 $\eta_1=\eta_2=\eta_3=\eta_4=\eta_5=99.73\%$(不合格品率为 2 700PPM)，假设这 5 个质量特性之间是相互独立的，那么整体工序的成品率应为 $\eta=\eta_1\eta_2\eta_3\eta_4\eta_5=98.66\%$(不合格频率为 134 273PPM)。这个值是小于 Bothe 方法计算值。

为了克服这些问题，在单变量工序能力基础上，建立了基于成品率的多变量工序能力指数。已知单变量工序能力指数 C_p 可以算出单变量对应的成品率，利用相互独立的 p 个变量的总成品率与单个变量成品关系：$\eta_{总} = \prod_{i=1}^{p} \eta_i$，根据式(2-5) $\eta_{总} = \prod_{i=1}^{p} (2\Phi(3C_p i) - 1)$，则多变量工序能力指数公式如下：

$$MC_{yp} = \frac{1}{3}\Phi^{-1}\left\{\left[\prod_{i=1}^{p}(2\Phi(3C_p i) - 1) + 1\right]/2\right\} \tag{3-8}$$

式中，$C_p i$ 是第 $i(i=1,2,\cdots,p)$ 个工艺参数的工序能力指数值，p 是工序质量特性的个数。这个新的多变量工序能力指数可以看作单变量工序能力指数的综合。当考虑规范中心与数据均值偏离时，由已知单变量 C_{pk} 值时多变量工序能力指数计算公式如下：

$$\eta_i = 1 - \Phi[-3C_{pk\ i}] - \Phi\left[-\frac{3C_{pki}(1+|\delta_i|)}{1-|\delta_i|}\right] \tag{3-9}$$

则可以使用式(3-9)以及式(2-14)得出 MC_{ypk}。

3.2.2　变量不相互独立

工艺成品率是表征工艺水平高低的关键指标，也是产品高可靠性水平的一种标志，在 6σ 设计水平下，通常以 μ 和 T_0 之间偏离量为 1.5σ 情况下 6σ 设计达到的工艺成品率作为评价工艺是否满足 6σ 设计要求的参照标准，按照这一思路，在 μ 与 T_0 之间偏离 1.5σ 的条件下，假定工艺规范范围对应为 $\pm p\sigma$，则可以根据工艺成品率值得到 p 值，p 就可以作为设计水平的标志，同时工艺不合格品率也可以作为评价设计水平的标志。此时就可以说该工艺达到 $p\sigma$ 的设计水平。表 3-1 表示了不同设计水平下工艺成品率和工序能力的评价。

表 3-1　不同设计水平下工艺成品率和工序能力评价

设计水平 $p\sigma$	工艺成品率 η	C_{pk} ($\lvert\mu - T_0\rvert = 1.5\sigma$)
$p\sigma > 6.5\sigma$	$\eta > 99.999\,971\%$	$C_{pk} > 1.67$
$5.5\sigma < p\sigma \leqslant 6.5\sigma$	$99.996\,83\% < \eta \leqslant 99.999\,971\%$	$1.33 < C_{pk} \leqslant 1.67$
$4.5\sigma < p\sigma \leqslant 5.5\sigma$	$99.865\% < \eta \leqslant 99.996\,83\%$	$1 < C_{pk} \leqslant 1.33$
$3.5\sigma < p\sigma \leqslant 4.5\sigma$	$97.725\% < \eta \leqslant 99.865\%$	$0.67 < C_{pk} \leqslant 1$
$p\sigma \leqslant 3.5\sigma$	$\eta \leqslant 97.725$	$C_{pk} < 0.67$

从表 3-1 可以看出，尽管高设计水平对应高成品率，但是设计水平并非越高越好，提高设计水平可能要承担非常高的经济成本。设计水平为 4σ 时，可能会有 4.55%(1-95.45%)的不合格品率，在现代电子元器件的生产中，生产工艺一般包括有几十甚至上百道工序，在器件失效率降至几个 FIT 及元器件不合格品率已很低的情况下，为了满足这种高质量和高可靠水平元器件的生产要求，单道工序的工艺不合格品率只能为几个 PPM。很明显 4σ 设计水平对生产来说不合格品率过高，工序能力不足，不利于厂家产品的市场拓展。设计水平为 8σ 时，对应 0.006%的不合格品率，从工序能力的评价标准来看，8σ 设计水平其工序能力过剩，它和 6σ 设计水平对应的不合格品率 0.27% 相比，技术要求提高幅度为 2σ，但是企业为了降低这 0.264%(0.27%-0.006%)的不合格品率，可能需要投入巨大的人力、物力和财力，因此在经济上可能得不偿失。根据实际情况，不同行业考虑应用的差异可能要求不同的设计水平，6σ

设计水平作为基本要求，能满足目前对高质量高可靠性产品生产的需要，因而成为一个被不同行业所广泛接受的标准，成为工艺生产努力要达到的目标。实际的工艺生产中，衡量此情况下的设计水平，就采用 $p\sigma$ 来量化实际的设计水平。

1.设计水平 $p\sigma$ 与成品率的关系

$p\sigma$ 设计水平假定工艺规范范围为 $\pm p\sigma$，同时以 μ 与 T_0 偏离为 1.5σ 作为参照件，计算这时的工艺不合格品率作为设计水平为 $p\sigma$ 的评定标志。不妨设 T_0 大于 μ，$T_0-\mu=1.5\sigma$，$T_U-T_L=2p\sigma$ 由此得 $T_U=\mu+1.5\sigma+p\sigma$，$T_L=\mu-1.5\sigma+p\sigma$ 则：

$$\eta=\int_{T_L}^{T_U}N(\mu,\sigma^2)\mathrm{d}x=\Phi(1.5+p)-\Phi(1.5-p) \tag{3-10}$$

工艺成品率的高低直接反映了工序满足工艺规范要求的能力即工艺水平的高低，在 μ 和 T_0 一定的偏离量下，工艺成品率与设计水平唯一对应。工艺参数分布中心 μ 与工艺规范要求中心值 T_0 偏离 1.5σ 时，不同的 $\pm\sigma$ 值即 P 值表示的设计水平与工艺成品率 η 之间关系如图3-4所示。

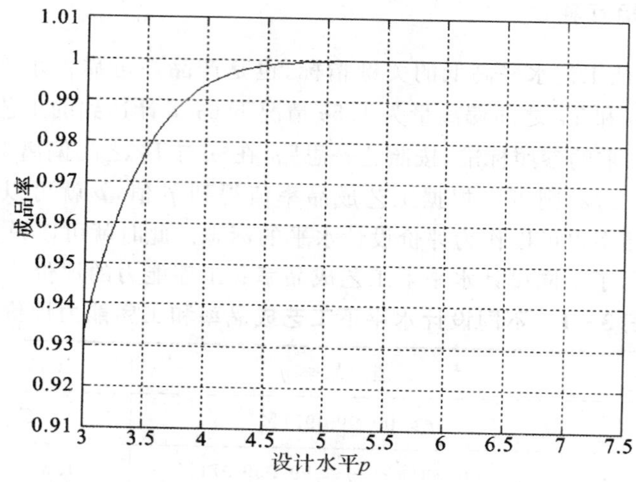

图3-4　不同设计水平下的工艺成品率

2.设计水平 $p\sigma$ 与工序能力指数的关系

工序能力指数用来评价工艺线是否具备生产质量好可靠性高的元器件所要求的工艺水平，以及表征正常生产状况下工艺成品率的高低。一般情况下，工艺参数分散程度 σ 越小，工艺参数的均匀程度越高，也就是说，包括原材料、设备、工艺技术、操作方法等因素在内的该工序在工艺参数的集中性方面综合表现好，工序能稳定生产合格产品的能力强。因此，工序能力指的是工序在一定时间内处于统计控制状态下质量波动的经济幅度。目前采用的评价指标是要求生产线上关键工序的工序能力指数 C_{pk} 不小于1.5。工艺不合格品率不大于3.4PPM。如果达不到这一要求，很难保证生产出的元器件能满足大型整机厂对元器件质量和可靠性的要求。可得设计水平与工序能力指数 C_{pk} 的关系如下：

$$C_{pk}(|\mu-T_0|=1.5\sigma)=C_p-0.5=\frac{p}{3}-0.5 \tag{3-11}$$

图3-5说明了设计水平与工序能力指数的正比关系。

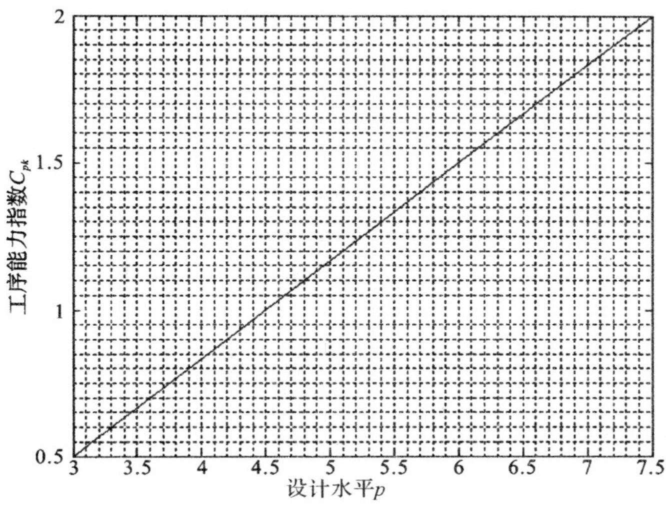

图 3-5　设计水平与工序能力指数

3. 设计水平 p 的计算

由式子(3-10)计算设计水平值 p 是一个非线性方程的求解问题，且 η 的精度较高，必须选用能控制误差的计算方法，这里选用二分法来计算 p，二分法思想简单、逻辑清楚。只要确定含根区间，则一定能求得 $f(x)=0$，因而算法安全可靠，在机器字长允许的条件下，可达到很高的精度。

将方程的含根区间(a,b)重复分半，得到一个含根 x 的区间套：$(a,b)\supset(a_1,b_2)\supset\cdots\supset(a_k,b_k)\supset\cdots$取 $x_k=\dfrac{a_k+b_k}{2}$ 作为 $f(x)=0$ 的根，则有 $|x-x_k|\leqslant\dfrac{b_k-a_k}{2}=\dfrac{b-a}{2^k}\quad(k\geqslant1)$，给定求根的精度 ε，则迭代的次数 N 满足 $\dfrac{b-a}{2^N}\leqslant\varepsilon$，得迭代次数 $N\geqslant\dfrac{\ln(b-a)-\ln b}{\ln 2}$。

4. 基于成品率的多变量工序能力指数计算的步骤

若表征工艺过程质量的工艺参数有 m 个，分别为 $v_1,v_2,\cdots,v_m$，对每个工艺参数的上规范和下规范要求分别为向量 $\mathrm{USL}=(\mathrm{USL}_1,\cdots,\mathrm{USL}_i,\cdots,\mathrm{USL}_m)'$ 和 $\mathrm{LSL}=(\mathrm{LSL}_1,\cdots,\mathrm{LSL}_i,\cdots,\mathrm{LSL}_m)'$，其中 USL_i 和 LSL_i 分别为第 i 个工艺参数的上规范限和下规范限。$T_0=(T_{0,1},\cdots,T_{0,i},\cdots,T_{0,m})'$为规范中心向量，$T_{0,i}$为第 i 个工艺参数的规范中心。可以采用下述步骤计算多变量工序能力指数。

步骤 1. 由测量得到的样本数据，确定服从多元正态分布的工艺参数母体均值向量和协方差矩阵。

由多元数理统计理论，如果 $\boldsymbol{x}=(x_1,x_2,\cdots,x_m)'$是服从 m 维正态分布的随机向量，则其概率密度函数为

$$f_m(\boldsymbol{x},\boldsymbol{\mu},\boldsymbol{\Sigma})=\frac{1}{(2\pi)^{m/2}\,|\boldsymbol{\Sigma}|^{1/2}}\exp\left[-\frac{1}{2}(\boldsymbol{x}-\boldsymbol{\mu})^{\mathrm{T}}\boldsymbol{\Sigma}^{-1}(\boldsymbol{x}-\boldsymbol{\mu})\right] \tag{3-12}$$

其中向量 $\boldsymbol{\mu}=(\mu_1,\cdots,\mu_i,\cdots,\mu_m)'$为工艺参数母体均值向量，$\mu_i$为第 i 个工艺参数母体均值；$\boldsymbol{\Sigma}$ 为 $m\times m$ 维正定矩阵，称为协方差矩阵。$\boldsymbol{X}$ 为 $n\times m$ 样本数据矩阵，每一行对应 1 个产品的 m 个工艺参数的测量结果，总共对 n 个产品进行抽样。采集有 $n\times m$ 样本数据后，就可以采用点估计或者分布拟合的方法计算确定母体均值向量 $\boldsymbol{\mu}$ 以及协方差矩阵 $\boldsymbol{\Sigma}$。

步骤 2. 按照给定的规范要求及步骤 1 得到的均值向量 $\boldsymbol{\mu}$ 以及协方差矩阵 $\boldsymbol{\Sigma}$,采用下式求得实际工艺成品率 η。

$$\eta = \int_{LSL}^{USL} f(\boldsymbol{x},\boldsymbol{\mu},\boldsymbol{\Sigma})\mathrm{d}x = \int_{LSL}^{USL} \frac{1}{(2\pi)^{m/2}\ |\boldsymbol{\Sigma}|^{1/2}}\exp[-\frac{1}{2}(\boldsymbol{x}-\boldsymbol{\mu})^{\mathrm{T}}\boldsymbol{\Sigma}^{-1}(\boldsymbol{x}-\boldsymbol{\mu})]\mathrm{d}\boldsymbol{x} \quad (3-13)$$

如果并非所有 m 个工艺参数都是双侧规范,也可以采用上式计算工艺成品率。若某个工艺参数 x_i 只有下规范要求,只要将上述积分上限 USL 中的该变量上规范 USL_i 取为$+\infty$。若某个工艺参数 x_i 只有上规范要求,只要将上述积分下限 LSL 中的该变量下规范 LSL_i 取为负无穷大。

步骤 3. 将 η 代入下式,求解超越方程,得到该工艺成品率所对应的 $p\sigma$ 设计水平 p 值:

$$\eta = \Phi(1.5+p)-\Phi(1.5-p)$$

步骤 4. 由得到的 p 值采用下式求得该工艺的多变量工序能力指数 MC_{ypk} :

$$\mathrm{MC}_{ypk} = \frac{p}{3} - 0.5 \quad (3-14)$$

3.2.3 高精度多元正态累积分布函数

1. 算法原理

保证多变量工序能力指数计算精度的关键是提高多元正态分布函数的计算精度。计算多元正态分布累积分布函数有多种算法,通过对协方差矩阵分块和对分布函数关于相关系数的偏导数,可以达到降低维度的效果。

假设多维随机向量 $\boldsymbol{x}=(x_1,x_2,\cdots,x_n)'$服从 n 维正态分布,$x_i\sim N(0,1)$,$i=1,2,\cdots,n$ 其概率密度函数为

$$f_n(\boldsymbol{x},\boldsymbol{C}) = (2\pi)^{-\frac{1}{2}n}\ |\boldsymbol{C}|^{\frac{1}{2}}\exp(-\frac{1}{2}\boldsymbol{x}^{\mathrm{T}}\boldsymbol{C}\boldsymbol{x}) \quad (3-14)$$

其中,$\boldsymbol{C}=\boldsymbol{R}^{-1}$,$\boldsymbol{R}$ 为相关系数矩阵。向量 $\boldsymbol{b}=(b_1,b_2,\cdots,b_n)^{\mathrm{T}}$,则在向量 $\boldsymbol{b}$ 位置的累计分布函数为

$$\Phi_n(\boldsymbol{b},\boldsymbol{R}) = \int_{-\infty}^{b_1}\int_{-\infty}^{b_2}\cdots\int_{-\infty}^{b_n} f_n\mathrm{d}x_1\mathrm{d}x_2\cdots\mathrm{d}x_n \quad (3-15)$$

由于

$$\frac{\partial f_n}{\partial\rho_{ij}} = \frac{\partial^2 f_n}{\partial x_i\partial x_j}$$

可知

$$\frac{\partial\Phi_n}{\partial\rho_{ij}} = \int_{-\infty}^{b_1}\int_{-\infty}^{b_2}\cdots\int_{-\infty}^{b_n}\partial f_n/\partial\rho_{ij}\,\mathrm{d}x_1\mathrm{d}x_2\cdots\mathrm{d}x_n \quad (3-16)$$

以 ρ_{12} 为例,有下式成立:

$$\begin{aligned}\frac{\partial\Phi_n}{\partial\rho_{12}} &= \int_{-\infty}^{b_1}\int_{-\infty}^{b_2}\cdots\int_{-\infty}^{b_n}\partial f_n/\partial\rho_{12}\,\mathrm{d}x_1\mathrm{d}x_2\cdots\mathrm{d}x_n = \\ &\int_{-\infty}^{b_3}\int_{-\infty}^{b_4}\cdots\int_{-\infty}^{b_n}[(\partial^2 f_n/\partial x_1\partial x_2)\mathrm{d}x_1\mathrm{d}x_2]\mathrm{d}x_3\mathrm{d}x_4\cdots dx_n = \\ &\int_{-\infty}^{b_3}\int_{-\infty}^{b_4}\cdots\int_{-\infty}^{b_n} f_n(b_1,b_2,x_3,x_4,\cdots x_n;c_{11},c_{12},\cdots c_{m})\mathrm{d}x_3\mathrm{d}x_4\cdots\mathrm{d}x_n\end{aligned} \quad (3-17)$$

实际中,如果对协方差矩阵进行分块,则可将多维正态累计分布函数计算转化为比较简单

的计算形式。令

$$\boldsymbol{X}_1^{\mathrm{T}} = (x_1, x_2, \cdots, x_m); \quad \boldsymbol{X}_2^{\mathrm{T}} = (x_{m+1}, x_{m+2}, \cdots, x_n)$$

$$\boldsymbol{C} = \begin{bmatrix} C_{11} & C_{12} \\ C_{21} & C_{22} \end{bmatrix}, \quad \boldsymbol{R} = \begin{bmatrix} R_{11} & R_{12} \\ R_{21} & R_{22} \end{bmatrix}$$

由矩阵的性质可得 $\boldsymbol{R}_{11}^{-1} = \boldsymbol{C}_{11} - \boldsymbol{C}_{12}\boldsymbol{C}_{22}^{-1}\boldsymbol{C}_{21}$，其中 $\boldsymbol{C}_{11}$ 为 m 阶，因此多维正态分布概率密度函数可写作：

$$\begin{aligned} f_n = & (2\pi)^{-\frac{1}{2}m} \ |\boldsymbol{R}_{11}|^{-\frac{1}{2}} \exp\{-\frac{1}{2}\boldsymbol{X}_1^{\mathrm{T}}\boldsymbol{R}_{11}^{-2}\boldsymbol{X}_1\}(^2\pi) \\ & -\frac{1}{2}(n-m) \ |\boldsymbol{C}_{22}|^{\frac{1}{2}} \exp\{-\frac{1}{2}(\boldsymbol{X}_2 - R_{21}X_1)^{\mathrm{T}}\boldsymbol{C}_{22}(\boldsymbol{X}_2 - \boldsymbol{R}_{21}\boldsymbol{R}_{11}^{-1}\boldsymbol{X}_1)\} \end{aligned} \tag{3-18}$$

特别地，当 $m = 2$ 时，

$$b'_r = \{(\rho_{1r} - \rho_{2r}\rho_{12})b_1 + (\rho_{2r} - \rho_{1r}\rho_{12})b_2\}/(1-\rho_{12}^2)$$

因此

$$\begin{aligned} \frac{\partial \Phi_n}{\partial \rho_{12}} = & (2\pi) - 1(^1 -) - \frac{1}{2}\exp\{-\frac{1}{2}(b_1^2 - 2\rho_{12}b_1b_2 + b_2^2)/(1-\rho_{12}^2)\} \\ & \Phi_{n-2}(b_3 - b'_3, b_4 - b'_4, \cdots, b_n - b'_n; c_{33}, c_{44}, \cdots, c_m) \end{aligned} \tag{3-19}$$

按照同样的思路，其他参变量的一阶偏导数表达式均可求得。

对相关系数矩阵 $\boldsymbol{R}$ 定义在 $(n,2)$ 空间上的坐标为$(\rho_{i,j})$的点 J，当 b_1，b_2，$\cdots$，b_m确定时，即积分上限确定时，累计分布函数 $\Phi_m(b,R)$的值仅依赖于点 J 的位置。设 $(n,2)$ 空间上的坐标为$(k_{i,j})$的点 K，$\Phi_m(b,K)$的值可由 Φ_1，Φ_2等低阶积分值直接计算。设 $(n,2)$ 空间上的坐标为$(l_{i,j})$的点 L（L 在线段 JK 上），L 分线段 JK 的比例为 $t:1-t$，则

$$l_{ij}(t) = t\rho_{ij} + (1-t)k_{ij} \tag{3-20}$$

记 $\boldsymbol{R}(t)$矩阵，其对角元素为 1，非对角元素为 $l_{i,j}(t)$，则 $\boldsymbol{R}(t) = t\boldsymbol{R}(1) + (1-t)\boldsymbol{R}(0)$，其逆矩阵为 $\boldsymbol{C}(t)$。对任意 $0 < t \leqslant 1$，$\boldsymbol{R}(t)$和 $\boldsymbol{C}(t)$均为对称正定矩阵。沿着线段 KJ 积分，有如下结果：

$$\Phi_m(J) = \Phi_m(K) + \sum_{i<j}\int_{k_{ij}}^{\rho_{ij}} \frac{\partial \Phi_m}{\partial l_{ij}}(L)\mathrm{d}l_{ij} \tag{3-21}$$

式(3-21)称作 Plackett 公式。利用此式，可将多维正态分布积分数值计算转化为低维正态分布积分的数值计算。

2. 计算过程

本小节以四维正态分布的情况为例，给出多维正态累积分布函数的计算表达式。四维正态分布累计分布函数为

$$\Phi(\boldsymbol{a}, \rho, \boldsymbol{\Sigma}) = \frac{1}{(2\pi)^2 \ |\boldsymbol{\Sigma}|^{1/2}} \int_{-\infty}^{a_1}\int_{-\infty}^{a_2}\int_{-\infty}^{a_3}\int_{-\infty}^{a_4} \exp\left[-\frac{(\boldsymbol{x}-\boldsymbol{\mu})^{\mathrm{T}}\boldsymbol{\Sigma}^{-1}(\boldsymbol{x}-\boldsymbol{\mu})}{2}\right]\mathrm{d}x \tag{3-22}$$

积分限 $\boldsymbol{a} = [a_1, a_2, a_3, a_4]$，协方差矩阵为

$$\boldsymbol{\Sigma} = \begin{bmatrix} d_1^2 & d_1d_2\rho_{12} & d_1d_3\rho_{13} & d_1d_4\rho_{14} \\ d_1d_2\rho_{12} & d_2^2 & d_2d_3\rho_{23} & d_2d_4\rho_{24} \\ d_1d_3\rho_{13} & d_2d_3\rho_{23} & d_3^2 & d_3d_4\rho_{34} \\ d_1d_4\rho_{14} & d_2d_4\rho_{24} & d_3d_4\rho_{34} & d_4^2 \end{bmatrix}$$

令

$$y_i = \frac{x_i - \mu_i}{d_i}, \quad b_i = \frac{a_i - \mu_i}{d_i}, \quad i = 1, 2, 3, 4$$

则式(3-22)将转化为标准正态分布：

$$\Phi(b, \rho, \boldsymbol{\Sigma}) = \frac{1}{(2\pi)^2 \, |\boldsymbol{R}|^{1/2}} \int_{-\infty}^{b_1} \int_{-\infty}^{b_2} \int_{-\infty}^{b_3} \int_{-\infty}^{b_4} \exp\left(-\frac{\boldsymbol{y}^{\mathrm{T}} \boldsymbol{\Sigma}^{-1} \boldsymbol{y}}{2}\right) \mathrm{d}y \tag{3-23}$$

其中

$$\boldsymbol{R} = \begin{bmatrix} 1 & \rho_{12} & \rho_{13} & \rho_{14} \\ \rho_{12} & 1 & \rho_{23} & \rho_{24} \\ \rho_{13} & \rho_{23} & 1 & \rho_{34} \\ \rho_{14} & \rho_{24} & \rho_{34} & 1 \end{bmatrix}$$

如果对 $\boldsymbol{R}$ 矩阵进行 1-3 分块，则四维正态分布累积分布函数的计算过程将调用一维和三维正态累计分布函数的计算，此时的计算误差由三维正态累计分布函数的计算精度决定；如果采用 2-2 分块，则四维正态分布累积分布函数的计算仅调用则二维正态分布累积分布函数。显然，采用 2-2 分块的计算精度高于 1-3 分块。经过 2-2 分块可得矩阵：

$$\boldsymbol{R}^* = \begin{bmatrix} 1 & \rho_{12} & 0 & 0 \\ \rho_{12} & 1 & 0 & 0 \\ 0 & 0 & 1 & \rho_{34} \\ 0 & 0 & \rho_{34} & 1 \end{bmatrix}$$

通过含参变量积分对式(3-23)进行降阶处理，可得：

$$\begin{aligned} \Phi(b, \boldsymbol{R}) = {} & \Phi_4(b, \boldsymbol{R}^*) + \frac{1}{2\pi} \int_0^1 \left[\rho_{13} \frac{\mathrm{e}^{-f_2(\rho_{13} t)/2}}{\sqrt{1 - \rho_{13}^2 t^2}} \Phi(\mu_2(t)) + \rho_{14} \frac{\mathrm{e}^{-f_3(\rho_{14} t)/2}}{\sqrt{1 - \rho_{14}^2 t^2}} \Phi(\mu_3(t)) \right] \mathrm{d}t + \\ & \frac{1}{2\pi} \int_0^1 \left[\rho_{23} \frac{\mathrm{e}^{-f_4(\rho_{23} t)/2}}{\sqrt{1 - \rho_{23}^2 t^2}} \Phi(\mu_4(t)) + \rho_{24} \frac{\mathrm{e}^{-f_5(\rho_{24} t)/2}}{\sqrt{1 - \rho_{24}^2 t^2}} \Phi(\mu_5(t)) \right] \mathrm{d}t \end{aligned} \tag{3-24}$$

其中

$$b = (b_1, b_2, b_3, b_4), \Phi_4(b, \boldsymbol{R}^*) = \Phi_2((b_1, b_2); \rho_{12}) \Phi_2((b_3, b_4); \rho_{34})$$

$$f_2(r) = (b_1^2 - 2rb_1 b_3 + b_3^2)/2(1 - r^2) \quad f_3(r) = (b_1^2 - 2rb_1 b_4 + b_4^2)/2(1 - r^2)$$

$$f_4(r) = (b_2^2 - 2rb_2 b_3 + b_3^2)/2(1 - r^2) \quad f_5(r) = (b_2^2 - 2rb_2 b_4 + b_4^2)/2(1 - r^2)$$

$$\Phi(\mu_2(t)) = \Phi_2(m_1, m_2; a_1), \ \Phi(\mu_3(t)) = \Phi_2(m_1', m_2'; a_1')$$

$$\Phi(\mu_4(t)) = \Phi_2(m_1'', m_2''; a_1''), \ \Phi(\mu_5(t)) = \Phi_2(m_1''', m_2'''; a_1''')$$

$$a_1 = c_{24}/\sqrt{c_{22} c_{44}}, \ a'_1 = c_{23}/\sqrt{c_{22} c_{33}}, \ a_1'' = c_{14}/\sqrt{c_{11} c_{44}}, \ a_1'' = c_{13}/\sqrt{c_{11} c_{33}}$$

$$m_1 = \left\{ b_2 - \left[\rho_{12} b_1 + \left(\rho_{12} - \frac{\rho_{23}}{\rho_{13}}\right) b_1 \tan^2 x + \tan x \frac{b_3}{\cos x} \left(\frac{\rho_{23}}{\rho_{13}} - \rho_{12} \right) \right] \right\} / \sqrt{c_{22}}$$

$$m_2 = \left\{ b_4 - \left[\rho_{34} b_3 + \left(\rho_{34} - \frac{\rho_{14}}{\rho_{13}}\right) b_1 \tan^2 x + \tan x \frac{b_3}{\cos x} \left(\frac{\rho_{14}}{\rho_{13}} - \rho_{34} \right) \right] \right\} / \sqrt{c_{33}}$$

$$m_1' = \left\{ b_2 - \left[\rho_{12} b_1 + \left(\rho_{12} - \frac{\rho_{24}}{\rho_{14}}\right) b_1 \tan^2 x + \tan x \frac{b_4}{\cos x} \left(\frac{\rho_{24}}{\rho_{14}} - \rho_{12} \right) \right] \right\} / \sqrt{c_{22}}$$

$$m_2' = \left\{ b_3 - \left[\rho_{34} b_4 + \left(\rho_{34} - \frac{\rho_{13}}{\rho_{14}}\right) b_4 \tan^2 x + \tan x \frac{b_1}{\cos x} \left(\frac{\rho_{13}}{\rho_{14}} - \rho_{34} \right) \right] \right\} / \sqrt{c_{33}}$$

$$m_1'' = \left\{ b_1 - \left[\rho_{12} b_2 + \left(\rho_{12} - \frac{\rho_{13}}{\rho_{23}}\right) b_2 \tan^2 x + \tan x \frac{b_3}{\cos x} \left(\frac{\rho_{13}}{\rho_{23}} - \rho_{12} \right) \right] \right\} / \sqrt{c_{11}}$$

$$m_2'' = \{b_4 - [\rho_{34}b_3 + (\rho_{34} - \frac{\rho_{24}}{\rho_{23}})b_3\tan^2 x + \tan x\,\frac{b_2}{\cos x}\left(\frac{\rho_{24}}{\rho_{23}} - \rho_{34}\right)]\}/\sqrt{c_{44}}$$

$$m_1'' = \{b_1 - [\rho_{12}b_2 + (\rho_{12} - \frac{\rho_{14}}{\rho_{24}})b_2\tan^2 x + \tan x\,\frac{b_4}{\cos x}\left(\frac{\rho_{14}}{\rho_{24}} - \rho_{12}\right)]\}/\sqrt{c_{11}}$$

$$m_2'' = \{b_3 - [\rho_{34}b_3 + (\rho_{34} - \frac{\rho_{23}}{\rho_{24}})b_3\tan^2 x + \tan x\,\frac{b_2}{\cos x}\left(\frac{\rho_{23}}{\rho_{24}} - \rho_{34}\right)]\}/\sqrt{c_{33}}$$

3.2.4　相关系数的影响

对于单变量工艺，当生产过程统计受控，也就是说工艺参数的波动完全由随机因素造成，此时工艺参数标准偏差基本不变。实际工艺成品率主要受偏离系数 δ 大小的影响，而与均值相对目标值的偏离方向是正偏离还是负偏离无关。然而，对于多变量工艺，由与变量间存在相关性，实际的工艺成品率不仅与均值向量相对目标向量的偏移程度相关，还受偏移方向的影响。这里以两变量工艺为例，分析相关系数对工艺成品率的影响。定义 $\tilde{\boldsymbol{\delta}} = [\tilde{\delta}_1, \tilde{\delta}_2]'$，$\boldsymbol{\delta} = [\delta_1, \delta_2]'$，称 $\boldsymbol{\delta}$ 为偏离系数向量，其中 $\tilde{\delta}_i = (\mu_i - T_{0,i})/\sigma_i$，$\delta_i = |\tilde{\delta}_i|$，$i = 1,2$。

1. 相关系数对成品率影响

为模拟实际生产情况，将对比偏离系数向量不同时，成品率随相关系数的变化趋势。记变量 x_1 的方差为 σ_1^2，变量 x_2 的方差为 σ_2^2，变量间的相关系数为 ρ。各参数的取值见表 3-2，变量的规范限及目标值见表 3-3。不失一般性，假定 $\tilde{\delta}_1 = \tilde{\delta}_2 = \Delta \geqslant 0$，其取值从 0～1.5，步长为 0.1，计算在所有参数组合下的成品率结果。

表 3-2　仿真参数取值

σ_1^2	σ_2^2	$\lvert\rho\rvert$
3	1	0
		0.1
		0.3
		0.5
		0.7
		0.9

表 3-3　变量规范限即目标值

	LSL	T_0	USL
x_1	−5.2	0	5.2
x_2	−3	0	3

当相关系数 $\rho \geqslant 0$ 时，工艺成品率与 $\tilde{\delta}_1$，$\tilde{\delta}_2$ 及相关系数的关系如图3-6所示。分析图 3-6，容易得出如下结论：

1）若协方差矩阵一定，实际工艺成品率随着均值向量相对于目标向量的偏离程度的增加而减少，显然这一结论与实际情况相吻合。

2）如果各变量均值相对于目标值的偏离程度不变，那么实际工艺成品率随着变量间相关性的增大（ρ 趋向于 1）而升高。也就是说，对于给定的规范限、工艺参数均值及标准偏差，变量间相关系数的不同将导致不同的成品率结果，并且当变量相互独立时，实际成品率结果最低。如果变量相互独立，多变量工艺成品率即为各单变量工艺成品率乘积。也就是说，各单变量工艺成品率乘积是多变量工艺成品率取值的下界。

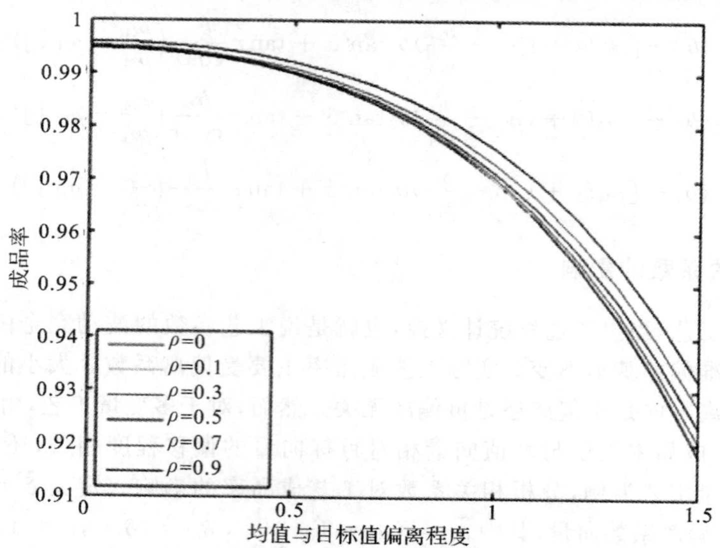

图 3-6　当 $\rho \geqslant 0$ 时，成品率与相关系数即偏移程度的关系

对于相关系数 $\rho \leqslant 0$ 的情况，不同参数组合下实际工艺成品率结果见表 3-4。表 3-4 的结果再次验证，随着均值相对目标值偏移程度加剧，成品率降低。然而，与相关系数 $\rho \geqslant 0$ 的情况不同，$\rho \leqslant 0$ 的情况下，对于不同的均值偏移，变量相互独立时的工艺成品率未必是实际工艺的最低成品率。对于相关系数取值($\rho=0, -0.1, -0.3, -0.5, -0.7, -0.9$)，若每个变量的偏移量均为 0.5，则 $\rho=-0.1$ 时，成品率最低；若每个变量的偏移量均为 1.0，则 $\rho=-0.3$ 时，成品率最低。

表 3-4　不同 δ 和 ρ 值时的不合格品率 PPM

δ	ρ					
	0	−0.1	−0.3	−0.5	−0.7	−0.9
0	5 372.7	5 369.1	5 332.5	5 217.0	4 922.1	4 164.0
0.5	10 245.3	10 251.9	10 224.6	10 128.7	9 919.3	9 593.1
1.0	30 432.4	30 515.9	30 563.0	30 519.8	30 444.9	30 407.2
1.3	56 286.7	56 526.3	56 746.6	56 769.8	56 743.9	56 737.2
1.5	82 102.3	82 545.5	83 020.0	83 140.5	83 140.7	83 138.9

2.相关系数与成品率关系

综合上节讨论，可以断定实际工艺成品率不仅与相关系数的大小有关，而且还决定于相关方向。令 $\tilde{\delta}_1$，$\tilde{\delta}_2$ 的取值范围均为[−1.5,1.5]。变量 x_1 和变量 x_2 的方差不变，相关系数 $\rho=0$，±0.5，±0.9，工艺规范限及目标向量仍采用表 3-3 中的取值。计算各参数组合下的成品率结果，并在以 $\tilde{\delta}_1$ 为横坐标，以 $\tilde{\delta}_2$ 为纵坐标的坐标系中绘制等成品率曲线，如图 3-7 所示。

当变量 x_1 和变量 x_2 相互独立，如图 3-7(a)所示，等成品率曲线关于坐标轴对称分布，也就是说对于不同的多变量工艺，只要相应单变量的偏离系数相同，那么多变量工艺成品率相同。当变量间具有线性相关性，等成品率曲线不再关于坐标轴对称，而是呈现一定倾斜，如图 3-7(b)至图 3-7(e)所示，且随着相关性增强倾斜越发明显。

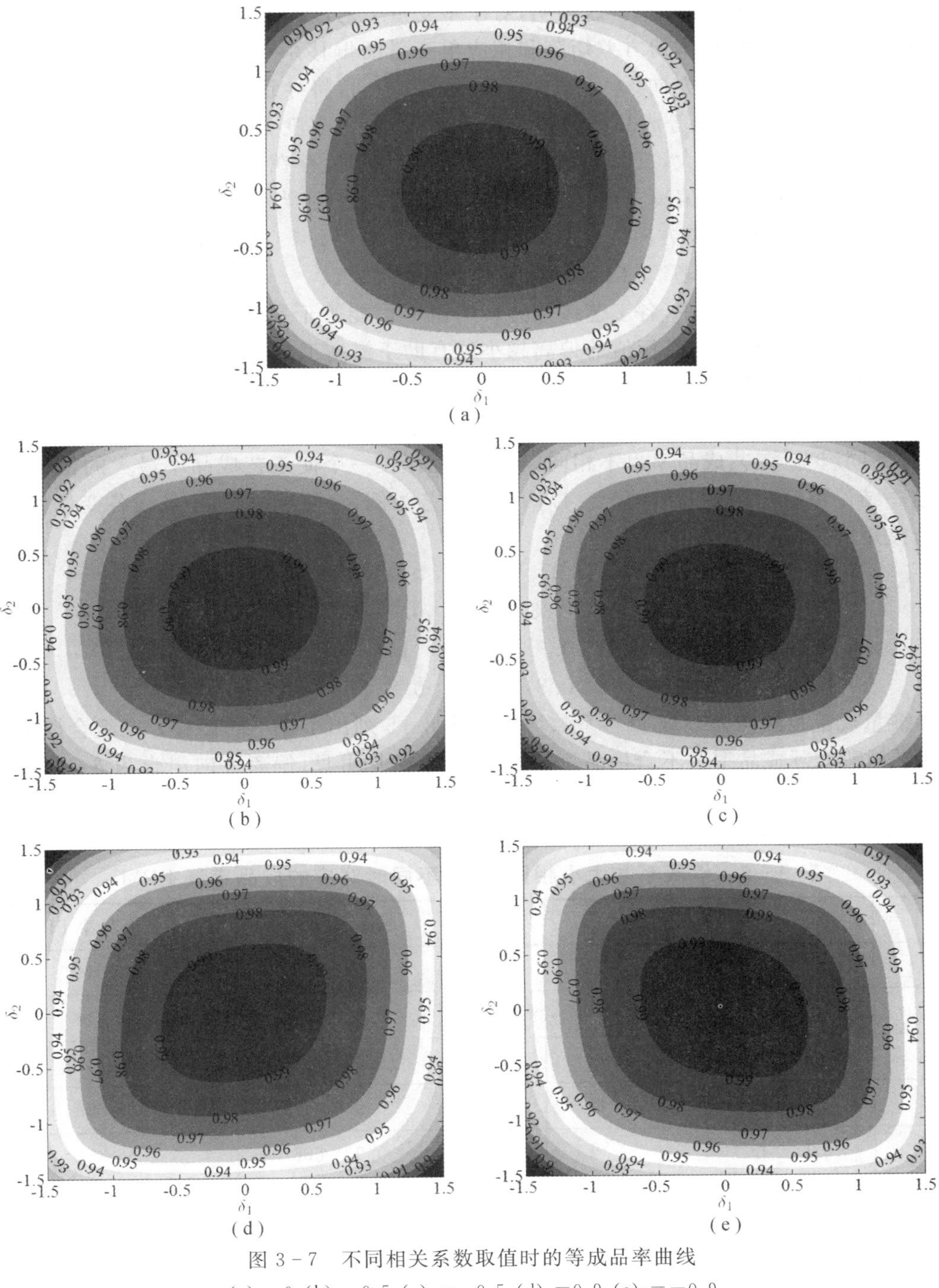

图 3-7　不同相关系数取值时的等成品率曲线

(a)$\rho=0$;(b)$\rho=0.5$;(c)$\rho=-0.5$;(d)$\rho=0.9$;(e)$\rho=-0.9$

考虑如下两种情况:①相关系数 $\rho=0.9$, $\tilde{\delta}_1=\tilde{\delta}_2=1.0$;②相关系数 $\rho=0.9$, $\tilde{\delta}_1=-1.0$, $\tilde{\delta}_2=1.0$。每个变量的方差、目标向量及规范限仍采用表 3-2 和表 3-3 的设定。若仅考虑单变量成品率,由于两种情况下变量 x_1 和变量 x_2 的偏移系数相等,因此各单变量成品率相同。但是若考虑多变量工序能力,情况①的不合格品率为 32 110.7PPM,情况②的不合格品率为

45 380.6，两者相差 13 270PPM。这表明，对于多变量工艺过程，如果变量间存在相关关系，即使规范要求、目标向量、样本协方差矩阵和相应单变量的偏移系数均相同，由于各工艺参数分布均值相对目标值的偏移方向（大于或小于目标值）不同，将导致不同的多变量成品率结果。由图 3－7(a)至图 3－7(e)等成品率曲线分布不难发现，对多变量工艺而言，虽然实际均值向量与目标向量偏离程度越大，成品率越低，但是当 $\rho\neq 0$ 时，存在一个成品率最好情况的偏移方向和成品率最差情况的偏离方向。以本节所讨论情况为例，当 $\rho>0$ 时，$(\tilde{\delta}_1>0,\tilde{\delta}_2>0)$ 和 $(\tilde{\delta}_1<0,\tilde{\delta}_2<0)$ 两组偏离方向组合成品率最大；但是对于 $\rho<0$ 情况，则是 $(\tilde{\delta}_1<0,\tilde{\delta}_2>0)$ 和 $(\tilde{\delta}_1>0,\tilde{\delta}_2<0)$ 两组偏离方向组合对应的成品率最大。

在实际生产制造过程中，各工艺参数分布均值不可能等于预计加工目标值。对于单变量工艺，工艺参数分布均值与目标值的偏离越小越有助于提高工艺成品率，一般情况下偏离不应超过 1.5σ，即 $|\mu-T_0|\leqslant 1.5\sigma$。对于多变量工序而言，由以上分析可见，除了要求工艺参数分布均值与加工目标值的偏离尽量小外，即使偏离一定，对于各个变量偏离方向（大于或小于目标值）的不同组合，工艺成品率也不相同，也就是说存在一个使工艺成品率最大的偏离方向组合。这一结论可延用至更高维情况。以四变量工艺为例，为便于讨论，不妨设各变量目标值为 0，协方差矩阵为

$$\boldsymbol{\Sigma}=\begin{bmatrix}1 & 0.88 & 0.9 & 0.8\\ 0.88 & 1 & 0.7 & 0.75\\ 0.9 & 0.7 & 1 & 0.8\\ 0.8 & 0.75 & 0.8 & 1\end{bmatrix}$$

各变量规范范围均为 $\pm 3\sigma$，偏移系数均为 1，表 3－5 列出了在不同偏移方向组合情况下，多变量工艺过程实际成品率及不合格品率。由表 3－5 数据可见，偏离方向组合为 $\tilde{\boldsymbol{\delta}}=(1,-1,-1,1)$ 情况下，成品率最差，不合格品率为 73 829PPM。而偏离方向组合为 $\tilde{\boldsymbol{\delta}}=(1,1,1,1)$ 情况下，成品率最佳，不合格品率为 50 806PPM，两者相差 23 023PPM。

表 3－5　偏离系数大小相同、方向不同时对应的成品率及 PPM

	$\tilde{\delta}_1$	$\tilde{\delta}_2$	$\tilde{\delta}_3$	$\tilde{\delta}_4$	成品率/(%)	不合格品率 PPM
1	−1	−1	−1	−1	0.949 181	50 819
2	−1	−1	−1	1	0.935 286	64 714
3	−1	−1	1	−1	0.933 259	66 741
4	−1	−1	1	1	0.931 347	68 653
5	−1	1	−1	−1	0.934 666	65 334
6	−1	1	−1	1	0.930 825	69 175
7	−1	1	1	−1	0.926 216	73 784
8	−1	1	1	1	0.929 731	70 269
9	1	−1	−1	−1	0.929 769	70 231
10	1	−1	−1	1	0.926 171	73 829*
11	1	−1	1	−1	0.930 884	69 116

续表

	$\tilde{\delta}_1$	$\tilde{\delta}_2$	$\tilde{\delta}_3$	$\tilde{\delta}_4$	成品率/(%)	不合格品率 PPM
12	1	−1	1	1	0.934 644	65 356
13	1	1	−1	−1	0.931 369	68 631
14	1	1	−1	1	0.933 278	66 722
15	1	1	1	−1	0.935 213	64 787
16	1	1	1	1	0.949 194	50 806*

3.3　权重系数多变量工序能力指数

从多元统计角度出发，结合主成分分析和因子分析，建立权重系数的多变量工序能力指数计算模型，分析工艺水平的变动。

1. 因子分析

对于多个质量特性，因子分析的目的是用少数几个因子去描述多个质量特性之间的协方差关系，基本方法是根据相关性大小实现因子分组，使得同组内质量特性间的相关性较高，不同组内的质量特性间的相关性较弱，这样每组代表一个因子，假定 $\boldsymbol{X}$ 是 $p\times n$ 的矩阵，p 表示产品的质量特性，n 表示被检测的样本个数，即

$$\boldsymbol{X}=\begin{bmatrix} x_{11} & x_{12} & \cdots & x_{1n} \\ x_{21} & x_{22} & \cdots & x_{2n} \\ \vdots & \vdots & & \vdots \\ x_{p1} & x_{p2} & \cdots & x_{pn} \end{bmatrix} \tag{3-25}$$

k - 因子模型定义为 $\boldsymbol{X}=\boldsymbol{Lf}+\boldsymbol{\varepsilon}$，$\boldsymbol{f}$ 是 $k\times 1$ 矩阵，$k<p$，f_i 是第 i 个公共因子，$\boldsymbol{L}$ 是 $p\times k$ 矩阵，其中 a_{ij} 是第 i 个变量在第 j 个因子上的载荷。$\boldsymbol{\varepsilon}_{p\times 1}$ 矩阵是 $\boldsymbol{X}$ 的特殊因子，ε_i 是第 i 个特殊因子，则有

$$\left.\begin{aligned} &\operatorname{cov}(f,\ \boldsymbol{\varepsilon})=0 \\ &V(f)=1,\quad \boldsymbol{V}(\varepsilon)=\begin{bmatrix} \sigma_2^2 & \cdots & 0 \\ \vdots & & \vdots \\ 0 & \cdots & \sigma_n^2 \end{bmatrix} \end{aligned}\right\} \tag{3-26}$$

2. 主成分分析法计算矩阵

矩阵 $\boldsymbol{X}$ 的样本协方差矩阵 $\boldsymbol{S}$ 为

$$\boldsymbol{S}=\begin{bmatrix} s_{11} & s_{12} & \cdots & s_{1p} \\ s_{21} & s_{22} & \cdots & s_{2p} \\ \vdots & \vdots & & \vdots \\ s_{p1} & s_{p2} & \cdots & s_{pp} \end{bmatrix} \tag{3-27}$$

$\boldsymbol{S}$ 是一个 $p\times p$ 对称，非奇异矩阵，其中 s_{ii} 是 X_i，的标准差，s_{ij} 是 X_i 和 X_j. 的协方差。

$$s_{ij}=\frac{1}{n-1}\sum_{k=1}^{n}(x_{ik}-\overline{x}_i)(x_{jk}-\overline{x}_j) \tag{3-28}$$

$$\overline{x}_i = \frac{1}{n}\sum_{j}^{n} x_{ij} \tag{3-29}$$

通过标准正交化处理 $\boldsymbol{D} = \boldsymbol{E}_x^{\mathrm{T}}\boldsymbol{S}\boldsymbol{E}_x$，得到对角阵 $\boldsymbol{D}$,$\boldsymbol{D}$ 中的对角元素 λ_1，λ_2，…，$\lambda_p(\lambda_1 > \lambda_2 > \cdots > \lambda_p)$是矩阵 $\boldsymbol{S}$ 的特征值，$\boldsymbol{E}_1$，$\boldsymbol{E}_2$，…，$\boldsymbol{E}_p$ 是这些特征值所对应的特征向量。E_i 就是各变量在第 i 个因子上的载荷。计算每个因子的贡献率：

$$r_i = \lambda_i / \sum_{i=1}^{p} \lambda_i, \qquad i=1,2,\cdots,p \tag{3-30}$$

则因子分析的载荷矩阵 $\boldsymbol{L}$ 为

$$\boldsymbol{L} = (\boldsymbol{E}_1,\ \boldsymbol{E}_2,\ \cdots,\ \boldsymbol{E}_p)\begin{bmatrix} \sqrt{\lambda_1} & 0 & 0 \\ 0 & \vdots & 0 \\ 0 & 0 & \sqrt{\lambda_p} \end{bmatrix} \tag{3-31}$$

3.因子分析的工序能力指数

为了计算每个因子对应的工序能力指数，首先要转换质量特性的上下规范限。

$$T_{\mathrm{LFA}} = \boldsymbol{L}^{-1}(T_L - \varepsilon) \tag{3-32}$$

$$T_{\mathrm{UFA}} = \boldsymbol{L}^{-1}(T_U - \varepsilon) \tag{3-33}$$

特殊因子 ε_i 可以用$\varepsilon_i = 1 - \sum_{j=1}^{k} l_{ij}^2$ 来估计，T_L 和 T_U 分别是质量特性的下规范限和上规范限，T_{LFA} 和 T_{UFA} 分别是对应各因子的下规范限和上规范限，那么第 i 个因子的工序能力指数可以计算为

$$C_{p,\mathrm{FA}i} = \frac{T_{\mathrm{UFA}i} - T_{\mathrm{LFA}i}}{6\sqrt{\lambda_i}} \tag{3-34}$$

$$C_{pk,\mathrm{FA}i} = \min\left(\frac{T_{\mathrm{UFA}i} - \hat{\mu}_{Fi}}{3\sqrt{\lambda_i}},\quad \frac{\hat{\mu}_{Fi} - T_{\mathrm{LFA}i}}{3\sqrt{\lambda_i}}\right) \tag{3-35}$$

有

$$\hat{\mu}_{Fi} = \frac{1}{n}\sum_{j=1}^{n} Fi_j, \qquad i=1,2,\cdots,p$$

4.基于权重系数的 MPCI

考虑到每个公共因子对随机向量 $\boldsymbol{X}$ 的贡献率不同，工艺变量在工艺过程中的波动反映为公共因子的波动，而公共因子的波动对整体质量作用的大小可用贡献率来度量，据此我们提出了基于权重系数的多变量工序能力指数：

$$\mathrm{MC}_p = \sum_{i=1}^{m} r_i C_{p,\mathrm{FA}i} \tag{3-36}$$

$$\mathrm{MC}_{pk} = \sum_{i=1}^{m} r_i C_{pk,\mathrm{FA}i} \tag{3-37}$$

式中，r_i 为公共因子的贡献率，$i=1,2,\cdots,p$。

参考文献

[1] 王少熙. 现代电子元器件工艺水平评价模型与算法研究[D]. 西安：西安电子科技大学，2007.

[2] 王少熙,贾新章,多变量工序能力评价[J].系统工程理论与实践,2006,26(7):129-133.

[3] Taam W, Subbaiah P, Liddy J W. A note on multivariate capability indices[J]. Journal of Applied Statistics, 2003,20:339-351.

[4] Jessenberger J, Weihs C. A note on a multivariate analogue of the peocess capability index C_p [D]. University of Dortmund, D-44221, Dortmund, 2004.

[5] Samuel Kotz, Cynthia R. Lovelace Process Capability Indices in Theory and Practice [M]. London: Arnold, 1998.

[6] 袁志发,周静芋.多元统计分析[M].北京:科学出版社,2002.

[7] Mardia K V, Kent J T, Bibby J M. Multivariate analysis [M]. London: Academic Press, 1979.

[8] Shahriari H, Hubele N F, Lawrence F P. A Multivariate Process Capability Vector [C]//Proceedings of the 4th Industrial Engineering Research Conference, Institute of Industrial Engineers, Nashlville T N. 1995:304-309.

[9] Bothe D R. A capability study for an entire product[C]//ASQC Quality Congress Transactions 1992, 46:172-178.

[10] 贾新章,王少熙,蒲建斌. 6σ 设计水平的评价[J]. 电子产品可靠性与环境试验,2004,2:22-25.

[11] Thomas H, Cormen Charles E, Leiserson Ronald L. Rivest Clifford Stein 算法导论[M]. 2 版.北京:高等教育出版社,2002.

[12] 贾新章,龚自立.现代工艺水平下工序能力指数 C_{pk} 的计算[J].西安电子科技大学学报,2001,28(4):452-455.

[13] 张尧庭,方开泰.多元统计分析引论[M].北京:科学出版社,1997.

[14] 王学仁,王松桂.实用多元统计分析[M].上海:上海科学技术出版社,1990.

[15] Wang K F, Chen J C. Capability index using principal components analysis[J]. Q uality Engineering: 1998:11 (1): 21-27.

[16] Mardia K V, Kent J T, Bibby J M. Multivariate analysis[M]. London: Academic Press, 1979.

第4章 过程控制技术

随着微电子技术的迅速发展，集成电路的规模不断扩大，生产工艺越来越复杂，人们对产品质量和可靠性的要求也不断提高。为了满足对集成电路质量和可靠性的越来越高的要求，必须对复杂的半导体制造生产工艺进行有效监控，确保生产工艺的稳定性。统计过程控制(Statistical Process Control,SPC)技术作为一种有效的半导体制造工艺控制手段已获得了广泛的认可和应用。

4.1 SPC技术概述

SPC技术是一种量化质量管理技术，它利用数理统计分析理论，将连续采集的大量工艺参数数据转化为图例等信息，用来制订工艺文件，纠正和改善工艺特性。SPC技术通过分析判断生产过程的统计受控状态来实时监控生产过程的运行，使操作者可以根据情况适时做出决定，以减少工艺波动，降低系统偏差。减少工艺波动同时增加预测性，减小成品率损失，提高产品质量和可靠性。在SPC技术中，控制图理论为核心技术。

控制图理论是美国休哈特博士(W. A. Shewhart)在1924年提出的，最早在机械制造领域获得应用并且取得成功。半导体制造由于它的具体情况比较复杂，微电子生产过程的质量管理和控制中控制图技术一直没有得到广泛应用。近20年，随着微电子的迅速兴起，单片集成电路集成度已达到10^9个，同时微电子产品的失效率则已降低到10FIT水平，从而对半导体制造可靠性和成品率提出了更高的要求。1986年，美国率先采用SPC技术对微电路生产质量进行管理，并于1988年制定SPC标准，使得微电路生产的成品率和可靠性有了很大提高。传统的SPC技术中计量型数据需要满足IIND(Independently & Identically Normally Distributed)条件，即要求数据是完全相互独立，且服从同一正态分布或者泊松分布等。但由于微电路生产情况差异，很多情况这些条件并不满足，因此在实用过程中根据微电路生产的具体特点发展了诸如嵌套控制图、缺陷成团控制图、多变量控制图、时序控制图、智能控制图等先进的SPC新技术。

对于工艺参数值的一致性要求较高的场合，工艺过程中工艺参数的特征值的任何小的漂移或漂移趋势都可能对最终的结果造成明显的影响，从而要求半导体制造生产线能够对生产中工艺参数的小的漂移及其趋势有很强的预测和检测能力。处理这类问题引入了EWMA(the Exponentially Weighted Moving - Average control chart)控制图，它对参数的小的偏移有很强的检测能力，而且对工艺过程未来的变化趋势能进行很好的预测，对实时监控和工艺调整有很强的指导意义。

4.2 SPC基本概念

从工艺可靠性角度考虑，为了生产出质量好、可靠性高的集成电路，前提条件就是：工艺过程必须处于“统计受控”状态。为此，国际上从 20 世纪 80 年代中期开始，在微电路生产中普遍采用了统计过程控制技术，并已成为保证超大规模集成电路产品质量和可靠性的一项有效手段。

1. 工艺受控

在半导体制造生产中，即使原材料、工艺条件等“保持不变”，工艺结果也不可能完全相同，而是存在起伏(波动)。在实际生产中，工艺的这种起伏波动是绝对的，不可避免的。从数理统计的角度考虑，引起工艺起伏的原因可分为两类。一类叫“随机原因”(random cause 或 common cause)。这是一种客观存在的不可避免的偶然原因。例如正常情况下，超声键合中内引线键合强度呈现正态分布变化，就是随机原因作用的结果。另一类叫“异常原因”，又称为“可识别原因”(special cause 或 assignable cause)，如过失误差、设备刚维修后的状态变化、原材料的改变等。在这类异常原因的作用下，工艺起伏表现为工艺结果参数的突然大幅度的变化，或变化幅度虽然不大，但变化呈现某种规律，例如逐渐增大、减少的倾向或趋势。

实际上，在生产、测量等各种实践活动过程中，引起结果起伏变化的原因都可以归为上述两类。其中，随机原因始终存在，因此是不可避免的。这类原因的作用大小具有偶然性和不确定性，但其总体则遵循一定的统计规律，而异常原因只有在其存在时才会对过程起作用。在实际生产中，可以从过程结果是否出现了异常变化来判断是否存在有异常原因，因此，这类原因又称为可识别原因。若半导体制造工序中只存在由随机原因引起的起伏，不存在异常原因，则称工艺处于统计受控状态。

2. 工艺规范

需要指出，半导体制造是否受控与工艺是否满足规范要求是完全不同的两个概念。工艺是否受控表示工艺运行的状态是否正常。而工艺规范指产品加工过程中对工艺结果的要求。工艺满足规范要求的程度用工序能力指数表示，不应将两者混为一谈。两者之间不存在一一对应的关系。例如，在有些情况下，尽管工艺出现失控，但是可能还满足工艺规范要求。另一方面，处于统计受控状态下的工序又可能并不满足工艺规范。当然，对于经过优化设计的工艺生产线，在正常情况下，这两者是统一的，即处于统计受控的工艺同时也能满足工艺规范。

3. 统计过程控制

统计过程控制的基本含义是利用数理统计分析理论，对连续采集的多批工艺参数数据进行定量的统计分析，对工艺过程达到的能力水平以及是否处于统计受控状态做出定量结论。当出现工序能力下降、工艺失控或有失控倾向时，立即发出警报，以便即时查找原因，采取纠正措施，使工艺过程一直处于统计受控状态。

4. 关键过程节点

统计过程控制(SPC)中的过程(process)具有非常广泛的含义，是指进行生产或实施服务时涉及的人员、程序、方法、生产设备、材料、测量设备和环境的集合。过程应该具有可测量的输入和输出。过程中可改变产品(服务)的形成、功能、特性及其互换性的工序、环节称为过程节点。对微电路制造工艺来说，工序多，流程长。从应用 SPC 的角度考虑，必须首先确定需要实施 SPC 技术的关键过程节点。

关键过程节点是指对最终产品(服务)的特征、质量、可靠性有重要影响的过程节点。原则上讲，除非通过统计方法或能力研究证明某节点不是关键节点，否则所有的节点均应视作关键过程节点。例如，微电路生产中，外延、氧化、淀积、刻蚀、扩散、离子注入、晶片背面处理、划片、粘片、键合、封装、引线整形和涂敷、打印标志等都应视为关键过程节点。

5. 关键工艺参数

为了定量表征关键过程节点的特性和状态，必须确定相应的关键工艺参数。关键工艺参数是指既能全面反映关键过程节点状态，又适合于参数采集的工艺参数。通过对这些参数的SPC分析，可确定该节点是否处于统计控制状态，并在出现失控（或失控倾向）时帮助查找原因。

“工艺参数”在这里是个广义概念，可包括以下几类参数：

(1)原材料参数：如键合工序中表征硅铝丝质量的参数。

(2)设备参数：如键合台温度参数。

(3)环境参数：如空气洁净度参数。

(4)工艺条件参数：如氧化、扩散工艺中的气流。

(5)工艺结果参数：如键合工序中引线键合强度、方块电阻等。

在确定了关键工序和关键工艺参数以后，通过可靠性与参数相关性分析的方法，确定对参数的规范要求，并针对参数的规范要求计算工序能力指数。不同生产线和不同产品要求对应不同的工序能力指数。通过各种调整措施，工序能力指数满足设计要求后，才能具体实施SPC，以保证处于统计受控的工艺也能同时满足工艺规范的要求。

4.3 控制图理论

在任何产品的生产过程中，不论如何设计或细心操作，一定数量内在的或不可避免的变化总是存在的。这些不可避免内在的变化或“背景噪声”是许多微小的、而又不可避免的因素的累积效果。在统计过程控制技术里，这些变化常常被称做“稳定系统内的偶然因素”，如果一个生产过程是运行在仅仅由偶然因素引起的变化，则该生产过程是统计受控的。统计过程控制技术中过程受控状态分析的主要目的就是利用控制图作为手段，从起伏变化的工艺参数数据中确定生产过程中是否存在异常因素，以便更好地控制和保证产品质量。

4.3.1 基本理论

控制图有很多种类，但其理论基础都是数理统计中的统计假设检验理论。统计假设一般可分四个部分。

1. 零假设和备择假设

在统计中，通常取正常情况或有利情况作为假设，称为零假设，记为 H_0 。对于计量型的数据，假设产品质量正常情况下服从正态分布，即

$$H_0: P(x) = \varphi(x, \mu_0, \sigma_0)$$

$\varphi(x, \mu_0, \sigma_0)$ 是参数为 μ_0 和 σ_0 的正态分布函数。而备择假设记以 H_1 为

$$H_1: P(x) \neq \varphi(x, \mu_0, \sigma_0)$$

备择假设是与零假设对立的，故而也称为对立假设。

2. 确定显著性水平

显著性水平即当假设为真而拒绝此假设的概率。在检验统计假设时，如果接受了真的假设或拒绝错误的假设，则做出了正确的判断。而如果拒绝了真的假设（通常称为第一种类型错

误 Type Ⅰ)或接受错误的假设(通常称为第二种类型错误 Type Ⅱ),则将做出不正确的判断。由于判断是根据抽样进行的,因而错误的风险是不可避免的。一般将两种错误的概率分别记为

$$P\{拒绝 H \mid H_0 为真\} = \alpha$$

$$P\{接受 H \mid H_0 是错误的(即 H 为真)\} = \beta$$

这两种错误之间有一定的联系。

3. 拒绝域(或接受域)的选择

选择拒绝域使得拒绝为真的接受概率 α 等于所确定的显著性水平 α 。当 $\alpha = 0.0027$ 时,x 的接受域为 $\mu_0 - 3\sigma_0 \leqslant x \leqslant \mu_0 + 3\sigma_0$,如图 4－1 所示。这也就是 SPC 技术中使用 $6\sigma_0$ 作为确定控制图控制限范围的理论基础。

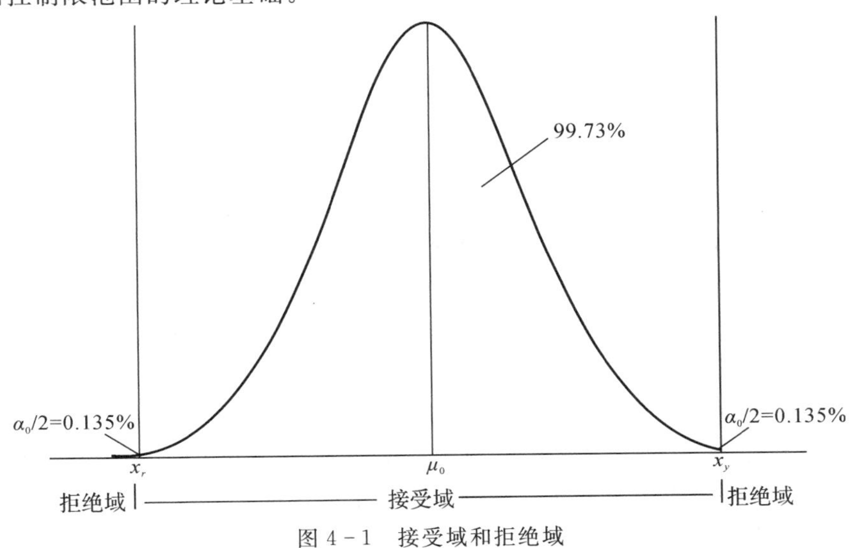

图 4－1　接受域和拒绝域

4. 做出判断

若样本值落入拒绝域,则拒绝此假设,否则接受此假设。在统计工作中,由于显著性水平很小,因而在正常生产过程中,样本值很难落入拒绝域。另一方面,若在生产过程中存在异常因素,则样本落入拒绝域的概率大大增加。结合两个方面,在抽取有限数目的样本的条件下,若生产正常,样本值落入拒绝域的情况极少发生,故这也称小概率事件实际不发生原理;若有样本值落入拒绝域,则表明生产过程是不正常的。这是控制图分析中判断工艺线在生产过程中是否正常的理论依据。

4.3.2　控制图的绘制

一般控制图的组成如图 4－2 所示。它主要含有三条水平线:控制上界限(Upper Control Limit,UCL)、均值线或中心线(Central Line,CL)、控制下界限(Lower Control Limit,LCL)。

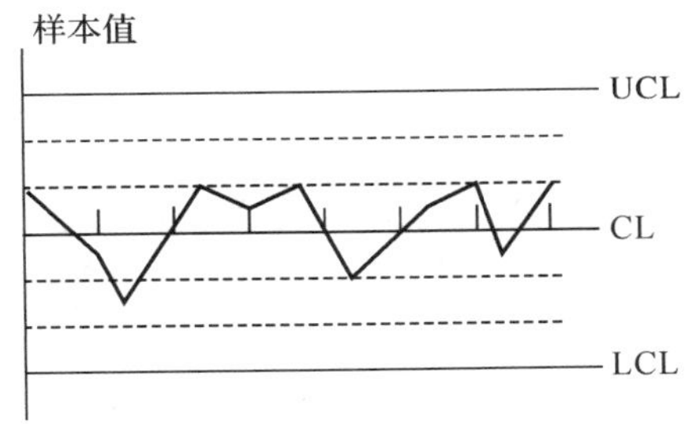

图 4－2　控制图示例

控制图的实质是区分偶然因素和系统因素这两类因素所造成的产品质量波动,区分这两类波动的手段就是

控制图中的控制界限。由于控制图是通过抽样数据来检查产品质量好坏,因而总是伴随着概率分别为 α 和 β 的两种错误,这是质量管理科学观察问题的重要观点之一,也是抽样理论的一个基本思想。

实际绘制控制图时,需要确定控制图的上下控制界限间的间距。若将此间距增大,则犯第一种类型错误的概率 α 减小,而犯第二种类型错误的概率 β 增大;反之,若将此间距减小,则 α 增大,而 β 减小。因而,α 和 β 之间是矛盾的,只能根据 α 和 β 两种错误所造成的总的损失为最小这个准则来确定上下控制界限范围。目前通常有两种确定这个控制界限的方式,一种是 3σ 方式,它被包括美国、日本和我国在内的大多数国家所采用;而另一种是概率界限方式,它的控制界限与所取置信区间有关,英国及北欧等少数国家常采用这种方式。3σ 方式的形式是:

UCL=平均值+3×标准偏差

CL=平均值

LCL=平均值-3×标准偏差

而概率界限方式就是将超出一侧控制界限的概率 $\alpha/2$ 人为地确定为 1%,2.5%和 5%等整齐的数值。

在实际运用过程中,一般是用一组控制图来反映生产过程的波动情况,如算术平均值-标准偏差控制图($\overline{X}-S$ 控制图,见图 4-3)、算术平均值-极差控制图($\overline{X}-R$ 控制图)、中位数-极差控制图($\widetilde{X}-R$ 控制图)等。一般来讲,对计量型工艺参数,$\overline{X}-S$ 控制图的理论依据充分,对生产过程中不稳定因素的检查能力强,通常都采用这种控制图。$\overline{X}$ 控制图反映了测量值均值的受控程度,S 控制图反映了测量值均值均匀性的受控程度。控制图特点有以下五个:

1)它是一种改进生产过程成品率的预防技术。一个成功的控制图能在生产中的任何工序步骤都保证高的成品率,由于废品数减少,则成品率增加,花费开销减少,生产能力增加。

2)它是一种高效的预防检测技术。控制图能够帮助保持工艺过程是受控的,使产品在开始生产时就保正有较高的内在可靠性。

3)它能够防止不必要的生产调整。控制图能够区别背景噪声和不正常变化;如果生产过程的操作者调整工艺过程是以周期性的测试为基础,而不是与控制图技术相联系,它能调整背景噪声而造成不必要的误调整。

4)它能够提供诊断信息。控制图上的点的形状模式能够为有经验的操作者或工程师提供诊断值的信息。这些信息能帮助改进和提高工艺质量。

5)它还能够提供关于工序能力的信息。控制图能提供工艺过程中关键工艺参数的值的信息,以及一段时间内它的变化情况。能够估计生产过程的工序能力。

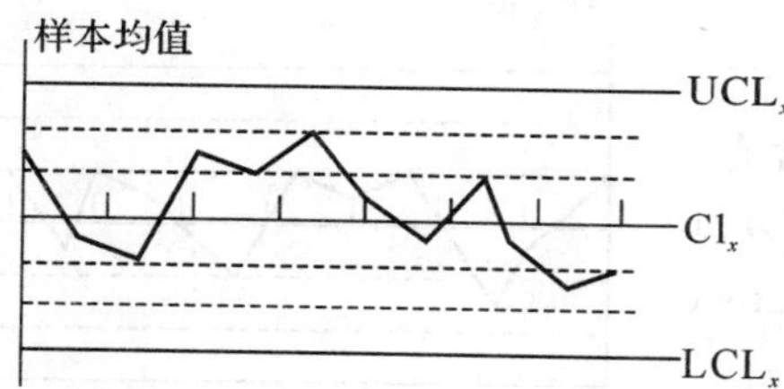

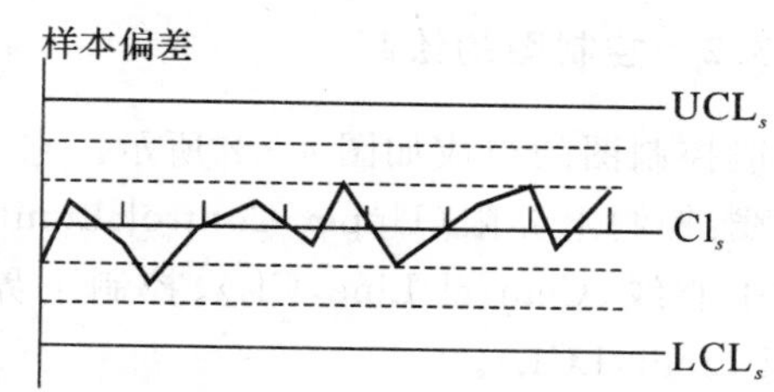

图 4-3 $\overline{X}-S$ 控制图

4.3.3　控制图的判断

对实际工序管理，只要善于观察，就可以从控制图中提取一些有用的信息。

在生产过程中，一旦从控制图中发现生产过程存在异常因素，必须尽快查明原因，使生产过程迅速恢复到受控状态，这样才能真正发挥控制图的作用。

在 3σ 方式的控制图中，由于显著性水平 α 取得很小，故发生第二种类型错误的概率 β 就要增大。因此，对于在控制界限内的点也要注意其动态。如果控制图中的点的排列方式不是随机的，就表示生产过程有问题，应判定有何种异常因素存在。控制图的判定法则有很多种，这里介绍目前通用的西方电气规则，其具体内容如图 4－4 所示。其中第一条规则是由显著性水平 α 来决定的($\alpha=0.002\,7$)。发生第一种情况的概率为 0.27%。第二至第七条是为了降低发生第二种类型错误而增加的。

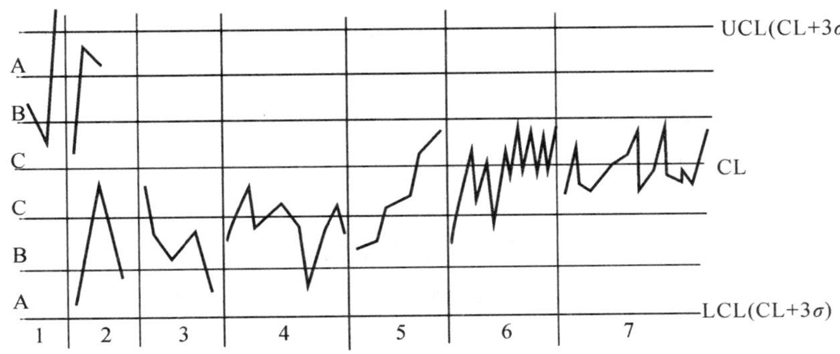

图 4－4　西方电气规则内容

1)任一个点超出 CL 线 3σ(即点子落在控制限以外)；

2)3 个连续点中有 2 个点在同一侧 A 区域内或超出 A 区域；

3)5 个连续点中有 4 个点在同一侧 B 区域内或超出 B 区域；

4)9 个连续点在 CL 线的同一侧；

5)6 个连续点持续上升或下降；

6)14 个连续点交替上或下降；

7)15 个连续点都在 CL 线两侧的 C 区域内。

4.4　常规控制图技术

4.4.1　常规控制图的类型

定量分析工艺受控状态的基本工具是已在工业生产中成功使用了几十年的控制图，这些控制图又称为常规控制图。它们在许多行业(尤其是机械制造)的生产过程受控状态监控方面取得了明显的效果。

根据参数的统计属性不同，控制图分为计量值控制图和计数值控制图两类。计量值控制图适用于其值可连续变化的参数，如方块电阻、键合内引线的拉力强度等。计数值控制图适用于其值只能取离散值的参数，如氧化层针孔缺陷个数，键合内引线断裂的根数等。

常规控制图的分类见表 4－1。

表 4－1　常规控制图的分类

数据类型		数据分布规律	适用的控制图	控制图名称代号
计量值		正态分布	均值-极差 控制图	$\overline{X}-R$ 控制图
			均值-标准差 控制图	$\overline{X}-S$ 控制图
			中位数-极差 控制图	$\widetilde{X}-R$ 控制图
计数值	记件值	二项分布	不合格品率 控制图	P 控制图
			不合格品数 控制图	P_n 控制图
	记点值	泊松分布	单位缺陷数 控制图	U 控制图
			缺陷数 控制图	C 控制图

如表 4－1 所示，计量值控制图又分为表征参数中心值变化情况的均值 X 控制图和中位数 $\widetilde{X}$ 控制图，以及表征参数分散情况的标准差 S 控制图和极差 R 控制图共 4 类。计数值控制图又分为以计件值数据为对象的不合格品数 P_n 控制图和不合格品率 P 控制图，以及以计点值数据为对象的缺陷数 C 控制图和单位“产品”中缺陷数 U 控制图共 4 类。

需要强调指出的是：

1）在选用一种常规控制图时，首先要确定数据遵循的分布规律是否满足控制图要求的条件（见表 4－1）。如果实际数据不满足常规控制图适用的数据分布类型条件，采用常规控制图可能会给出错误的结论。

2）绘制控制图时收集的样本数据的基本的要求是被称为有理分组的概念。也就是说，如果要确定许多测量值在统计上是否一致，既要确定测量值之间仅有随机误差而无系统误差存在的话，那么选用样本组的合理原则，是以最大的机会保证每组内的测量值几乎相等，而使组之间的测量值存在差异。通常以一个时间段作为采集数据的间隔是最好的有理分组，它的好处是当利用控制图来监控工艺过程参数的漂移时，如果有异常原因存在，那么这个异常原因在样本子批之间造成的差异最大，而在子批内造成差异的最小。以生产时间顺序作分组有两种方法：①第一组尽可能由短期内生产的产品组成；第二组由后面的最短期内生产的产品组成；②每一组由一个时期内的产品组成。大多数情况下，第一种分组方法好些，在需要对某些特殊因素加以考虑时，可以改用第二种分组方法。

使用常规计量控制图的前提条件是要求被分析的数据满足 IIND 条件，即要求数据是完全相互独立，且服从同一正态分布。对半导体制造来说，只有一部分工艺参数可以用常规控制图进行分析。为了用控制图分析微电路生产过程受控状态，还需要采用新型的控制图技术。

4.4.2　“均值-标准差”控制图

1. $\overline{X}-S$ 控制图的构成

设某一工艺参数 X 的总体服从均值为 μ 标准偏差为 σ 的正态分布，$X \sim N(\mu,\sigma^2)$，若定期抽取容量为 n 的子样 $x_1,\cdots,x_n$，则每组样本的均值和标准差为

$$\overline{x}=\frac{1}{n}\sum_{i=1}^{n}x_i\,,\quad S=\sqrt{\frac{1}{n-1}\sum_{i=1}^{n}(x_i-\overline{x})^2} \tag{4-1}$$

对于由连续多组均值 $\overline{x}$ 组成的随机变量，其分布应该为 $\overline{x} \sim N(\mu, \frac{\sigma^2}{n})$，即 $\overline{x}$ 也应为正态分布，只是其标准差为母体标准差 σ 的 $\frac{1}{\sqrt{n}}$ 倍。由小概率事件原理，正常情况下，随机变量 $\overline{x}_i$ $(i=1,2,\cdots)$ 取值应在 $(\mu - 3\frac{\sigma}{\sqrt{n}}, \mu + 3\frac{\sigma}{\sqrt{n}})$ 范围。据此，即可绘出 $\overline{x}$ 控制图，如图 4－5 所示。

图 4－5 中横坐标为批次，纵坐标为每批均值。在坐标据点。图中有三条水平线。其中 CL 为中心线，UCL 为控制上限，LCL 为控制下限，这 3 条线的计算公式为

$\overline{X}$ 控制图

$$\left.\begin{aligned} CL &= \mu \\ UCL &= \mu + 3\sigma/\sqrt{n} \\ LCL &= \mu - 3\sigma/\sqrt{n} \end{aligned}\right\} \tag{4-2}$$

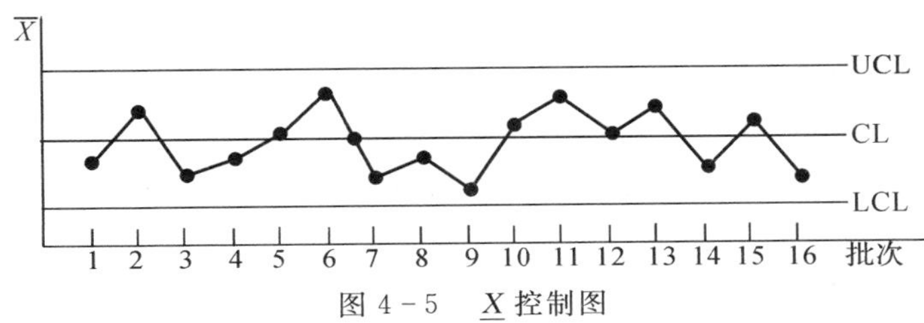

图 4－5　$\underline{X}$ 控制图

如上所述，正常情况下，随机变量 $\overline{x}$ 取值应该在 $(\mu - 3\frac{\sigma}{\sqrt{n}}, \mu + 3\frac{\sigma}{\sqrt{n}})$ 范围内。对照图 4－5，每一批次的 $\overline{x}$ 数据点就应该在上、下控制限的界限范围内。如有超出控制限的数据点，就说明发生了异常波动（判断是否出现异常波动的其他规则将在后面介绍）。这样利用图 4－5 所示控制图就可以判断参数分布中心的起伏变化是否正常。同样，对每组子样的标准偏差 S 也可绘制相应的 S 控制图。其中心线及上、下控制限为

S 控制图

$$\begin{aligned} CL &= \mu_s \\ UCL &= \mu_s + 3\sigma_s \\ LCL &= \mu_s - 3\sigma_s \end{aligned} \tag{4-3}$$

由 S 控制图可以监测工艺参数分散性的起伏变化情况。

2. $\overline{X}$－S 图控制限的确定

在确定 $\overline{x}$，S 控制图中心线和控制限的式（4－2）和式（4－3）中，母体分布的 μ，σ 以及 S 分布的 μ_s，σ_s 均未知。下面给出如何由现有的数据，即 m 组子样的均值和标准差数值 $(\overline{x_k}, s_k)$ $(k=1, 2, \cdots, m)$ 推算这几个参数。

（1）μ 和 μ_s：根据数理统计理论，只要子样组数足够多（一般要求大于 25），可用多批子样的均值 $\overline{x}$ 的平均值 $\overline{\overline{x}}$ 作为 μ 的估计值：

$$\mu = \overline{(\overline{x})} = \frac{1}{m}\sum_{k=1}^{m}(\overline{x})_k \tag{4-4}$$

同理，可用多批子样的标准差 S 的平均值 $\overline{S}$ 作为 μ_s 的估计值：

$$\mu_s = \bar{s} = \frac{1}{m}\sum_{k=1}^{m}s_k \tag{4-5}$$

（2）σ 和 σ_s：根据数理统计理论，可以由现有 $\overline{x}$，S 数据推算母体分布的 σ 以及 S 分布的

σ_s，但是其过程比较复杂，下面只给出结果。

$$\sigma = \frac{E(S)}{\left[\sqrt{\frac{2}{n-1}}\Gamma(\frac{n}{2})/\Gamma\left(\frac{n-1}{2}\right)\right]} = \frac{E(S)}{C_4} = \frac{\overline{S}}{C_4} \tag{4-6}$$

$$\sigma_s = \sqrt{1-C_4^2}\sigma = C_3\sigma \tag{4-7}$$

式中，Γ 代表 Γ 函数。

若 n 为偶数，则有

$$\Gamma\left(\frac{n}{2}\right) = \int_0^{\infty} x^{\left(\frac{n}{2}-1\right)} \mathrm{e}^{-x} \mathrm{d}x = \left(\frac{n}{2}-1\right)\left(\frac{n}{2}-2\right)\cdots \times 3 \times 2 \times 1$$

若 n 为奇数，则有

$$\Gamma\left(\frac{n}{2}\right) = \int_0^{\infty} x^{\left(\frac{n}{2}-1\right)} \mathrm{e}^{-x} \mathrm{d}x = \left(\frac{n}{2}-1\right)\left(\frac{n}{2}-2\right)\cdots \times \frac{3}{2} \times \frac{1}{2} \times \pi$$

根据上述表式，就可以由每组子样的样品数 n 求得系数 C_4 和 C_3（结果见附表 A），进而由各组子样标准差 S 的均值 $\overline{S}$ 求得 σ 和 σ_s 。

(3) $\overline{X}-S$ 图控制限计算式。将式(4－4)～式(4－7)代入式(4－2)和式(4－3)，可得 $\overline{X}-S$ 图控制限计算公式为

$\overline{X}$ 控制图：

$$\begin{aligned} \text{CL} &= \mu = \overline{(\overline{X})} \\ \text{UCL} &= \mu + 3\sigma/\sqrt{n} = \overline{(\overline{X})} + 3\overline{S}/(\sqrt{n}C_4) = \overline{(\overline{X})} + A_3\overline{S} \\ \text{LCL} &= \mu - 3\sigma/\sqrt{n} = \overline{(\overline{X})} - 3\overline{S}/(\sqrt{n}C_4) = \overline{(\overline{X})} - A_3\overline{S} \end{aligned} \tag{4-8}$$

S 控制图：

$$\begin{aligned} \text{CL} &= \mu_s = \overline{S} \\ \text{UCL} &= \mu_s + 3\sigma_s = \overline{S} + (3C_3/C_4)\overline{S} = B_4\overline{S} \\ \text{LCL} &= \mu_s - 3\sigma_s = \overline{S} - (3C_3/C_2)\overline{S} = B_3\overline{S} \end{aligned} \tag{4-9}$$

式中，系数 A_3 ，B_4 和 B_3 只与每组子样容量 n 有关。表 4－2 和 4－3 给出一些情况下控制图控制限的公式。

表 4－2　控制图计算公式，母体标准偏差已知

控制图	UCL	CL	LCL
$\overline{X}$（μ 和 σ 已知）	$\mu + A\sigma$	μ	$\mu - A\sigma$
R（σ 已知）	$D_2\sigma$	$d_2\sigma$	$D_1\sigma$
S（σ 已知）	$B_6\sigma$	$c_4\sigma$	$B_5\sigma$

表 4－3　控制图计算公式，控制限由样本数据确定（母体标准偏差未知）

控制图	UCL	CL	LCL
$\overline{X}$（利用 R）	$\overline{\overline{X}} + A_2\overline{R}$	$\overline{\overline{X}}$	$\overline{\overline{X}} - A_2\overline{R}$
$\overline{X}$（利用 S）	$\overline{\overline{X}} + A_3\overline{S}$	$\overline{\overline{X}}$	$\overline{\overline{X}} - A_3\overline{S}$
R	$D_4\overline{R}$	$\overline{R}$	$D_3\overline{R}$
S	$B_4\overline{S}$	$\overline{S}$	$B_3\overline{S}$

4.4.3　C(缺陷数)控制图

1. 泊松分布

产品中缺陷数通常服从泊松分布，即在监测一批产品时，发现缺陷数为 x 的概率为

$$p(x)=\frac{e^{-\lambda}\lambda^{x}}{x!},\quad X=0,1,2,\cdots \tag{4-10}$$

式中，λ 为平均缺陷数($\lambda>0$)。λ 是描述泊松分布的重要参数。泊松分布的特点是其均值与方差都等于参数 λ。

2. 缺陷数(C)控制图的控制限

参照 $\bar{X}-S$ 图控制限的确定方式，若平均缺陷数为 λ，则缺陷数控制图 C 图的控制线为

$$\left.\begin{aligned}\text{UCL}&=\lambda+3\sqrt{\lambda}\\ \text{CL}&=\lambda\\ \text{LCL}&=\lambda-3\sqrt{\lambda}\end{aligned}\right\} \tag{4-11}$$

一般情况下并不知道参数 λ。可以按下述方法，根据采集的数据进行估计。设一共检验 m 批产品，每一批产品中发现的缺陷数分别为 C_i，$i=1,2\ \cdots,m$，则样本的平均缺陷数 λ 可取为

$$\bar{c}=\frac{1}{m}\sum_{i=1}^{m}c_i \tag{4-12}$$

由此得控制线为

$$\left.\begin{aligned}\text{UCL}&=\bar{c}+3\sqrt{\bar{c}}\\ \text{CL}&=\bar{c}\\ \text{UCL}&=\bar{c}-3\sqrt{\bar{c}}\end{aligned}\right\} \tag{4-13}$$

4.4.4　控制图的检测

控制图是判断是否出现异常的一种工具，如果生产过程中没有异常因素，即生产过程处于控制状态，总是要求控制图上的点在控制界限内。但因理论上正态分布的范围是由负无穷到正无穷，而控制界限为 $\pm3\sigma$，故有一定概率分别处在界限外，这部分界限外的面积就是第Ⅰ类错误的概率 α，此时 $\alpha=0.27\%$。通过增大控制界限可以使犯第Ⅰ类错误的概率减小，但犯第二类错误的概率 β 却增加了。α 大小只与控制界限的宽窄有关，与别的因素无关。

生产中当出现异常因素，即生产不处于控制状态时，分布参数发生了某些变化，或 μ 变或 σ 变了，此时，要求控制图及时给出点越出控制界限的警报，由于正态分布的性质，同样有一定概率使部分分布仍留在控制界限内，这部分面积就是第Ⅱ类错误的概率，以 β 表示，$1-\beta$ 则称为检出力。

图 4-6 表示参数总体标准偏差 σ 不变，由于系统因素的影响，总体均值 μ 发生偏移的情况。设均值从受控状态值 μ_0 偏移到另一值 μ_1，$\Delta\mu=\mu_1-\mu_0=k\sigma$，其中 k 为均值偏移系数，$k>0$。当均值偏移到 $\mu_1=\mu_0+k\sigma$ 时，图 4-6 中 β 值就是样本仍落在控制界限内的概率(图中的阴影面积)，则：

$$\beta=p\{\text{LCL}\leqslant\bar{x}\leqslant\text{UCL}\mid\mu=\mu_1=\mu_0+k\sigma\}$$

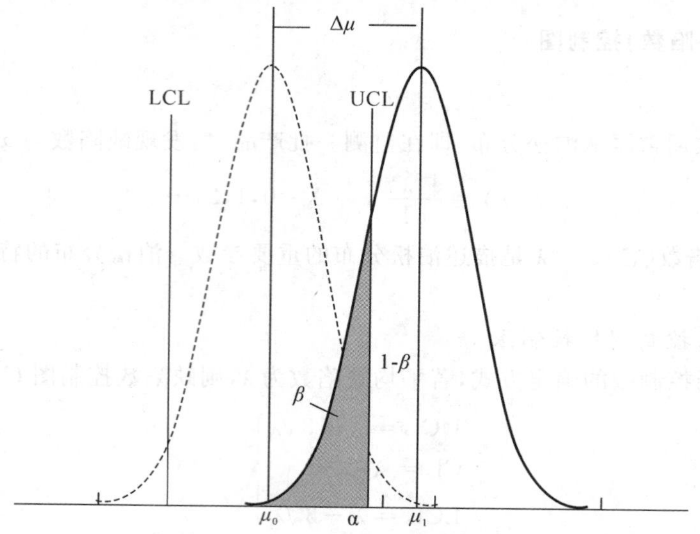

图 4-6 均值偏移时第Ⅱ类错误

因为样本均值遵循 $\overline{X} \sim N(\mu, \sigma^2/\sqrt{n})$ 的正态分布，且对于一般情况下常规控制图的上控制限 $\mathrm{UCL} = \mu_0 + L\sigma/\sqrt{n}$，下控制限 $\mathrm{LCL} = \mu_0 - L\sigma/\sqrt{n}$，则上式可写为

$$\beta = \Phi\left[\frac{UCL - (\mu_0 + k\sigma)}{\sigma/\sqrt{n}}\right] - \Phi\left[\frac{LCL - (\mu_0 + k\sigma)}{\sigma/\sqrt{n}}\right] =$$

$$\Phi\left[\frac{\mu_0 + L\sigma/\sqrt{n} - (\mu_0 + k\sigma)}{\sigma/\sqrt{n}}\right] - \Phi\left[\frac{\mu_0 - L\sigma/\sqrt{n} - (\mu_0 + k\sigma)}{\sigma/\sqrt{n}}\right]$$

其中 Φ 是标准正态分布的累积分布函数。上式可化简为

$$\beta = \Phi(L - k\sqrt{n}) - \Phi(-L - k\sqrt{n}) \tag{4-14}$$

从式(4-14)可以看出 β 随着 k, L, n 的变化而变化，它们的函数关系一般称为 $\overline{X}$ 图的工作特性函数，也称为控制图的 OC 曲线(Operating-characteristic Curves)，其几何图形为一簇曲线，由 β 和 $1-\beta$ 的对应关系也可画出相应的控制图的检出力曲线，比较不同的 k, L, n 条件下的 OC 曲线(或检出力曲线)便可以对相应的控制图的检测能力做出评价。图 4-7 给出 $L=3$(即 3σ 控制限)时，常规均值控制图的 OC 曲线。从图中可以看出：

1)L, k 一定时，若 n 增大，则 β 减小，$1-\beta$ 增大，即控制图检出力增大，也就是说样本容量增多，控制图的检测能力会加强。

2)当 L, n 一定时，k 增大，则 β 减小，检出力 $1-\beta$ 增大，它的实际意义是很明显的因为工序中均值偏移越大，“异常”越明显，控制图把这种异常检测出来的可能性就越大。

3)对通常样本容量为 4,5,6 的情况下，均值控制图在检测均值偏移 1.5σ 或 1.5σ 以下的小偏移的能力较差。在检测中等偏上的偏移时检出力还是很强。

如果假设参数均值偏移 σ 并且样本容量 $n=5$，从图 4-7 中可以看出，$\beta=0.75$，所以第一个样本探测到偏移的概率大约是 $1-\beta=0.25$，而第二个样本探测到偏移的概率大约为 $\beta(1-\beta)=0.75(0.25)=0.19$，第三个样本探测到偏移的概率是 $\beta^2(1-\beta)=(0.75)^2(0.25)=0.14$，因此后面第 r 个样本探测到偏移的概率是 $\beta^{r-1}(1-\beta)$。

通常控制图中偏移被检测到所需要的样本数被称为平均链长 ARL(the Average Run

Length)，则

$$\mathrm{ARL}=\sum_{r=1}^{\infty} r\beta^{r-1}(1-\beta)=\frac{1}{1-\beta} \tag{4-15}$$

对上例平均链长 ARL＝1/(1－β)＝1/0.25＝4。也就是说在 $n=5$ 时，要探测到均值偏移一个标准偏差需要的样本批数是 4。一般情况下，平均链长定义为 $\mathrm{ARL}=\frac{1}{p}$，其中 P 为有一个点超出控制限的概率。在控制图的应用中常用的有受控链长：$\mathrm{ARL}_0=\frac{1}{\alpha}$ 和失控链长：$\mathrm{ARL}_1=$ 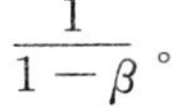 $\frac{1}{1-\beta}$。

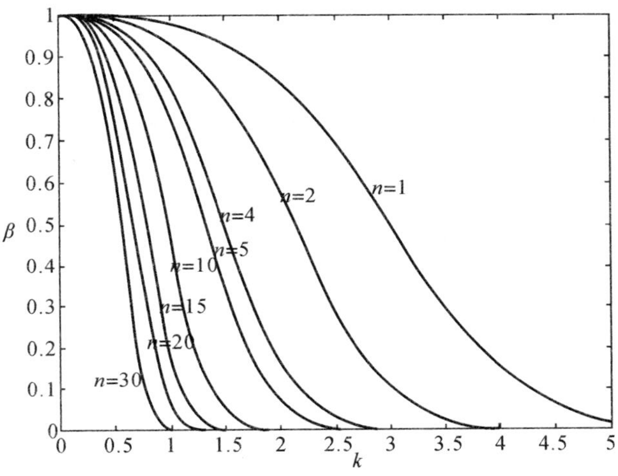

图 4－7　3σ 控制限时，均值控制图 OC 曲线

对休哈特控制图在 3σ 控制限时，如果工艺过程受控，且 $\mu=\mu_0$，则有一个点超出控制限的概率是 $\alpha=0.0027$，则它的受控链长 $\mathrm{ARL}_0=1/\alpha=1/0.0027=370$。即对于一个工艺受控的过程经过 370 批样本才能探测到一个点超出控制限，反过来说，这种情况下控制图中连续 370 批样本不会有失控信号发生。如果工艺过程中参数均值出现了偏移，即 $\mu\neq\mu_1$，则参数值仍然可能落在控制界限内的概率是 β，那么这种情况下参数超出控制限的概率是 1－β，它的失控链长 $\mathrm{ARL}_1=1/(1-\beta)$；如对于 $n=4$ 的 3σ 控制限均值控制图，在均值偏移 $\Delta u=2.5\delta$ 时，由图 4－3可以看出此时均值控制图犯第二类错误的概率 $\beta=0.028$，则它的失控链长 $\mathrm{ARL}_1=1/(1-\beta)=1/0.972=1.03$，即这种偏移情况下均值控制图至多只需要两批样本就可以检测出来，说明这种条件下均值控制图的检测能力还是很强的。

其他控制图的 OC 曲线计算方法与均值控制图的类似，即通过求出它们犯第Ⅱ类和第Ⅰ类错误的概率即可绘出相应的 OC 或检出力曲线。

4.4.5　EWMA 控制图

1. EWMA 控制图

EWMA 控制图(the Exponentially Weighted Moving－Average Control Chart)是指数权重均值移动控制图的简称。由均值控制图的 OC 曲线知道常规均值控制图对检测工艺参数均值的中等偏上的漂移时，它的检测能力还是很强。当对于工艺参数值的一致性要求较高的场合，即需要能检测出参数值的小的漂移趋势时，常规均值控制图的检测能力就不能满足应用要求，或者说用常规均值控制图检测时它的 ARL 平均链长很长，实际应用中对检测样本数据的开销很大。而 EWMA 控制图对检测工艺参数的小的偏移效率很高。

在许多情况下工艺过程的监控中只能允许取得极少数的数据或所获得的样本子批的容量常常就是一个(即 $n=1$)，即每批样本中只有一个数据。

对于样本子批的容量 $n=1$ 的情形，利用前面提到的常规控制图分析时就遇到了一些困难。由于子批容量 $n=1$，在计算子批样本的标准偏差时会遇到分母为零的情况等。而 EWMA 控制图能够很好的解决这些问题。

EWMA 控制图定义如下：

设

$$z_i = \lambda x_i + (1-\lambda) z_{i-1} \tag{4-16}$$

其中 $0 < \lambda \leqslant 1$ 是一个常数，$i=1,2,\cdots,m$，起始值是工艺参数的母体均值，即 $z_0 = \mu_0$ 。在实时监控中常取当前时刻以前的样本数据的总体均值作为 EWMA 的起始值，而通常在应用中我们常取全部样本数据的均值作为它的起始值，即 $z_0 = \overline{x}$ 。

为证明 EWMA 的 z_i 是以前时刻样本数据的均值权重。我们可以替换式(4-16)右边的 z_{i-1} 得

$$\begin{aligned} z_i &= \lambda x_i + (1-\lambda)[\lambda x_{i-1} + (1-\lambda) z_{i-2}] = \\ &\lambda x_i + \lambda(1-\lambda) x_{i-1} + (1-\lambda)^2 z_{i-2} \end{aligned}$$

继续递归替换 z_{i-j} ，$j = 2,3,\cdots,t$ ，则有

$$z_i = \lambda \sum_{j=0}^{i-1} (1-\lambda)^j x_{i-j} + (1-\lambda)^i z_0 \tag{4-17}$$

z_i 随着时间按权为 $\lambda\,(1-\lambda)^j$ 的几何规律递减。权重和可化简为

$$\lambda \sum_{j=0}^{i-1} (1-\lambda)^j = \lambda \left[\frac{1-(1-\lambda)^i}{1-(1-\lambda)}\right] = 1-(1-\lambda)^i$$

即如果 $\lambda = 0.2$ ，同时这个权重下若样本均值是 0.2，那么以前时刻样本均值的权依次分别为 0.16，0.128，0.102 4，依次类推。因为 EWMA 统计量 z_i 可以被看作所有过去的和当前的观测值的权重均值，所以 EWMA 控制图广泛地应用于序列时序模型的控制和预测中。它对于参数数据没有正态性假设要求，它是观察样本子批容量为单个情形的理想的控制图。

如果工艺参数 x_i 的方差为 σ^2 ，则 z_i 的方差为

$$\sigma_{z_i}^2 = \sigma^2 \left(\frac{\lambda}{2-\lambda}\right)[1-(1-\lambda)^{2i}] \tag{4-18}$$

因此 EWMA 控制图可通过绘制 z_i 和样本批数 i 得到。其中心线和上下控制限如下所示：

$$\text{UCL} = \mu_0 + L\sigma\sqrt{\frac{\lambda}{2-\lambda}[1-(1-\lambda)^{2i}]} \tag{4-19a}$$

$$\text{CL} = \mu_0$$

$$\text{LCL} = \mu_0 - L\sigma\sqrt{\frac{\lambda}{2-\lambda}[1-(1-\lambda)^{2i}]} \tag{4-19b}$$

式(4-17)和式(4-18)中因子 L 是控制限的宽度。

随着 i 的增大，式(4-17)和式(4-18)中 $[1-(1-\lambda)^{2i}]$ 项趋于定值。这表明随着开始一段时间后，EWMA 控制图的控制限慢慢趋于稳定的值见式(4-19)与式(4-20)。但我们建议

使用式(4－17)和式(4－18)所表示的确切控制限。

$$\mathrm{UCL} = \mu_0 + L\sigma\sqrt{\frac{\lambda}{2-\lambda}} \tag{4-20a}$$

$$\mathrm{LCL} = \mu_0 - L\sigma\sqrt{\frac{\lambda}{2-\lambda}} \tag{4-20b}$$

由式(4－19)和式(4－20)可以看出 EWMA 控制图的控制限由 L 和 λ 决定。表 4－4 给出一些 EWMA 控制图的 L 和 λ 的组合及其 ARL。最佳的设计过程应包含所希望的受控和失控的平均链长，以及预期的过程参数偏移量的大小，然后选择 L 和 λ 的组合以提供所希望的 ARL。而图 4－8 给出常规均值控制图在 3 倍的标准偏差控制限时，在不同样本子批容量的情况下，参数均值偏移 $k\sigma$ 时的平均链长 ARL。

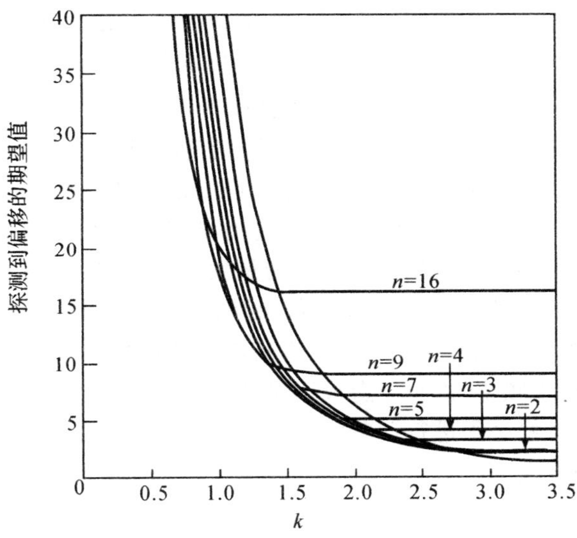

图 4－8 常规均值控制图探测偏差的 ARL

通常实际应用中 λ 的取值区间在 $0.05 \leqslant \lambda \leqslant 0.25$ 时控制图能够工作的很好，$\lambda = 0.05$，$\lambda = 0.10$，$\lambda = 0.20$ 是最常见的选择。如表 4－4 所示，如取 $L=2.8$，$\lambda = 0.10$，EWMA 控制图检测参数均值的一个标准偏差(1σ)的偏移，它的 ARL=10.3。一个好的应用原则是用小的 λ 值去探测小的漂移。实际应用中发现当 $L=3$ 时(即通常的 3σ 控制限)工作的特别好，尤其对大的 λ 值时。在应用中当要探测大的偏移时可以用常规均值控制图。而探测小的偏移时可以用 EWMA 控制图。

表 4－4 EWMA 控制图的 ARL

均值偏移 (乘以 σ)	$L=3.054$ $\lambda=0.40$	$L=2.998$ $\lambda=0.25$	$L=2.962$ λ 0.20	$L=2.814$ λ 0.10	$L=2.615$ λ 0.05
0	500	500	500	500	500
0.25	224	170	150	106	84.1
0.50	71.2	48.2	41.8	31.3	28.8
0.75	28.4	20.1	18.2	15.9	16.4
1.00	14.3	11.1	10.5	10.3	11.4

续表

均值偏移（乘以 σ）	$L=3.054$ $\lambda=0.40$	$L=2.998$ $\lambda=0.25$	$L=2.962$ $\lambda 0.20$	$L=2.814$ $\lambda 0.10$	$L=2.615$ $\lambda 0.05$
1.50	5.9	5.5	5.5	6.1	7.1
2.00	3.5	3.6	3.7	4.4	5.2
2.50	2.5	2.7	2.9	3.4	4.2
3.00	2.0	2.3	2.4	2.9	3.5
4.00	1.4	1.7	1.9	2.2	2.7

EWMA 控制图常常用在样本子批容量 $n=1$ 的情形。当有理分组的子批容量 $n>1$ 时，用 EWMA 控制图探测工艺过程中参数的小的偏移时，可以对式(4－16)、式(4－19)和式(4－20)中用 $\overline{x}_i$ 代替 x_i，而用 $\sigma_{\bar{x}}=\sigma/\sqrt{n}$ 代替 σ 即可得到样本子批容量 $n>1$ 时的 EWMA 控制图。

从 SPC 的观点看，EWMA 控制图能检测当前是否存在异常因素导致工艺过程出现偏移。而且 EWMA 控制量 z_i 能够预测下一个时刻过程均值的大小，也就是说 z_i 实际上能够预测 $i+1$时刻过程的均值 μ。因此 EWMA 统计量能够作为动态过程控制算法的基础。

在半导体制造生产中传感器被用来检测和测量生产过程中每一工艺步骤。通过以前的行为来预测工艺过程未来的均值将很有意义。如果预测的参数均值相对于目标值有较大的变化，那么操作者或自动控制系统应对工艺过程进行必要的调整。操作者手工进行调整时，必须非常小心，不要使调整过于频繁，以至于造成不必要的工艺过程变化的增加。EWMA 控制图的控制限可以作为什么时候必须进行调整的信号，而且目标值和预测的工艺参数均值的差异可以用来决定调整的幅度大小。

2. EWMA 控制图应用实例

华晶微电路生产线采集的 CMOS 集成电路中 P 扩散工艺参数，采集数据方式如下：一船为一批数据，每船中又有若干晶圆片，每个晶圆片上测试一个点。由于每个圆片上只测量了一个点，所以用常规均值控制图不能处理。采用 EWMA 控制图分析，数据的选取方法是这样的，每船上相同的位置取一个数据作为一批；考虑到一船上不同位置 P 扩效果可能会不同，我们分别取每船中第 1 片、第 12 片、第 24 片各一个数据作为三组，分别对这三组 P 扩数据进行分析。三组数据每组 16 批如表 4－5 所示，其中 z_i 为 EWMA 统计量，它们的 EWMA 控制图分别为图 4－9、图 4－10 和图 4－11，三个图中没有超出控制限的情况。从图 4－9 和图4－11 中控制图形状可以看出，每船中边缘处的圆片其参数值均对第一片在开始前 8 批、对第 24 片从 2～12 批均处于其相应的均值线以下，在 EWMA 控制图中表现出统计量 z_i 连续在中心线的下方，出现同侧链，有失控倾向违反规则二；而且第 24 片从 10～16 批控制图呈现出单调上升状，出现单调链，违反规则三。图 4－10 表明每船中处于船第十二片位置的圆片其工艺参数均匀性好，在目标均值的左右，控制图中表现出统计量 z_i 在中心线的左右随机摆动，呈现出良好的稳定受控状态。

由船中这三个不同位置的 16 批样本数据的均值和标准偏差(如表 4－5 中最后两行)数值可以看出，船中 P 扩方块电阻的阻值均值从第 1 片到第 24 片是依次递增的。它们的标准偏差反映出方块电阻阻值的分散性第 1 片和第 24 片大于第 12 片，即第 12 片位置处的方块电阻值比较均匀。

表 4－5　P 扩工艺参数及其 EWMA 统计量

批次	每船中第 1 片		每船中第 12 片		每船中第 24 片	
	x_i	z_i (1e+2)	x_i	z_i (1e+2)	x_i	z_i (1e+2)
第一批	101	1.013 176	103	1.017 625	104	1.024 250
第二批	96	1.007 859	98	1.013 863	97	1.018 825
第三批	97	1.004 073	100	1.012 476	98	1.014 943
第四批	99	1.002 665	100	1.011 229	100	1.013 448
第五批	101	1.003 399	101	1.011 106	100	1.012 103
第六批	100	1.003 059	103	1.012 995	99	1.009 893
第七批	108	1.002 753	104	1.015 696	106	1.014 904
第八批	105	1.010 478	105	1.019 126	102	1.015 413
第九批	101	1.014 430	102	1.019 213	102	1.015 872
第十批	101	1.013 987	100	1.017 292	101	1.015 285
第十一批	99	1.013 588	98	1.013 563	104	1.017 756
第十二批	105	1.011 230	101	1.013 207	104	1.019 981
第十三批	99	1.015 107	98	1.009 886	106	1.023 983
第十四批	103	1.012 596	104	1.012 897	104	1.025 584
第十五批	101	1.014 336	101	1.012 608	103	1.026 026
第十六批	107	1.013 903	108	1.019 347	106	1.029 423
均值	$\mu=101.352\,9$		$\mu=101.625$		$\mu=102.250$	
标准偏差	$\sigma=3.299\,7$		$\sigma=2.777\,9$		$\sigma=2.863\,6$	

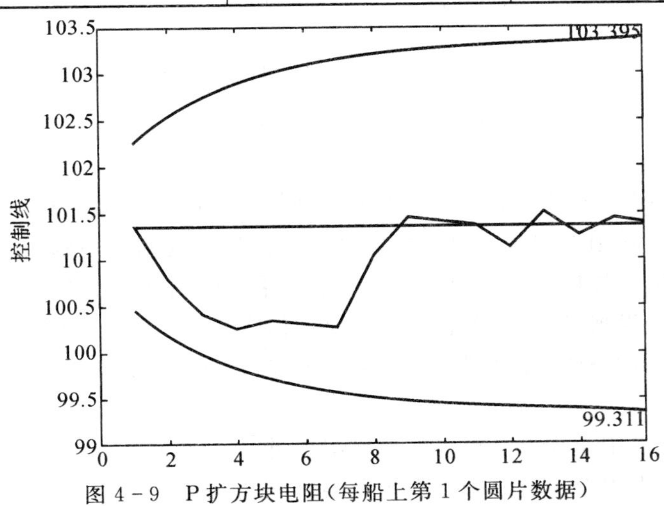

图 4－9　P 扩方块电阻(每船上第 1 个圆片数据)

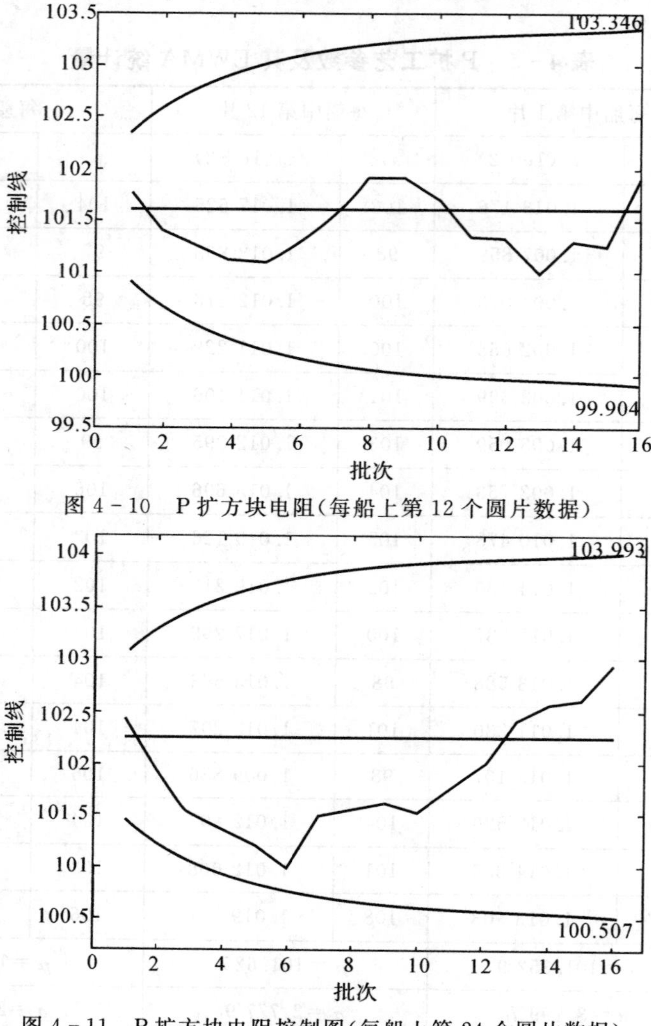

图 4-10　P 扩方块电阻(每船上第 12 个圆片数据)

图 4-11　P 扩方块电阻控制图(每船上第 24 个圆片数据)

4.5　过程受控判断规则

1. 判断规则

根据“在正常情况下小概率事件不应出现”的原理,可由控制图上数据点的排列情况判断工艺过程是否受控。采用上述基本原理推导出了多条具体的判断规则,根据数据点的位置和排列形式判断是否出现失控。不同国家和不同公司采用的判断规则不完全相同。下面是我国目前广泛采用的 5 组规则,每条规则后面括号内是相应“事件”发生的概率。

规则一:若控制图上有“一部分”数据点位于控制限以外,则该工艺过程为失控。“一部分”数据点是指:

连续 25 个数据点中至少有一个点在控制限以外(0.065 4);

连续 35 个数据点中至少有二个点在控制限以外(0.004 1);

连续 100 个数据点中至少有三个点在控制限以外(0.002 5);

规则二：若连续 7 个(0.015 6)或多于 7 个数据点位于中心线同一侧，则为失控。由这些点构成的折线称为同侧链。

规则三：若连续 7 个(0.000 4)或多于 7 个数据点单调上升(或下降)，则为失控。这些点构成的链称为单调链。

规则四：控制图中有“较多”的点位于中心线同一侧，则为失控。“较多”的点是指连续 11 个点中至少有 10 个点在中心线同一侧(0.011 8)；

连续 14 个点中至少有 12 个点在中心线同一侧(0.013 0)；

连续 17 个点中至少有 14 个点在中心线同一侧(0.013 0)；

连续 20 个点中至少有 16 个点在中心线同一侧(0.011 8)；

规则五：若出现下述高位或低位链，则工艺过程为失控；

连续 3 点中至少有 2 个点超出(或低于)中心线 2 倍标准差之外(0.007 3)；

连续 7 点中至少有 3 个点超出(或低于)中心线 2 倍标准差之外(0.003 8)；

由上述规则可见，判断失控的依据是出现了小概率事件，表示工艺过程中不仅存在随机因素的影响，而且还受到了异常因素的干扰，因此，已不是统计受控状态。

2. 概率值的计算

与每一条判断规则对应的概率均可根据概率论的原理算得。下面给出规则-中概率值的计算过程。其他概率值计算方法类似。

根据正态分布特点，位于均值正、负三倍标准差范围以外的数据点，即超出控制限以外的数据点所占比例为 $p=0.0027$，若从母体中抽取 k 个数据，其中正好有 t 个数据在控制限以外的概率 $P(T=t)$ 可由二项分布求得：

$$P(T=t)=\binom{k}{t}p^t\,(1-p)^{k-t}$$

$$p=0.0027$$

由此可得表 4-6 所列数据。

表 4-6　规则-概率计算

k	$P_k(0)$	$P_k(0)+P_k(1)$	$P_k(0)+P_k(1)+P_k(2)$	规则一的概率值
25	0.934 6			1−0.934 6=0.065 4
35	0.909 7	0.995 9		1−0.995 9=0.004 1
100	0.763 1	0.969 7	0.997 4	1−0.997 4=0.002 6

3. 控制图敏感规则的讨论

实际应用控制图时，常常若干条准则同时采用以判断工艺过程是否失控。最基本的准则是一个或多个点超出了控制限，补充的准则有时被用来提高对工艺过程中的小偏移检测的敏感性，以便对异常原因有更快的响应。

通常若干条准则同时采用时我们应该非常小心。假设分析者选用了 k 个判断规则，并且第 i 个准则犯类型 I 错误的概率是 α_i，那么所有 k 个判断规则的总体犯类型 I 错误或误报警的概率是

$$\alpha=1-\prod_{i=1}^{k}(1-\alpha_i)$$

上式是 k 个判断规则相互独立的情形。由此可以看出它将会使犯类型 I 错误的概率增加。通常敏感规则的相互独立性假设并不成立，此外由于有若干个观察样本，敏感规则的概率值 α_i 通常很难给出明确的定义。

Champ 和 Woodall(1987 年)研究了在不同敏感规则下休哈特控制图的平均链长 ARL，他们发现这些规则能够改进控制图对小的偏移的探测能力，但是它们的受控链长却明显的下降了，即易造成误报警情况发生。例如，利用西方电器规则的休哈特控制图的受控链长 $ARL_0=91.25$，而在 3σ 控制限休哈特控制图自身的受控链长 $ARL_0=370$。

因此利用这些敏感规则时应该特别小心，它可能会造成频繁的报警而影响了一个 SPC 系统的效率。通常认为，那种常采用的通过增加敏感规则的方法来提高常规控制图检测小的偏移的方法是不可取的，在工艺参数要求均匀性、稳定性非常高的场合，探测工艺参数特征值的小的偏移应该使用 EWMA 控制图，它对于微小的漂移检测力很强。

4. 控制图类型的选择

对微电路生产过程的控制来说，只有一部分工艺参数可以用常规控制图进行分析。为了用常规控制图分析微电路生产过程受控状态，还需要了解各种常规控制图的适用范围和检测效力等。不同类型的常规控制图的适应领域及特点如下：

$\bar{x}$ 控制图(均值控制图)主要反映工艺过程的参数均值的波动水平。在探测工艺参数均值中等偏上程度的偏移时($\Delta\delta>2\delta$)，均值控制图的检测能力还是很强的，而且通过对控制图敏感判断规则的适当选取，能够提高 $\bar{x}$ 控制图的检测力。

R 控制图(极差控制图)主要观察工艺参数分布的分散程度或波动幅度的变化情况。它可表示工艺参数或产品质量的均匀程度。当样本子批容量 $n<10$ 时建议使用极差控制图。

S 控制图(标准偏差控制图)它可以说明生产过程中工艺参数的标准偏差是否处于或保持在稳定状态。一般来说它的功效高于极差控制图。当样本子批容量 $n>10$ 时建议使用标准偏差控制图。

P 控制图(不合格品率控制图)用于判断生产过程中的不合格品率是否保持或处于所要求的水平。它主要用于产品的质量分析中。

C 控制图(缺陷数控制图)主要是判断生产过程中单位产品缺陷数是否处于或保持在所要求的水平。

当样本子批容量 $n=1$ 时，常规均值控制图不能进行处理，此时建议使用 EWMA 控制图，它对参数数据没有正态性假设要求，而且它易于建立和操作。

当要探测工艺参数均值的中等以上程度的偏移时可以用常规均值控制图。当要探测工艺参数均值较小的偏移时利用 EWMA 控制图功效较高，它对小的偏移检测力强，而且对数据的正态性假设不敏感。与常规均值控制图相比它的失控 ARL_1 小的多，即它的检测效率更高。对于样本子批容量 $n>1$ 的情形，要检查工艺参数小的漂移也可用 EWMA 控制图进行检测。EWMA 控制图也可以应用于参数数据具有自相关性关系的场合，这种数据在半导体制造工艺加工过程中经常会碰到。

4.6 多变量控制图模块

在半导体制造生产中，许多工序要同时检测和控制两个或多个相互关联的参数。例如，对氧化工序，需要同时监测氧化层厚度、可动电荷、界面态密度、针孔密度等参数，从多方面表征生长的氧化层是否符合要求。这些参数之间并不互相独立，而是存在不同程度的相关关系。这种需要同时考虑几个相互联系的变量问题，称为多变量控制或多变量过程控制问题。在多变量控制中，必须引入多变量控制图。如果只采用单变量常规控制图分别监测每个变量的变化情况，将可能会导致不正确的结论。

4.6.1　多变量控制问题

下面结合一种最简单的情况，说明引入多变量控制图模块的必要性。

1. 单变量控制图

假设某一个过程需要用两个变量 X_1 和 X_2 来表征，并且这两个变量相互独立，均服从正态分布。按照单变量控制图原理，对每一个参量做出均值控制图，就可以分别监测单个参量的变化情况，如图 4-12 所示。按照单变量控制图的判断规则，只有当样本数据均值 X_1 和 X_2 均在各自的控制限以内，才认为工艺过程是处于受控状态。若将图 4-12 重新安排为图 4-13 所示形式，工艺过程受控对应于所有的数据点（$\bar{x}_1$，$\bar{x}_2$）都位于由粗线划定的阴影区域内。

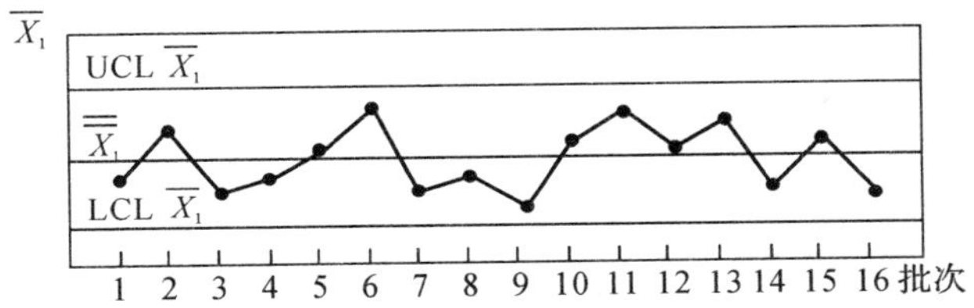

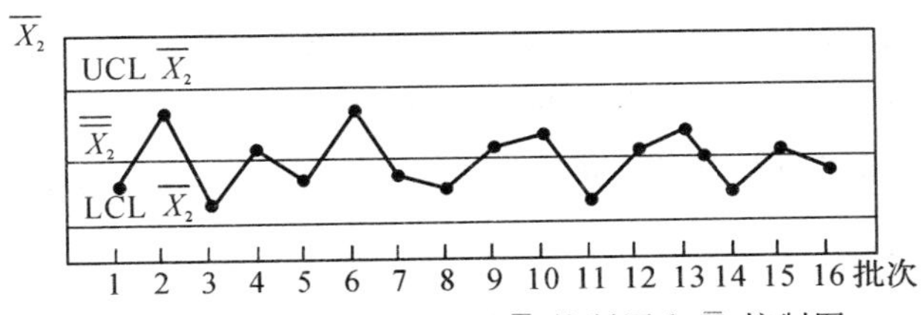

图 4-12　两个变量情况下 $\overline{X}_1$ 控制图和 $\overline{X}_2$ 控制图

在实际生产中，通过独立监察这两个参数的变化情况来判断过程的受控状态将违背控制图的基本原理。对单变量控制图，当过程处于受控状态时，X_1 或 X_2 超出其 3σ 控制限的概率，即出现第一种类型错误的概率都是 0.002 7。但是，若他们都处于受控状态，而且 X_1 和 X_2 同时处于受控状态的概率是 $0.997\ 3\times0.997\ 3=0.994\ 607\ 29$。这时出现第一类错误的概率为 $1-0.994\ 6=0.005\ 4$，是单变量情况的两倍。这两个变量同时超出控制限的联合概率是 $0.002\ 7\times0.002\ 7=0.000\ 007\ 29$，比 0.002 7 小得多。因此，在同时监测 X_1 和 X_2 的受控状态时，使用两个独立的均值 $\overline{X}$ 控制图已经偏离了常规控制图的基本原理，这时出现第一种类型错误的概率以及根据受控状态下数据点的状态得到正确分析结论的概率都不等于由控制图基本原理所要求的水平。

随着变量个数的增多，这种偏离将会更加严重。一般来说，假设一个工序有 p 个统计独立的参量，如果每一个 $\overline{X}$ 图犯第 I 类错误的概率都等于 α，则对于联合控制过程来说，第 I 类错误实际的概率是

$$\alpha'=1-(1-\alpha)^p \tag{4-21}$$

当过程处于受控状态时，所有 p 个参量都同时处于控制限以内的概率为

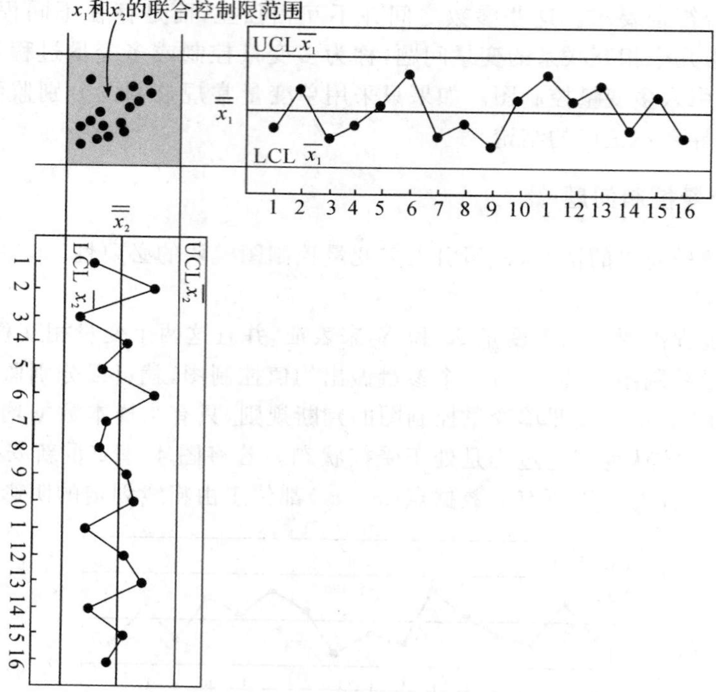

图 4-13　分别采用 $\overline{X}_1$ 控制限和 $\overline{X}_2$ 控制限构成的控制限区域

$$p\{\text{所有 } p \text{ 个参数处于控制限以内}\} = (1-\alpha)^p \tag{4-22}$$

显然，即使对于变量个数 p 不是很大的情况，在联合控制过程中的这种偏离也可能是严重的。特别是如果 p 个变量不是相互独立的，式(4-21)和式(4-22)就不成立了，也就没有很简单的方法测量这种偏离。

2. 两个变量情况

假设两个变量 X_1，X_2 遵循双变量联合正态分布，μ_1 和 μ_2 分别为这两个质量特性的均值，σ_1 和 σ_2 分别为 X_1 和 X_2 的标准偏差。X_1 和 X_2 的协方差为 σ_{12}。协方差是表示 X_1 和 X_2 之间相互关联程度的一个量。

如果 $\overline{X}_1$ 和 $\overline{X}_2$ 分别是由两个随机变量的 n 个样本值计算的平均值，若已知 σ_1 和 σ_2，则下述统计量 χ_0^2 遵循自由度为 2 的 χ^2 分布

$$\chi_0^2 = \frac{n}{\sigma_1^2\sigma_2^2 - \sigma_{12}^2}\left[\sigma_2^2(\overline{x_1}-\mu_1)^2 + \sigma_1^2(\overline{x_2}-\mu_2)^2 - 2\sigma_{12}(\overline{x_1}-\mu_1)(\overline{x_2}-\mu_2)\right] \tag{4-23}$$

对照单变量监测正态分布工艺参数 X 在受控状态时，方程(4-23)可以用作为过程均值 μ_1 和 μ_2 控制图的基础。如果过程均值保持为 μ_1 和 μ_2，则 χ_0^2 的值应小于上控制限：

$$\mathrm{UCL} = \chi^2_{\alpha,2}$$

式中，$\chi^2_{\alpha,2}$ 是自由度为 2 的 χ^2 分布的上 α 分位点。

下面用图形方式表示多变量情况下过程控制的含义。假设两个随机变量 X_1 和 X_2 相互独立，就是说，σ_{12} 等于 0，那么等式(4-23)定义了一个中心为(μ_1，μ_2)，基本轴平行于 $\overline{X}_1$ 和 $\overline{X}_2$ 轴

的椭圆，如图 4－14 所示。取公式(4－23) 中的 $\chi_0{}^2$ 等于 $\chi^2_{\alpha,2}$，就得到一个椭圆图形。如果由一对平均值($\bar{x}_1$，$\bar{x}_2$) 计算得到的 $\chi_0{}^2$ 值位于椭圆内部，表明过程处于受控状态，如果对应的值处于椭圆外部，说明过程处于失控状态，图 4－14 中的椭圆称为控制椭圆。

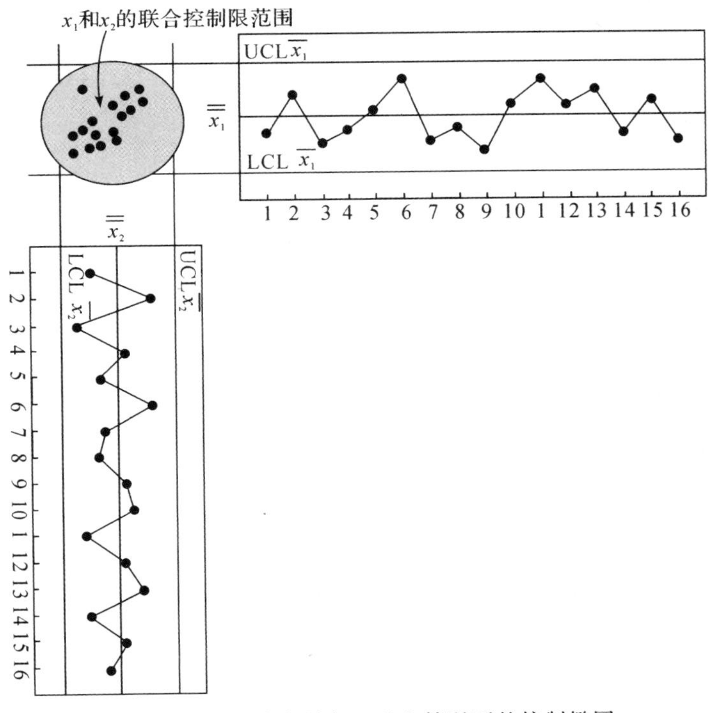

图 4－14　两个变量相互独立情况下的控制椭圆

在两个变量不独立的情况下，σ_{12} 不等于 0，控制椭圆如图 4－15 所示。这时，椭圆的主轴不再平行于 $\overline{X}_1$ 和 $\overline{X}_2$ 轴。如图 4－15 所示，第 11 号样本点位于椭圆以外，表示生产中存在可识别的异常原因。但是，如果分别考虑 $\overline{X}_1$ 和 $\overline{X}_2$ 控制图，第 11 号样本点对应的 $\overline{X}_1$ 和 $\overline{X}_2$ 值分别处于 $\overline{X}_1$ 和 $\overline{X}_2$ 控制图的控制限以内，表示并没有出现什么异常。但客户在接收到这批产品时很快会发现产品中实际存在有特性异常的问题。通过单个控制图要找出这一类可识别的异常原因是很困难的。

3. 多变量 χ^2 控制图

采用控制椭圆存在两个问题：

(1) 数据点中反映不出数据的时序关系。

(2) 对于两个以上的变量，建立椭圆结构是很困难的。

为了克服上述问题，可以对每一批数据采用式(4－23) 计算出 $\chi_0{}^2$，并标示在一个仅有以 $\chi^2_{\alpha,2}$ 为上控制限(下控制限为 0) 的控制图上，如图 4－16 所示。这种控制图称为 χ^2 控制图。在这种 控制图中保存了数据的时序关系，所以"趋势" 和其他非随机模式的异常问题均能被识别。而且，每批数据用单个数字(即统计量 χ^2 的值) 代替，完全适用于两个或多个控制变量的情况。

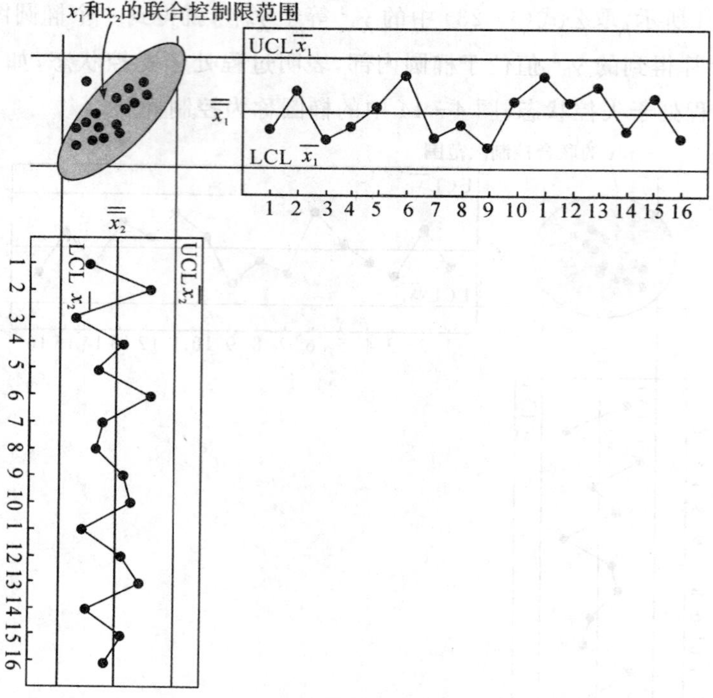

图 4－15　两个变量不相互独立情况下的控制椭圆

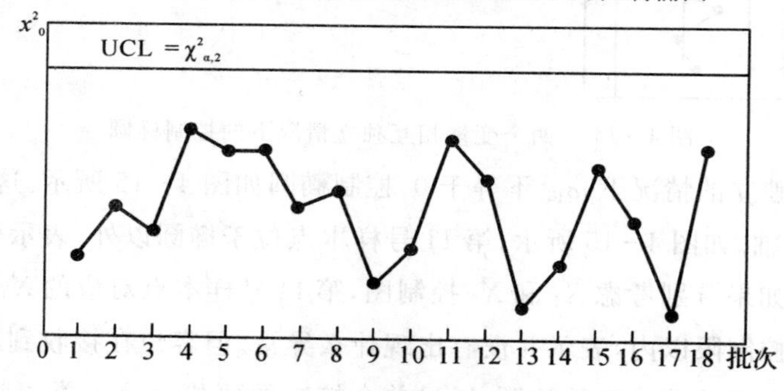

图 4－16　两个变量情况下的 χ^2 控制图

4. 多变量 χ^2 控制图计算公式

（1）统计量 χ_0^2。上述两变量情况下的结果可以很方便地扩展到存在 P 个随机变量的情况。假设 P 个变量的联合概率分布为 P 个变量的正态分布，则 χ^2 控制图上代表每一批样本测试数据的统计量为

$$\chi_0^2 = n\,(\overline{x}-\mu)'\boldsymbol{\Sigma}^{-1}\,(\overline{x}-\mu) \tag{4-24}$$

式中，$\overline{\boldsymbol{x}}$ 是一个 $P \times 1$ 的向量，是从容量为 n 的每一批样本数据中分别计算的 P 个变量的样本均值：

$$\overline{\boldsymbol{x}} = \begin{bmatrix} \overline{x_1} \\ \overline{x_2} \\ \vdots \\ \overline{x_p} \end{bmatrix}$$

$\boldsymbol{\mu}'=[\mu_1,\mu_2,\cdots,\mu_p]$ 是受控时由每一个变量的均值组成的向量。

$\boldsymbol{\Sigma}$ 是协方差矩阵。

(2)控制限。χ^2 控制图的上控制限为

$$\mathrm{UCL}=\chi^2_{\alpha,p} \tag{4-25}$$

4.6.2　多变量控制图统计量的确定

多变量控制图理论基础是假设工艺参数遵循多变量正态分布。如上分析，绘制多变量控制图包括两方面工作：根据样本测试数据采用式(4-24)计算代表每一批测试数据的测试统计量，以及确定控制限。其中后一项工作可以直接查表或通过编程计算。下面重点介绍测试统计量的计算方法。

1. p 个变量的 μ 和 Σ 的计算

对 m 批大小为 n 的样本数据，第 k 批数据中第 j 个变量测试数据的均值和样本方差为

$$\overline{x_{jk}}=\frac{1}{n}\sum_{i=1}^{n}(x_{ijk}),\quad j=1,2,\cdots,p;\ k=1,2,\cdots,m \tag{4-26}$$

$$s_{jk}^2=\frac{1}{n-1}\sum_{i=1}^{n}(x_{ijk}-\overline{x_{jk}})^2,\quad j=1,2,\cdots,p;k=1,2,\cdots,m \tag{4-27}$$

式中，x_{ijk} 是第 k 批数据中第 j 个变量的第 i 个观察值。第 k 批数据中第 j 个和第 h 个变量之间的协方差为

$$S_{jhk}=\frac{1}{n-1}\sum_{i=1}^{n}(x_{ijk}-\overline{x_{jk}})(x_{ihk}-\overline{x_{hk}}),\quad j=1,2,\cdots,p;k=1,2,\cdots,p \tag{4-28}$$

再将统计量 x_{jk}，${S_{jk}}^2$ 和 ${S_{jhk}}^2$ 对 m 批数据求均值，对 p 个变量，得：

$$\overline{\overline{x_j}}=\frac{1}{m}\sum_{k=1}^{m}\overline{x_{jk}},\quad j=1,2,\cdots,p \tag{4-29a}$$

$$\overline{s_j^2}=\frac{1}{m}\sum_{k=1}^{m}s_{jk}^2,\quad j=1,2,\cdots,p \tag{4-29b}$$

$$\overline{s_{jh}}=\frac{1}{m}\sum_{k=1}^{m}s_{jhk},\quad j\neq h \tag{4-29c}$$

$\{\overline{\overline{x_j}}\}$ 是向量 $\overline{\overline{\mathbf{x}}}$ 的元素，样本协方差矩阵的 $p\times p$ 个均值为

$$\boldsymbol{S}=\begin{bmatrix}\overline{s_1^2} & \overline{s_{12}} & \overline{s_{13}} & \cdots & \overline{s_{1p}}\\ & \overline{s_2^2} & \overline{s_{23}} & \cdots & \overline{s_{2p}}\\ & & \overline{s_3^2} & \cdots & s_{3p}\\ & & & & \vdots\\ & & & & \overline{s_p^2}\end{bmatrix} \tag{4-30}$$

当过程受控时，样本协方差矩阵的均值是 $\boldsymbol{\Sigma}$ 的无偏估计值。

4.6.3　Hotelling T^2 控制图

如果用方程(4-30)计算的 $\boldsymbol{S}$ 来代替 $\boldsymbol{\Sigma}$，用矢量 $\overline{\overline{\mathbf{x}}}$ 代替平均值矢量 $\boldsymbol{\mu}$，并代入公式(4-24)，将得到的测试统计量记为 T^2，则得：

$$T^2=n(\bar{x}-\bar{\bar{x}})s^{-1}(\bar{x}-\bar{\bar{x}}) \tag{4-31}$$

采用上述统计量绘制的控制图称为 Hotelling T^2控制图。

多变量控制图应用中有两个截然不同的阶段，每一个都有自己唯一的控制限。阶段Ⅰ控制图是通过样本参数绘制控制图从而判断工艺过程是否处于受控状态。阶段Ⅱ控制图是在新的样本参数被采集时判断工艺过程是否保持在受控状态。对多变量控制图应用中应该注意，因为他们分别有不同情况的控制限，而且其控制限的计算方法对结果影响很大。

T^2控制图能恰当的分为以下四类：阶段Ⅰ，$n=1$；阶段Ⅰ，$n>1$；阶段Ⅱ，$n=1$；阶段Ⅱ，$n>1$。不论在阶段Ⅰ或阶段Ⅱ的讨论中，样本容量 $n=1$ 的情况应首先考虑，因为它的约束最为严格。

1. $n=1$ 时的 T^2 控制图

对批数大小为 m，子批容量 $n=1$ 的样本数据，m 批数据中第 j 个变量测试数据的均值为

$$\boldsymbol{X}_K=[X_{K1},X_{K2},\cdots,X_{KP}]'$$

$$\overline{\boldsymbol{X}}_m=[\overline{X}_1,\overline{X}_2,\cdots,\overline{X}_P]'$$

其中

$$\overline{X}_j=\frac{1}{m}\sum_{j=1}^{m}X_{kj} \tag{4-32}$$

协方差矩阵为

$$S_m=\frac{1}{m-1}\sum_{k=1}^{m}(X_k-\overline{X}_m)(X_k-\overline{\boldsymbol{X}}_m)' \tag{4-33}$$

则统计量 T^2 为

$$T_k^2=(X_k-\overline{X}_m)'S_m^{-1}(X_k-\overline{X}_m) \tag{4-34}$$

如果利用 $\overline{X}_m$ 和 S_m 来代替估计母体的 μ 和 $\boldsymbol{\Sigma}$。则 Seber(1984)指出 T_k^2 应遵循自由度为 p 的 χ^2 分布，并给出了 χ^2 近似上下控制限：

$$\text{LCL}=\chi^2(1-\alpha/2,p),\text{UCL}=\chi^2(\alpha/2,p) \tag{4-35}$$

(1)$n=1$ 时在阶段Ⅱ的多变量控制图。对于 Hotelling T^2 控制图在阶段Ⅱ，Ryan(1989)给出了一个确切的 F 分布控制限为

$$\text{LCL}=\frac{p(m-1)(m+1)}{m(m-p)}F(1-\alpha/2,p,m-p) \tag{4-36a}$$

$$\text{UCL}=\frac{p(m-1)(m+1)}{m(m-p)}F(\alpha/2,p,m-p) \tag{4-36b}$$

式中，$F(\alpha,p,m-p)$ 为自由度为 p 和 $m-p$ 的 F 分布的 $1-\alpha$ 分位点的值。当 LCL 小于零时，取 LCL=0。

表 4-7 给出在 $\alpha/2=0.001$ 和 $p=2,3,4,5,10,20$ 时的 χ^2 近似控制限与 F 分布的确切控制限的比较。由表中数据可以看出随着 p 的增加，χ^2 近似控制限相比确切分布的上下控制限越来越不精确。如 $p=3$，χ^2 近似控制限与 F 分布值相比在相对误差小于 0.1 时，需要样本数 m 至少为 150。而对于 $p=4$ 或 5，样本数 m 也至少大于 150，若 p 很大，如在 10～20 个变量，样本数至少为 250 个。如表中黑体所示。

表 4-7　$n=1$ 时阶段Ⅱ的控制限

p	χ^2									
	20	25	30	50	75	100	150	200	250	…
2	13.82	23.03	20.55	19.12	16.67	15.62	15.14	14.67	14.45	14.32
3	16.266	30.723	26.534	23.431	20.421	18.864	18.156	17.488	17.169	16.982
4	18.466	39.621	33.027	29.532	24.082	21.934	20.974	20.080	19.655	19.408
5	20.515	50.323 9	40.314 1	35.271 4	27.771 1	24.939	23.695	22.549	22.010	21.697 6
10	29.588 4	174.638 3	101.184 5	76.043 4	48.410 6	40.295	37.058	34.240	32.964	32.238 0
20	45.31	2864.3	2 535.446 8	467.707 7	116.380 1	78.596 9	66.928	57.989	54.274	52.242 6

(2)$n=1$ 时在阶段Ⅰ的多变量控制图。对阶段Ⅰ的 Hotelling T^2 控制图，Tracy，Young，Mason(1992)指出对样本子批容量 $n=1$ 时，即 $n=1$，Hotelling T^2 控制量 T_k 可通过数学推导证明其遵循 Beta 分布。其 Hotelling 控制图的控制限为

$$\text{LCL}=\frac{(m-1)^2}{m}\beta(1-\alpha/2,p/2,(m-p-2)/2) \tag{4-37a}$$

$$\text{UCL}=\frac{(m-1)^2}{m}\beta(\alpha/2,p/2,(m-p-1)/2) \tag{4-37b}$$

式中，$\beta(\alpha,p/2,(m-p-1)/2)$ 是参数为 $p/2$ 和 $(m-p-1)/2$ 的 Beta 分布的 $1-\alpha/2$ 分位数。若 Beta 分布不好计算，可借助它与 F 分布的关系进行适当的变换，因 Beta 分布与 F 分布有如下关系：

$$\frac{(p/(m-p-1))F(\alpha,p,(m-p-1))}{1+(p/(m-p-1))F(\alpha,p,(m-p-1)}=\beta(\alpha,p/2,(m-p-2)/2)$$

利用此关系式有

$$\text{LCL}=\frac{(m-1)^2}{m}\times\frac{(p/(m-p-1))F(1-\alpha/2,p,m-p-1)}{1+(p/(m-p-1))F(1-\alpha/2,p,m-p-1)} \tag{4-38a}$$

$$\text{UCL}=\frac{(m-1)^2}{m}\times\frac{(p/(m-p-1))F(\alpha/2,p,m-p-1)}{1+(p/(m-p-1))F(\alpha/2,p,m-p-1)} \tag{4-38b}$$

在许多情况下 LCL 被取为零，这是因为均值的任何漂移均会导致统计量 T^2 的增加，因此 LCL 常常被忽略。然而 T_k^2 不仅对均值矢量的漂移敏感而且对协方差矩阵的改变也很敏感。如果协方差矩阵发生了变化，它会导致统计量 T_k^2 有不正常的较小的值，因此为探测这种变化应该应用非零的 LCL 控制限。应该值得注意是大的 T_k^2 值也可能是由于协方差矩阵的改变而引起的，而不仅仅是由均值的变化引起的。

表 4-8 给出阶段Ⅰ的多变量控制图在 $\alpha/2=0.001$，$p=2,3,4,5,10,20$ 时的确切的 Beta 分布和 χ^2 分布的上控制限 UCL，并与表 4-8 中的 F 分布的上控制限相比较。注意到当样本数较少时，如 $m=20,p=5$ 时 F 分布近似的 UCL=50.323 9。

表 4-8　$n=1$ 时阶段Ⅰ的 Beta 控制限

p	χ^2									
	20	25	30	50	75	100	150	200	250	…
2	13.82	10.041 8	10.744 2	11.227 8	12.229 9	12.747 8	13.010 8	13.276 5	13.410 3	13.490 9

续表

p	χ^2									
	20	25	30	50	75	100	150	200	250	…
3	16.266 3	11.336 5	12.243 6	12.871 2	14.179 3	14.858 9	15.204 8	15.554 7	15.731 1	15.837 4
4	18.466 9	12.410 6	13.516 2	14.284 0	15.890 4	16.727 6	17.154 5	17.586 7	17.804 7	17.936 2
5	20.515	13.336 2	14.639 7	15.547 2	17.450 9	18.445 3	18.952 8	19.467 0	19.726 5	19.883 1
10	29.588 4	16.545 0	18.906 8	20.554 5	24.013 9	25.822 0	26.745 0	27.680 5	28.152 9	28.437 8
20	45.31	19.632 1	22.940 5	26.683 8	34.075 3	37.778 6	39.643 7	41.520 4	42.463 7	43.031 3

χ^2 分布近似的 UCL＝20.515，确切分布(即 Beta 分布)的 UCL＝13.336 2。当 $p=10$ 时 F 近似的 UCL＝174.638 3，χ^2 近似的 UCL＝29.988 4，确切分布的 UCL＝16.545 0。这些表明在阶段 I 用控制图判断过程是否处于受控状态时，用 F 近似或 χ^2 近似的 UCL 将会导致控制限变宽，从而使犯第二种类型错误的概率增加。随着变量数的增多，近似方法的 UCL 之间的不同变的更加明显。而用 χ^2 分布近似 UCL 则需要非常大的样本容量才能保证 χ^2 控制限足够精确的反映实际情况。

2. $n>1$ 时的 Hotelling T^2 控制图

当 $n>1$ 时，Hotelling T^2 控制图其统计量见式(4－31)，各变量定义如式(4－26)至式(4－30)所示为

$$T^2 = n(\overline{x}-\overline{\overline{x}})s^{-1}(\overline{x}-\overline{\overline{x}})$$

对阶段 I，其控制限为

$$\mathrm{UCL} = \frac{p(m-1)(n-1)}{mn-m-p-1}F(\alpha, p, mn-m-p+1) \tag{4－39a}$$

$$\mathrm{LCL} = 0 \tag{4－39b}$$

对阶段 Ⅱ，其控制限为

$$\mathrm{UCL} = \frac{p(m+1)(n-1)}{mn-n-p+1}F(\alpha, p, mn-m-p+1) \tag{4－40a}$$

$$\mathrm{LCL} = 0 \tag{4－40b}$$

表 4－9　$n=3$ 时阶段 Ⅱ 控制限

p	χ^2									
	20	25	30	50	75	100	150	200	250	…
2	13.82	17.854 5	16.937 1	16.358 7	15.275 2	14.767 7	14.522 1	14.281 5	14.163 2	14.093 0
3	16.266 3	22.098 7	20.730 4	19.880 6	18.316 6	17.596 5	17.250 6	16.913 8	16.748 7	16.650 8
4	18.466 9	26.328 5	24.425 1	23.261 3	21.155 9	20.201 9	19.747 5	19.307 2	19.092 1	18.964 8
5	20.515	30.680 8	28.141 8	26.613 8	23.896 4	22.685 7	22.113 0	21.561 2	21.292 4	21.133 6
10	29.588 4	56.766 1	48.816 5	44.440 5	37.338 7	34.433 2	33.111 2	31.867 1	31.272 3	30.923 6
20	45.31	166.679 6	115.613 4	94.383 4	67.294 3	58.270 5	54.492 9	51.109 8	49.548 3	48.649 7

表 4－9 至表 4－11 分别给出 $\alpha=0.001$，样本子批容量 n 为 3,5,10 时，变量数 p 为 2,3,4,5,10,15,20 的情况下 T^2 统计量多变量控制图 F 分布上控制限与用 χ^2 近似的比较。从表中可以看出，随着子批容量的增加，用 χ^2 近似值代替 T^2统计量 F 分布控制限时所需的样本数

目渐渐减少，因此如果用 χ^2 近似值代替 T^2统计量 F 分布控制限时，在样本子批容量较少时常带来较大误差，从而影响判断。当用 χ^2 近似值代替 T^2控制图的控制限时，也可以通过推广阶段Ⅱ表中结果，估计在所希望的精度范围内需要的样本数。其中黑体表示用 χ^2 近似值代替确切的 F 分布控制限时，相对误差小于 0.1 情况下 F 分布值所需的最少的样本数。

表 4-10　$n=5$ 时阶段Ⅱ控制限

p	χ^2									
	20	25	30	50	75	100	150	200	250	…
2	13.82	16.052 7	15.574 7	15.265 0	14.665 9	14.376 1	14.233 7	14.092 8	14.023 0	13.981 2
3	16.266 3	19.343 6	18.675 8	18.246 1	17.421 4	17.025 8	16.832 1	16.641 1	16.546 3	16.489 7
4	18.466 9	22.447 5	21.570 7	21.010 1	19.943 0	19.435 1	19.181 7	18.943 3	18.822 7	18.751 0
5	20.515	25.473 2	24.364 9	23.661 3	22.332 0	21.704 0	21.398 4	21.098 6	20.950 7	20.862 5
10	29.588 4	40.749 1	38.070 9	36.427 3	33.439 0	32.078 2	31.427 9	30.796 4	30.487 7	30.304 4
20	45.31	77.571 4	68.613 8	63.534 7	55.032 4	51.448 3	49.794 9	48.225 8	47.470 2	47.026 4

表 4-11　$n=10$ 时阶段Ⅱ控制限

p	χ^2									
	20	25	30	50	75	100	150	200	250	…
2	13.82	15.164 9	14.886 5	14.703 4	14.342 8	14.165 2	14.007 1	13.989 3	13.945 6	13.919 3
3	16.266 3	18.032 8	17.665 7	17.425 2	16.952 6	16.721 0	16.606 3	16.491 9	16.435 1	16.401 1
4	18.466 9	20.662 6	20.203 7	19.903 2	19.315 7	19.028 7	18.886 9	18.745 4	18.675 4	18.633 8
5	20.515	23.159 2	22.602 9	22.240 2	21.532 3	21.187 4	21.017 2	20.848 0	20.764 4	20.714 3
10	29.588 4	34.833 0	33.696 1	32.964 0	31.558 9	30.884 3	30.553 9	30.227 6	30.066 4	29.970 3
20	45.31	57.847 6	54.968 6	53.164 3	49.805 2	48.239 9	47.484 5	46.743 9	46.381 3	46.165 4

4.6.4　多变量控制图失控信号分析

Hotelling T^2控制图的最大的优点在于统计量 T_i^2 是观察多变量情形中每个变量均值在生产过程中发生偏移的很好的探测量。然而在实际应用中它有若干缺点，一个主要的缺点是当统计量 T^2 显示过程出现失控倾向时，它并不能提供到底是哪个变量或哪些变量造成的失控。此外，从整体的偏移中区分出到底是哪一个工艺参数变量或哪些参数变量出现了偏移是很困难的，因为 T^2统计量对生产工艺过程中的任何变化都十分的敏感。

多变量控制图失控信号分析问题是一个比较复杂和困难的问题。考虑当两个或多个有相关关系的变量同时被检测时，利用多变量控制图分析信号可能会与用常规控制图分析每个独立变量的分析结果不同，如前面所述，多变量控制图失控的点在单变量常规控制图上可能是受控的，而单变量常规控制图上失控的点在多变量控制图是受控的。这是因为有相关关系变量的多变量控制图的控制区域被限制在倾斜的控制椭圆内，而分离的常规控制图的控制区域是非倾斜的正方形区域内。即有些点超出了常规控制图的控制限而却在控制椭圆内，这表现出在常规控制图中失控而在多变量控制图中受控；有些点超出了控制椭圆的区域却在各单变量常规控制图的控制限内，这表现出在多变量控制图中失控而在各单变量常规控制图中均受控；

有些点即超出控制椭圆又超出单变量常规控制图的控制限，这表现出在多变量控制图和单变量常规控制图中该点均失控；等等。然而，这种组合在有时会给诊断和解释失控信号提供一些有益的帮助，即利用多变量控制图作为判断信号的用途，而利用分离的常规控制图作为诊断的用途。

国外关于这方面的研究已有一些，他们的观点和方法也各不相同。Alt(1984 年)建议对各变量采用一个统一控制限的方法作为解释多变量控制图的失控信号。

Hayter 和 Tsui(1994)采用了一种方法是以同时建立每个变量均值的置信区间为基础，它能够很方便地辨别有问题的变量，而且能够很容易获得变量均值变化的幅度大小。Pignatillo 与 Runger(1990)建议利用关键部分帮助对失控信号的分析。他们指出通过对每个变量和关键部分利用常规控制图进行分析，而变量之间的相互影响的信息并没有丢失。Murphy(1987)利用一个判别式分析的方法从受控的变量中分离出怀疑有问题的变量，这种方法的一个主要问题是过程中的变量数越多，则解释失控信号时就有越多的模糊和不确定。

当利用控制图进行实时监控，或相互关联的原始变量转换成关键部分后变量之间仍保持独立性是一个很重要的因素，也就是说，关键部分能表示原过程变量间的潜在结构，尽管它取决于原始变量之间的相关程度的高低，这仍然是可能的，即原始变量控制图和关键部分控制图给出不同的结果，Jackson 给出了一个例子说明了这个现象。除非关键部分具有明显的意义，否则以关键部分为基础的控制图可能给出错误的结果。

在半导体制造生产实践中，获得的工艺参数数据通常具有相关关系。这种情况下各变量 X_i 之间通常具有自相关关系，这些自相关关系的存在使传统常规控制图的受控平均链长 ARL_0 比通常建议的要短。因此，在用控制图分析这类数据时，对控制图的实际检出力和探测到失控信号所期望的样本批数需仔细权衡和选择。

设 $\boldsymbol{X}_i=(X_{i1},X_{i2},\cdots,X_{ip})'$ 为多变量过程中获得的 p 维工艺参数矢量，即第 i 批矢量，其中 X_{ij} 代表第 j 个观察的特征量。假设工艺过程是受控的，$\boldsymbol{X}_i$ 遵循均值矢量为 $\boldsymbol{\mu}$ 、协方差矩阵为 $\boldsymbol{\Sigma}$ 的多变量正态分布。则 T^2 统计量如式(4－31)所示。

既然多变量控制图中失控信号是由 p 个变量中的某个变量或某些变量共同作用的结果，一种很自然的想法是把 T^2 统计量分解成独立的部分，每一部分反映一个独立变量的贡献。为简单期间，我们假设最初的 $p-1$ 个变量为一组同第 p 个变量分离，所以有 $\boldsymbol{X}_i=(\boldsymbol{X}_i^{(p-1)},\boldsymbol{X}_{ip})'$，其中 $\boldsymbol{X}_i^{(p-1)}$ 是除去第 p 个变量外的 $p-1$ 维变量的矢量值。则 Hotelling T^2 统计量能分解成如下形式：

$$T^2=T_{p-1}^2+T_{p,1,2,\cdots,p-1}^2 \tag{4-41}$$

T_{p-1}^2 是最初的 $p-1$ 个变量的 Hotelling T^2 统计量，它有如下形式：

$$\boldsymbol{T}_{p-1}^2=(\boldsymbol{X}_i^{(p-1)}-\overline{\boldsymbol{X}}^{(p-1)})'\boldsymbol{S}_{XX}^{-1}(\boldsymbol{X}_i^{(p-1)}-\overline{\boldsymbol{X}}^{(p-1)}) \tag{4-42}$$

式中，$\overline{\boldsymbol{X}}^{(p-1)}$ 是 m 个观察样本的多变量问题的前 $p-1$ 个变量的样本均值矢量；$\boldsymbol{S}_{XX}$ 是协方差矩阵 $\boldsymbol{S}$ 的 $(p-1)\times(p-1)$ 维主子矩阵。统计量 $\boldsymbol{T}_{p,1,2,\cdots,p-1}^2$ 是给定 $X_1,X_2,\cdots,X_{p-1}$ 的均值和标准偏差的 $\boldsymbol{X}_i$ 矢量的第 p 个变量 $\boldsymbol{X}_p$ 的条件分布。形式如下：

$$T_{p,1,2,\cdots,p-1}=\frac{X_{ip}-\overline{X}_{p,1,2,\cdots,p-1}}{s_{p,1,2,\cdots,p-1}} \tag{4-43}$$

$$\overline{\boldsymbol{X}}_{p,1,2,\cdots,p-1}=\overline{\boldsymbol{X}}_p+\boldsymbol{b}'_p(\boldsymbol{X}_i^{(p-1)}-\overline{\boldsymbol{X}}^{(p-1)}) \tag{4-44}$$

式中，$\overline{\boldsymbol{X}}_p$ 是第 p 个变量的由 m 批样本估计的样本均值，$\boldsymbol{b}_p=\boldsymbol{S}_{XX}^{-1}\boldsymbol{s}_{xX}$ 是一个由开始的 $p-1$ 个

变量来估计第 p 个变量的 $p-1$ 维矢量的逼近系数。

$$\boldsymbol{s}_{p,1,2,\cdots,p-1}^2 = \boldsymbol{s}_x^2 - \boldsymbol{s}'_{xX}\boldsymbol{S}_{XX}^{-1}\boldsymbol{s}_{xX} \tag{4-45}$$

它们与协方差矩阵的关系为

$$\boldsymbol{S} = \begin{bmatrix} \boldsymbol{S}_{XX} & \boldsymbol{s}_{xX} \\ \boldsymbol{s}'_{xX} & \boldsymbol{s}_x^2 \end{bmatrix}$$

因为 T_{p-1}^2 是 Hotelling T^2 的 $p-1$ 维变量的统计量，所以也能把它分解成两部分：

$$T_{p-1}^2 = T_{p-2}^2 + T_{p-1,1,2,\cdots,p-2}^2$$

式中，第一项 T_{p-1}^2 是一个 Hotelling T^2 统计量，以这种方式反复迭代和分解得到如下 p 个变量的 Hotelling T^2 的分解形式：

$$T^2 = T_1^2 + T_{2,1}^2 + T_{3,1,2}^2 + T_{4,1,2,3}^2 + \cdots + T_{p,1,2,\cdots,p-1}^2 =$$

$$T_1^2 + \sum_{j=1}^{p-1} T_{j+1,1,2,\cdots,j}^2 \tag{4-46}$$

T_1^2 是第一个变量的 Hotelling T^2 统计量。

$$T_1^2 = \frac{(X_{i1} - \overline{X}_1)^2}{s_1^2} \tag{4-47}$$

式(4-46)给出的分解方法有一些很有趣的特点。首先它的分解方法不是唯一的，实际上对有 p 个变量的多变量问题统计量 T^2 有 $p!$ 种不同的分解方法。例如对于 $p=3$，那么它有 $3!=6$ 种分解 T^2 值的可能的方法：

$$\begin{aligned} T^2 &= T_1^2 + T_{2,1}^2 + T_{3,1,2}^2 = T_1^2 + T_{3,1}^2 + T_{2,1,3}^2 = \\ &\quad T_2^2 + T_{3,2}^2 + T_{1,2,3}^2 = T_2^2 + T_{1,2}^2 + T_{3,1,2}^2 = \\ &\quad T_3^2 + T_{1,3}^2 + T_{2,1,3}^2 = T_3^2 + T_{2,3}^2 + T_{1,2,3}^2 \end{aligned}$$

其次，式中统计量 T^2 被分解成 p 项，因为它们都是平方项，所以都为正值，所以其中每一项都使统计量 T^2 增加。如果在多变量控制图中总的统计量出现失控信号，那么就应该确定到底是哪一项或那些项对统计量 T^2 的增加贡献最大。

由于式(4-46)有如上多种分解方法，因此在实际应用中应该选择实用的、高效率的分解方法。应用中这样分解：方法是计算用总的统计量 T^2 减去 p 个变量中除第 j 个变量外的剩余变量的 Hotelling T^2统计量(记为 T_j^2)的差。可以计算 $T^2-T_1^2$ ，$T^2-T_2^2$ ，…，$T^2-T_p^2$ ，如果某一项过大，那么这一项对应的变量应该小心的检查，它可能是引起失控的原因之一。

引入分解量：

$$d_j = T^2 - T_j^2 \tag{4-48}$$

式中，$j=1,2,\cdots,p$ 。T_j^2 是除去第 j 个变量后其余变量的 T^2 统计量，它的计算方法与 T^2 统计量的计算方法相同。

可以看出 d_j 代表了第 j 个变量对统计量 T^2 值的贡献。进行失控信号分析时，对失控点批数的 T^2 值进行分解，观察对应批数的 d_j 值，若某个 d_j 值偏大，则表明第 j 个变量对失控信号的影响较大，很可能该变量在其常规控制图上对应批次样本数据也已超出控制限，已表现出失控了。反之，若某个 T^2 值较大表现出失控，而相应的 d_j 值却较小，则可能是除变量 j 外的其余变量或它们之间的相互关联的影响造成了失控。

因此通过观察分解量 d_j 的值可以很容易解释失控信号产生的原因，可以避免再绘制相应常规控制图进行单变量分析寻找失控原因，这特别是在实时监控中或变量数较多时，这种分解法的效率就显得更高。

参考文献

[1] 史保华,贾新章,张德胜. 微电子器件可靠性[M]. 西安:西安电子科技大学出版社,1999.

[2] 美国电子工业协会(EIA)标准. EIA－557－A 统计过程控制(SPC)体系[M]. 贾新章,译. 西安:西安电子科技大学出版社,2002.

[3] Spanos C J, Chen R L. Using qualitative observations for process tuning and control [IC manufacture][J]. Semiconductor Manufacturing IEEE Transactions on, 1997, 10 (2):307-316.

[4] 王淑君. 常规控制图与累积和控制图[M]. 北京:国防工业出版社,1990.

[5] Sam Kash Kachigan. Statistical Analysis[M]. New York: Radius Press, 1986.

[6] Jay Devore, Roxy Peck. Statistics-The Exploration and Analysis of Data[M]. 2nd. Wadsworth: Duxbury Press, 1993.

[7] Meyer P L. 概率引论及统计应用[M]. 北京:高等教育出版社,1986.

[8] Champ C W, Woodall W H. Exact Results for Shewhart Control Charts with Supplementary Runs Rules[J]. Technometrics, 1987, 29(4):393-399.

[9] Alt L W. Mutivariate Quality Contorl[M]. New York: John Wiley & Sons, 1984.

[10] James T McClave, P George Benson, Terry Sincich. A First Course in Business Statistics[M]. 6th. New Jersey: Prentice Hall, 1995.

[11] Jackson J E. Multivariate quality control[J]. Communications in Statistics, 2007, 14 (11):2657-2688.

[12] Alt F B. Multivariate Quality Control[C]// Encyclopedia of Statistical Sciences. John Wiley & Sons, Inc. 2004:1014-1018.

[13] Oakland J S. Statistical Process Control[J]. John Wiley & Sons Inc New York Ny, 2003, 14(2):20 - 29.

[14] Woodall W. Understanding Statistical Process Control[J]. Technometrics, 2009, 28 (4):402-402.

[15] Thomopoulos N T. Statistical Process Control[C]// Elements of Manufacturing, Distribution and Logistics. Springer International Publishing, 2016.

[16] Madanhire I, Mbohwa C. Application of Statistical Process Control (SPC) in Manufacturing Industry in a Developing Country [J]. Procedia Cirp, 2016, 40: 580-583.

[17] Qiu P. Statistical Process Control Charts as a Tool for Analyzing Big Data[C]// Big and Complex Data Analysis. Springer International Publishing, 2017.

第5章 特殊过程控制技术

近年来，随着社会经济及信息化的发展，电子类产品日益丰富，用户需求也更加趋于多样化和个性化。因此，多品种、小批量生产模式应运而生，并且随着柔性生产的发展，这种生产模式将会更加普遍。与此同时，影响产品质量的因素也更加复杂，这不但增大了生产过程质量控制的难度，也对质量控制提出了更高的要求。本章阐述解决这些特殊情景的过程控制技术。

5.1 多品种小批量生产环境的质量控制

5.1.1 概述

根据统计过程控制基本原理，传统控制图在建立控制限时需要保证一定的样本容量，同时工艺参数的各批次样本数据应满足 IIND 条件。然而，在实际的多品种小批量生产环节中，工艺参数数据很难满足这两点要求。为解决该问题，提出了多品种生产模式下的统计过程控制方法——$T-K$ 控制图技术。T 和 K 控制图分别用于检测工艺参数母体均值及标准偏差的波动。其基本思想是采用对样本量要求不高的方法，基于采集的每批样本数据，计算 T,K 统计量，使得 T,K 统计量各自相互独立且服从相同分布。根据实际情况，提出了两种计算统计量的方法。一种用于工艺参数均值已知，另一种用于均值未知的情况。这种适用于多品种小批量生产环境的 $T-K$ 控制图具有两方面优势。其一，对均值及标准偏差的监控，分别仅需一张控制图即可对多品种生产过程的运行状态做出正确评价，而且该控制图算法简单，便于实际应用。其二，$T-K$ 控制图具有自启动(self - starting)特点，无须经历用控制图分析阶段估计母体的分布参数，且 T 控制图的建立过程与母体标准偏差无关。即便在母体分布参数未知的情况下，只要产品工艺参数的样本数据达到2批，$T-K$ 控制图即可对多品种小批量生产过程实施质量控制。

5.1.2 多品种小批量生产过程均值监控

假设生产过程计划按照 P 种不同的规范要求加工产品，即：生产 P 种产品。设 X 为关键工艺参数，对每批产品随机抽取 n 个观测样本，$\{X_{i,j,1}^{(r)},\cdots, X_{i,j,n}^{(r)}\}$ 为第 i 组样本，$i=1,2,\cdots;j$ 表示该批次样本对应的产品类型序号，$j=1,2,\cdots,P;n$ 为样本容量，上标 r 表示该批样本在同一类型产品内的序号。如无特殊说明，本章所涉及的具有下标的符号，第一下标表示样本批次顺序编号，第二下标代表该样本对应的品种序号，第三下标表明该数据在所属批次内的序号；括号内的上标表示该组样本在相应类型产品样本中的序号。在正常生产的情况下，即生产过程处于统计受控状态下，同一批次内及批次之间的工艺参数数据相互独立。同时，具有相同型号的产品样本数据服从同一个正态分布，而不同品种的样本数据服从不同的正态分布，即 $X_{i,j,k}\sim N(\mu_j, \sigma_j), i=1,2,\cdots, j=1,2,\cdots P, k=1,2,\cdots,n$，其中 μ_j 和 σ_j 为受控状态下第 j 种产品工艺参数母体所服从分布的均值和标准偏差。第 i 组样本的样本均值 $\overline{X}_{i,j}$ 及样本标准

偏差 $S_{i,j}$ 分别为

$$\overline{X}_{i,j}=\frac{1}{n}\sum_{k=1}^{n}X_{i,j,k},\ S_{i,j}=\sqrt{\frac{1}{n-1}\sum_{k=1}^{n}(X_{i,j,k}-\overline{X}_{i,j})^2} \tag{5-1}$$

基于上述前提条件，本节首先提出用于多品种小批量生产过程均值监控的 T 控制图。

1. T 统计量的定义

实际生产中，工艺参数母体分布的均值 μ 通常为未知参数。如果产品加工目标值与工艺参数实际分布均值偏差不大，可用目标值作为母体分布均值，或者根据实际生产经验及以往历史数据能够确定 μ 的取值时，可将 μ 视为已知参数。在构建 T 统计量时，根据各类型产品工艺参数母体均值是否已知，有两种方式建立统计量。

(1)工艺参数母体均值已知。对于每一批样本，$i=1,2,\cdots$，统计量 $T_{i,j}$ 的表达式如下：

$$T_{i,j}=\frac{\overline{X}_{i,j}-\mu_j}{S_{i,j}/\sqrt{n}},\ j=1,2,\cdots,P \tag{5-2}$$

式中，n 为对每批产品工艺参数抽样检测的样本容量；μ_j 为过程受控时，第 j 种类型产品工艺参数母体均值。当生产过程处于统计受控状态，各批次样本按式(5-2)计算而得的统计量 $T_{i,j}$ 相互独立，且服从自由度为 $n-1$ 的 t 分布。

(2)工艺参数母体均值未知。为方便叙述，首先定义如下中间变量：

$$\overline{\overline{X}}_j^{(r-1)}=\frac{1}{r-1}\sum_{h=1}^{r-1}\overline{X}_j^{(h)},\quad j=1,2,\cdots,P,r=2,3,\cdots \tag{5-3}$$

$\overline{\overline{X}}_j^{(r-1)}$ 表示产品类型为 j 的工艺参数前 $r-1$ 批样本数据的均值。这种情况下，T 统计量按下式定义：

$$T_{i,j}^{(1)}=0$$

$$T_{i,j}^{(r)}=\frac{\overline{X}_{i,j}^{(r)}-\overline{\overline{X}}_j^{(r-1)}}{S_{i,j}^{(r)}}\sqrt{\frac{n(r-1)}{r}},\quad j=1,2,\cdots,P,\ r>1 \tag{5-4}$$

显而易见，当工艺参数母体均值未知时，T 控制图中各类型产品第一个批数据的 T 统计量为常量 0，而后续统计量由其在相应类型产品中的出现位置及以往数据决定。此时，有引理 5-1 成立。

引理 5-1：当采用式(5-4)建立统计量时，各批次产品的 T 统计量相互独立，且服从同一个 t 分布。

证明：首先证明独立性。

由于各批次数据相互独立且服从正态分布，而同一批数据的样本均值与样本标准偏差相互独立，因此证明独立性的过程即是证明由式(5-4)定义的统计量 $T_{s,j}^{(r_s)}$ 与 $T_{t,k}^{(r_t)}$ 的分子部分 $\overline{X}_{s,j}^{(r_s)}-\overline{\overline{X}}_j^{(r_s-1)}$ 与 $\overline{X}_{t,k}^{(r_t)}-\overline{\overline{X}}_k^{(r_t-1)}$ 相互独立。当 $j\neq k$ 时，由于样本之间存在独立性，因此不同类型产品的 T 统计量必定相互独立；当 $j=k$ 时，由于样本数据服从正态分布，而 $\overline{X}_{i,j}^{(r)}-\overline{\overline{X}}_j^{(r-1)}$ 为服从正态分布数据的线性组合，因此 $\overline{X}_{i,j}^{(r)}-\overline{\overline{X}}_j^{(r-1)}$ 也服从正态分布。根据数理统计原理：如果两个随机变量服从正态分布，则这两个随机变量相互独立的充分必要条件是两者之间的协方差为 0。不妨设 $s<t$，则 $\overline{X}_{s,j}^{(r_s)}-\overline{\overline{X}}_j^{(r_s-1)}$ 与 $\overline{X}_{t,j}^{(r_t)}-\overline{\overline{X}}_j^{(r_t-1)}$ 的协方差为

$$\mathrm{cov}(\overline{X}_{s,j}^{(r_s)}-\overline{\overline{X}}_j^{(r_s-1)},\overline{X}_{t,j}^{(r_t)}-\overline{\overline{X}}_j^{(r_t-1)})=E[(\overline{X}_{s,j}^{(r_s)}-\overline{\overline{X}}_j^{(r_s-1)})(\overline{X}_{t,j}^{(r_t)}-\overline{\overline{X}}_j^{(r_t-1)})]=$$

$$E[(\overline{\overline{X}}_j^{(r_s-1)}-\overline{X}_{s,j}^{(r_s)})\overline{\overline{X}}_j^{(r_t-1)}]=E[\frac{1}{r_t-1}((r_s-1)\overline{\overline{X}}_j^{(r_s-1)}+\overline{X}_{s,j}^{(r_s)})(\overline{\overline{X}}_j^{(r_s-1)}-\overline{X}_{s,j}^{(r_s)})]=$$

$$\frac{1}{r_t-1}E[(r_s-1)(2-(2-(r_s-2)\overline{\overline{X}}_j^{(r_s-1)}\overline{X}_{s,j}^{(r_s)}]=0$$

因此，当 $j=k$ 时 $\overline{X}_{s,j}^{(r_s)}-\overline{\overline{X}}_j^{(r_s-1)}$ 与 $\overline{X}_{t,k}^{(r_t)}-\overline{\overline{X}}_k^{(r_t-1)}$ 之间的独立性得证。

综上，按式(5-4)构建的任意两个 T 统计量相互独立。

其次，证明 T 统计量服从 t 分布。

当 $r>0$ 时，式(5-4)可以写作：

$$T_{i,j}^{(r)}=\frac{\dfrac{(\overline{X}_{i,j}^{(r)}-\overline{\overline{X}}_j^{(r-1)})}{\sigma_j^2}\sqrt{\dfrac{n(r-1)}{r}}}{\sqrt{\dfrac{(n-1)(S_{i,j}^{(r)})^2}{\sigma_j^2}}}$$

$\overline{X}_{i,j}^{(r)}-\overline{\overline{X}}_j^{(r-1)}$ 服从正态分布，且期望和方差分别为

$$E[\overline{X}_{i,j}^{(r)}-\overline{\overline{X}}_j^{(r-1)}]=0$$

$$\mathrm{var}[\overline{X}_{i,j}^{(r)}-\overline{\overline{X}}_j^{(r-1)}]=\frac{r\sigma_j^2}{n(r-1)}$$

由数理统计基本原理，T 统计量分子部分服从标准正态分布 $N(0,\ 1)$；分母部分 $(n-1)(S_{i,j}^{(r)})^2/\sigma_j^2$ 服从自由度为 $n-1$ 的卡方分布，因此按式(5-4)构建的统计量服从自由度为 $n-1$ 的 t 分布。

引理 5-1 证毕。

由引理 5-1 能够得到以下结论：无论实际中工艺参数母体均值是否已知，通过式(5-2)或式(5-4)构建的 T 统计量相互独立并且服从同一个 t 分布。

2. T 控制图控制限的确定

上一节中已经证明，由各批次数据计算而得的 T 统计量服从 t 分布，而 t 分布的均值为 0。因此，T 控制图的中心线 CL 为 0。根据第 4 章介绍的统计过程控制图基本原理，T 控制图的控制限为

$$\left.\begin{aligned}&\mathrm{UCL}=G_t^{-1}(1-\frac{\alpha}{2}\mid n-1)\\&\mathrm{CL}=0\\&\mathrm{LCL}=-\mathrm{UCL}\end{aligned}\right\}\tag{5-5}$$

其中，$G_t^{-1}(\cdot\mid n-1)$ 是自由度为 $n-1$ 的 t 分布累计分布函数的逆函数，α 为显著性水平，按照"3σ 法"的原理，上下控制限通常对应于 $\pm3\sigma$ 位置，而 $\pm3\sigma$ 之间所占概率值为 0.997 3，因此 α 的通常取值为 0.002 7。

对于同一生产过程，如果过程处于受控状态、工艺参数均值未发生偏移，那么不同种类产品，只要每个子组的样本容量相同，则由每个子组工艺参数测量值计算而得的 T 统计量相互独立且服从同一个 t 分布，并且具有相同的控制限。将这些 T 统计量绘在同一张控制图中，就可以对多品种小批量生产过程进行质量监控。通过上述分析过程可以发现，即便在过程控制分析的起始阶段，T 控制图的显著性水平仍与传统休哈特控制图相同保持在固定值 0.002 7，

这表明即便在小批量生产模式下 T 控制图仍可以正常地对生产过程施行质量监控。实际上显著性水平 α 值反映了受控状态下控制图的性能，关于 T 控制图的性能将在后面详细讨论。

T 控制图的显著性水平、控制限的选取均与休哈特控制图一致，且 T 统计量相互独立，因此第 4 章所给出传统控制图的判断规则仍适用于 T 控制图。在工艺过程的监控中，除检测是否有超出控制限的点外，任何在控制图中表现出非随机现象的统计点亦视为失控点，在这些失控判据中还需借助控制图的 $\pm\sigma$（概率值 0.317 3）和 $\pm 2\sigma$（概率值 0.045 5）的位置。

T 控制图根据给定自由度的 t 分布分位数确定控制限以及 $\pm\sigma$ 和 $\pm 2\sigma$ 的位置，该结果与每批工艺参数数据的样本容量（即自由度）相关。表 5-1 中列出了样本容量为 2～20 时，T 控制图中心线、控制限以及 $\pm\sigma$ 和 $\pm 2\sigma$ 位置的取值。当样本容量大于 20 时，可采用按式（5-5）编写的程序进行控制限以及 $\pm\sigma$ 和 $\pm 2\sigma$ 的计算。

表 5-1　T 控制图的控制限、$\pm\sigma$ 和 $\pm 2\sigma$ 值

样本容量	CL	$\pm\sigma$	$\pm 2\sigma$	UCL/LCL
$n=2$	0	±1.837 3	±13.967 7	+/−235.783 7
$n=3$	0	±1.321 3	±4.526 5	+/−19.206 0
$n=4$	0	±1.196 9	±3.306 8	+/−9.218 7
$n=5$	0	±1.141 6	±2.869 3	+/−6.620 1
$n=6$	0	±1.110 5	±2.648 6	+/−5.507 0
$n=7$	0	±1.090 6	±2.516 5	+/−4.904 0
$n=8$	0	±1.076 7	±2.428 8	+/−4.529 9
$n=9$	0	±1.066 5	±2.366 4	+/−4.276 6
$n=10$	0	±1.058 7	±2.319 8	+/−4.094 2
$n=11$	0	±1.052 6	±2.283 7	+/−3.956 9
$n=12$	0	±1.047 6	±2.254 9	+/−3.849 9
$n=13$	0	±1.043 4	±2.231 3	+/−3.764 2
$n=14$	0	±1.040 0	±2.211 8	+/−3.694 1
$n=15$	0	±1.037 0	±2.195 3	+/−3.635 8
$n=16$	0	±1.034 5	±2.181 2	+/−3.586 4
$n=17$	0	±1.032 2	±2.168 9	+/−3.544 1
$n=18$	0	±1.030 3	±2.158 3	+/−3.507 5
$n=19$	0	±1.028 6	±2.148 8	+/−3.475 4
$n=20$	0	±1.027 0	±2.140 5	+/−3.447 2

5.1.3　多品种小批量生产过程标准偏差监控

上一节中介绍的多品种小批量 T 控制图的构建思想是：将来自不同类型产品的工艺参数数据按一定数据处理方式构造 T 统计量，其目的是使得不同类型产品的 T 统计量相互独立且服从同一分布，最后将服从同分布的统计量用同一控制图进行质量控制。本节沿用这一思想，提出用于多品种小批量生产过程标准偏差监控的 K 控制图。与 T 控制图统计量的定义类似，根据工艺参数标准偏差是否已知，K 控制图的建立同样分为两种情况。

1. 工艺参数母体标准偏差已知

各批次样本的统计量定义为

$$K_{i,j} = \frac{(n-1)S_{i,j}^2}{\sigma_j^2}, \quad j = 1,2,\cdots,P \tag{5-6}$$

式中，n 为子组样本容量，σ_j 为过程受控时第 j 类产品工艺参数母体标准偏差。显然，当生产过程处于统计受控状态，按上式定义的 $K_{i,j}$ 统计量服从自由度为 $n-1$ 的卡方分布。对于同一生产过程，只要过程处于受控状态、工艺参数标准偏差未发生偏移、各批测量数据的样本量相同，则由每批数据工艺参数测量值计算而得的 K 统计量相互独立且服从同一个卡方分布，并且具有相同的控制限。因此来自不同类型产品的 K 统计量可绘在一张控制图上，并利用该控制图实行对多品种小批量生产过程工艺参数标准偏差的监控。

K 控制图控制限的选取方式与 T 控制图类似，控制限为

$$\begin{aligned} \mathrm{LCL} &= H_{\chi}^{-1}\left(\frac{\alpha}{2} \mid n-1\right) \\ \mathrm{CL} &= H_{\chi}^{-1}(0.5 \mid n-1) \\ \mathrm{UCL} &= H_{\chi}^{-1}\left(1-\frac{\alpha}{2} \mid n-1\right) \end{aligned} \tag{5-7}$$

式中，$H_{\chi}^{-1}(\cdot \mid n-1)$ 是自由度为 $n-1$ 的卡方分布累计分布函数的逆函数，α 为显著性水平，通常取值为 0.002 7，与 T 控制图类似，同样能够计算出不同样本容量时 K 控制图的上下控制线、中心线以及 $\pm\sigma$ 和 $\pm 2\sigma$ 位置的取值。样本容量 n 的取值为 2～20 时，K 控制图的控制限、中心线及 $\pm\sigma$ 和 $\pm 2\sigma$ 位置的取值见表 5-2。

表 5-2　不同样本容量下 K 控制图中心线、控制限、$\pm\sigma$ 和 $\pm 2\sigma$ 取值

样本容量	$-\sigma$	-2σ	LCL	CL	σ	2σ	UCL
$n=2$	0.000 0	0.000 8	0.040 1	0.454 9	1.987 0	5.187 5	10.272 9
$n=3$	0.002 7	0.046 0	0.345 5	1.386 3	3.682 0	7.566 4	13.215 3
$n=4$	0.029 7	0.202 1	0.833 9	2.366 0	5.186 3	9.555 3	15.630 4
$n=5$	0.105 8	0.460 3	1.416 4	3.356 7	6.599 1	11.365 4	17.800 4
$n=6$	0.238 0	0.796 6	2.056 0	4.351 5	7.956 4	13.068 0	19.821 3
$n=7$	0.423 4	1.192 6	2.734 6	5.348 1	9.275 7	14.696 9	21.739 0
$n=8$	0.656 2	1.635 4	3.441 9	6.345 8	10.567 0	16.271 3	23.580 0

续表

样本容量	$-\sigma$	-2σ	LCL	CL	σ	2σ	UCL
$n=9$	0.930 6	2.115 9	4.171 3	7.344 1	11.836 4	17.803 3	25.360 9
$n=10$	1.241 3	2.627 7	4.918 6	8.342 8	13.088 2	19.301 2	27.093 1
$n=11$	1.583 7	3.165 7	5.680 6	9.341 8	14.325 5	20.770 7	28.784 8
$n=12$	1.954 4	3.726 3	6.455 0	10.341 0	15.550 5	22.216 3	30.442 0
$n=13$	2.349 9	4.306 5	7.240 1	11.340 3	16.764 9	23.641 2	32.069 5
$n=14$	2.767 9	4.903 8	8.034 5	12.339 8	17.970 2	25.048 1	33.671 1
$n=15$	3.206 0	5.516 4	8.837 1	13.339 3	19.167 3	26.439 1	35.249 6
$n=16$	3.662 4	6.142 7	9.646 9	14.338 9	20.357 2	27.815 9	36.807 6
$n=17$	4.135 4	6.781 3	10.463 2	15.338 5	21.540 6	29.180 0	38.347 1
$n=18$	4.623 7	7.431 1	11.285 5	16.338 2	22.718 1	30.532 6	39.869 9
$n=19$	5.126 0	8.091 1	12.113 1	17.337 9	23.890 3	31.874 7	41.377 4
$n=20$	5.641 3	8.760 4	12.945 6	18.337 7	25.057 6	33.207 2	42.871 0

2. 工艺参数母体标准偏差未知

定义变量：

$$\overline{S_j^{2(r-1)}} = \frac{1}{r-1}\sum_{h=1}^{r-1} S_{\cdot,j}^{2(h)}, \quad j=1,2,\cdots,P;r=2,3,\cdots \tag{5-8}$$

式中，$S_{\cdot,j}^{2(h)}$ 表示产品类型为 j 的产品中第 h 批工艺参数的样本方差。这表明 $\overline{S_j^{2(r-1)}}$ 为产品类型为 j 的前 $r-1$ 批工艺参数样本方差的均值。

定义中间变量：

$$\lambda_{i,j}^{(r)} = \frac{S_{i,j}^{2(r)}}{\overline{S_j^{2(r-1)}}}, j=1,2,\cdots,P;r=2,3,\cdots \tag{5-9}$$

统计量 $K_{i,j}$ 按下式定义：

$$\left.\begin{aligned} K_{i,j}^{(1)} &= 1 \\ K_{i,j}^{(r)} &= \Phi^{-1}[F_{n-1,(n-1)(r-1)}(\lambda_{i,j}^{(r)})], j=1,2,\cdots,P,r>1 \end{aligned}\right\} \tag{5-10}$$

式中，F_{v_1,v_2} 是第一自由为 v_1 第二自由度为 v_2 的 F 分布的累计分布函数。为建立 K 控制图，需引出引理 5-2：

引理 5-2：假设 $0<s<t$，则按式(5-10)定义的统计量 $K_{s,j}^{(r_s)}$ 与 $K_{t,k}^{(r_t)}$ 相互独立。

为证明引理 5-2 成立，需借助引理 5-3 和引理 5-4。

引理 5-3：如果 Y_1 和 Y_2 为相互独立的随机变量，且分别服从自由度为 v_1 和 v_2 的卡方分布，则 Y_1/Y_2 与 Y_1+Y_2 相互独立。

证明：因为 Y_1 和 Y_2 相互独立，且分别服从自由度为 v_1 和 v_2 的卡方分布，而两个随机变量相互独立的充要条件为两变量的联合概率密度函数等于两者概率密度函数之积。因此，(Y_1, Y_2) 的联合概率密度为

$$p(y_1,y_2)=p_{Y_1}(y_1)p_{Y_2}(y_2)=$$

$$\begin{cases}\dfrac{1}{2^{(v_1+v_2)/2}\Gamma(v_1/2)\Gamma(v_2/2)}e^{-(y_1+y_2)/2}y_1{}^{v_1/2-1}y_2{}^{v_2/2-1}, y_1>0\ ,\ y_2>0\\ 0, \qquad\qquad 其他\end{cases}$$

令 $W_1=\dfrac{v_2}{v_1}\dfrac{Y_1}{Y_2}$，$W_2=Y_1+Y_2$，求解方程组

$$\begin{cases}w_1=\dfrac{v_2}{v_1}\dfrac{y_1}{y_2}\\ w_2=y_1+y_2\end{cases}$$

可得到唯一的反函数：

$$\begin{cases}y_1=\dfrac{v_1w_1w_2}{v_1w_1+v_2}\\ y_2=\dfrac{v_2w_2}{v_1w_1+v_2}\end{cases}, w_1>0, w_2>0$$

该方程组的 Jacobi 行列式为

$$J=\frac{\partial(y_1,y_2)}{\partial(w_1,w_2)}=$$

$$\begin{vmatrix}\dfrac{\partial y_1}{\partial w_1} & \dfrac{\partial y_1}{\partial w_2}\\ \dfrac{\partial y_2}{\partial w_1} & \dfrac{\partial y_2}{\partial w_2}\end{vmatrix}=\begin{vmatrix}\dfrac{\partial}{\partial w_1}(\dfrac{v_1w_1w_2}{v_1w_1+v_2}) & \dfrac{\partial}{\partial w_2}(\dfrac{v_1w_1w_2}{v_1w_1+v_2})\\ \dfrac{\partial}{\partial w_1}(\dfrac{v_2w_2}{v_1w_1+v_2}) & \dfrac{\partial}{\partial w_2}(\dfrac{v_2w_2}{v_1w_1+v_2})\end{vmatrix}=\begin{vmatrix}\dfrac{v_1v_2w_2}{(v_1w_1+v_2)^2} & \dfrac{v_1w_1}{v_1w_1+v_2}\\ \dfrac{-v_1v_2w_2}{(v_1w_1+v_2)^2} & \dfrac{v_2}{v_1w_1+v_2}\end{vmatrix}=$$

$$\frac{v_1v_2^2w_2}{(v_1w_1+v_2)^3}+\frac{v_1^2v_2w_1w_2}{(v_1w_1+v_2)^3}=\frac{v_1v_2^2w_2+v_1^2v_2w_1w_2}{(v_1w_1+v_2)^3}=\frac{v_1v_2w_2}{(v_1w_1+v_2)^2}$$

根据 Jacobi 行列式可得当 $w_1>0, w_2>0$ 时，(W_1, W_2)的联合概率密度为

$$q(w_1,w_2)=p(y_1(w_1,w_2),y_2(w_1,w_2))\,|J|=$$

$$\frac{1}{2^{(v_1+v_2)/2}\Gamma(v_1/2)\Gamma(v_2/2)}\exp[-\frac{v_1w_1w_2+v_2w_2}{2(v_1w_1+v_2)}](v_1/2-1)\ v_2/2-1\,|J|=$$

$$\frac{1}{2^{(v_1+v_2)/2}\Gamma(v_1/2)\Gamma(v_2/2)}e^{-w_2/2}(v_1/2-1(v_2/2-1\,|J|=$$

$$\frac{(v_1/v_2)^{v_1/2}w_1{}^{(v_1/2)-1}w_2{}^{(v_1+v_2)/2-1}}{2^{(v_1+v_2)/2}\Gamma(v_1/2)\Gamma(v_2/2)\,[1+(v_1w_1/v_2)]^{(v_1+v_2)/2}}e^{-w_2/2}$$

根据 F 分布的定义可知随机变量 W_1 服从第一自由度为 v_1，第二自由度为 v_2 的 F 分布。再利用卡方分布的可加性可得随机变量 W_2 服从自由度为 v_1+v_2 的卡方分布。结合抽样分布理论，W_1 的概率密度函数为

$$p_{W_1}(w_1)=\begin{cases}\dfrac{\Gamma[(v_1+v_2)/2]\,(v_1/v_2)^{v_1/2}w_1{}^{(v_1/2)-1}}{\Gamma(v_1/2)\Gamma(v_2/2)\,[1+(v_1w_1/v_2)]^{(v_1+v_2)/2}}, & w_1>0\\ 0, & 其他\end{cases}$$

W_2 的概率密度函数为

$$p_{W2}(w_2)=\begin{cases}\dfrac{1}{2^{(v_1+v_2)/2}\Gamma[(v_1+v_2)/2]}w_2{}^{(v_1+v_2)/2-1}e^{-w_2/2}, & w_2>0\\ 0, & 其他\end{cases}$$

当 $w_1>0, w_2>0$ 时，随机变量 W_1 和 W_2 概率密度函数之积为

$$p_{W1}(w_1)p_{W2}(w_2)=$$

$$\frac{\Gamma[(v_1+v_2)/2](v_1/v_2)^{v_1/2}w_1^{(v_1/2)-1}}{\Gamma(v_1/2)\Gamma(v_2/2)[1+(v_1w_1/v_2)]^{(v_1+v_2)/2}}\frac{1}{2^{(v_1+v_2)/2}\Gamma[(v_1+v_2)/2]}w_2^{(v_1+v_2)/2-1}e^{-w_2/2}=$$

$$\frac{(v_1/v_2)^{v_1/2}w_1^{(v_1/2)-1}w_2^{(v_1+v_2)/2-1}}{2^{(v_1+v_2)/2}\Gamma(v_1/2)\Gamma(v_2/2)[1+(v_1w_1/v_2)]^{(v_1+v_2)/2}}e^{-w_2/2}$$

即 $w_1>0, w_2>0$ 时，等式 $q(w_1,w_2)=p_{W1}(w_1)p_{W2}(w_2)$ 成立；显然，对于 w_1 和 w_2 的其他取值，该等式依旧成立。

因此，W_1 和 W_2 相互独立，进而 Y_1/Y_2 与 Y_1+Y_2 相互独立，引理 5-3 得证。

引理 5-4：如果 Y_1,Y_2,Y_3 为随机变量，且分别服从自由度为 v_1,v_2,v_3 的卡方分布，则

$$W_1=\frac{v_2Y_1}{v_1Y_2},\quad W_2=\frac{v_1+v_2}{v_3}\frac{Y_3}{Y_1+Y_2}$$

为相互独立的随机变量，且 W_1 服从第一自由度为 v_1，第二自由度为 v_2 的 F 分布；W_2 服从第一自由度为 v_3，第二自由度为 v_1+v_2 的 F 分布。

证明：利用 F 分布的定义以及卡方分布的可加性，很显然，W_1 服从第一自由度为 v_1，第二自由度为 v_2 的 F 分布；W_2 服从第一自由度为 v_3，第二自由度为 v_1+v_2 的 F 分布。

再根据引理 5-3 的结论可知，W_1 与 Y_1+Y_2 相互独立。又因为 W_1 与 Y_3 也相互独立，因此 W_1 同 (Y_1+Y_2) 和 Y_3 构成的函数相互独立，即 W_1 和 W_2 相互独立。引理 5-4 得证。

最后，利用引理 5-4 来证明引理 5-2 成立。

证明：当 $j\neq k$ 时，即统计量 $K_{s,j}^{(r_s)}$ 与 $K_{t,k}^{(r_t)}$ 得自不同类型产品，由于产品工艺参数各批次的样本相互独立，因此 $K_{s,j}^{(r_s)}$ 与 $K_{t,k}^{(r_t)}$ 的独立性自然成立。

当 $j=k$ 时，即 $K_{s,j}^{(r_s)}$ 与 $K_{t,k}^{(r_t)}$ 来自相同类型产品。首先定义：

$$W_1=\frac{(n-1)}{\sigma_j^2}\sum_{h=1}^{r_s-1}S_{\cdot,j}^{2(h)},\quad W_2=\frac{(n-1)}{\sigma_j^2}\sum_{h=r_s}^{r_t-1}S_{\cdot,j}^{2(h)},\quad W_3=\frac{(n-1)}{\sigma_j^2}S_{t,j}^{2(r_t)}$$

显然 W_1,W_2 与 W_3 均服从卡方分布，且 W_1 的自由度为 $v_1=(n-1)(r_s-1)$，W_2 的自由度为 $v_2=(n-1)(r_t-r_s)$，W_3 的自由度为 $v_3=(n-1)$。由样本的独立性可知，W_1,W_2 与 W_3 两两独立，结合引理 5-4 可得 W_2/W_1 与 $W_3/(W_1+W_2)$ 相互独立，且有如下表达式成立：

$$\frac{W_2}{W_1}=\frac{\frac{(n-1)}{\sigma_j^2}\sum_{h=r_s}^{r_t-1}S_{\cdot,j}^{2(h)}}{\frac{(n-1)}{\sigma_j^2}\sum_{h=1}^{r_s-1}S_{\cdot,j}^{2(h)}}=\frac{\frac{1}{r_s-1}[S_{s,j}^2+\sum_{h=r_s+1}^{r_t-1}S_{\cdot,j}^{2(h)}]}{\frac{1}{r_s-1}\sum_{h=1}^{r_s-1}S_{\cdot,j}^{2(h)}}=\frac{1}{r_s-1}\lambda_{s,j}^{(r_s)}+\frac{\sum_{h=r_s+1}^{r_t-1}S_{\cdot,j}^{2(h)}}{\sum_{h=1}^{r_s-1}S_{\cdot,j}^{2(h)}}$$

$$\frac{W_3}{W_1+W_2}=\frac{\frac{(n-1)}{\sigma_j^2}S_{t,j}^{2(r_t)}}{\frac{(n-1)}{\sigma_j^2}\sum_{h=1}^{r_s-1}S_{\cdot,j}^{2(h)}+\frac{(n-1)}{\sigma_j^2}\sum_{h=r_s}^{r_t-1}S_{\cdot,j}^{2(h)}}=\frac{S_{t,j}^{2(r_t)}}{\sum_{h=1}^{r_t-1}S_{\cdot,j}^{2(h)}}=(r_t-1)\lambda_{t,j}^{(r_t)}$$

所以 $\lambda_{s,j}^{(r_s)}$ 与 $\lambda_{t,k}^{(r_t)}$ 相互独立。进而当 $j=k$ 时，按式(5-10)计算的 K 统计量相互独立。

引理 5-2 证毕。

综上，当工艺参数母体标准偏差未知时，按式(5-10)计算的任意两个样本的 K 统计量相互独立。由于按式(5-9)定义的中间变量 $\lambda_{i,j}^{(r)}$ 服从第一自由度为 $(n-1)$，第二自由度为 $(n-$

1)$(r-1)$的 F 分布，所以 K 统计量相互独立且服从 $N(0,1)$，即：各批次样本数据的统计点相互独立且服从标准正态分布。因此可将所有统计点绘到一张控制图中，从而实现对多品种小批量生产过程工艺参数标准偏差的监控。按照"3σ 法"确定控制限，由于 K 统计量服从标准正态分布，因此标准偏差未知时 K 控制图的中心线以及上、下控制限为常量，即

$$\left.\begin{aligned} \mathrm{LCL} &= -3 \\ \mathrm{CL} &= 0 \\ \mathrm{UCL} &= 3 \end{aligned}\right\} \tag{5-11}$$

通过上节及本节的介绍可以发现，在多品种小批量生产模式下，采用 $T-K$ 控制图对设备运行状态进行监控，只要每种类型产品样本数据达到 2 批以上(如果分布参数已知，1 批数据即可)并保证每批产品的样本容量相同且大于 1，根据工艺参数母体分布的均值或标准偏差是否已知，即可通过式(5-2)和式(5-4)、式(5-6)和式(5-10)计算分别计算 T，K 统计量，而后按照式(5-5)、式(5-7)或式(5-11)分别确定 $T-K$ 控制图的控制限，继而实现对多品种小批量生产过程的质量监控。

5.1.4　常规多品种控制图与 $T-K$ 控制图对比

近年来，国内外许多学者提出了多种适用于多品种小批量生产模式质量监控的控制图技术。在实际生产中常用的有 DNOM 控制图、Standardized DNOM 控制图以及 $Z-S$ 控制图。本节将对 $T-K$ 控制图与常规多品种控制图进行适用范围等方面的对比。

1. DNOM 和 Standardized DNOM 控制图

DNOM 控制图的特点是使用简单，其思想易于实际使用者的理解。该控制图的使用前提是：假定生产过程中各类型产品工艺参数标准偏差相同，例如均为 σ，而目标值不同；同时，假设在实际生产中，各类型产品工艺参数母体分布的均值与目标值基本一致。当满足这一前提条件时，对于采集的样本数据进行"观测值-目标值"的残差处理。经过处理后的残差结果服从均值为 0，标准偏差为 σ 的正态分布。继而可采用常规休哈特控制图对残差进行监控，从而达到监控多品种小批量生产过程的目的。事实上，在实际的生产中，"不同类型产品的标准偏差相同"这一前提条件很难满足，这也导致了 DNOM 控制图的适用范围受到限制。如果不同类型产品的标准偏差不同，工艺参数目标值已知且实际工艺参数母体均值与目标值基本一致，但各类型产品的相对偏差相同时，即目标值与各自标准偏差的比值相同，可以采用 Standardized DNOM 控制图。

Standardized DNOM 控制图的基本思想是通过对原始数据进行相对变化率转换，即进行"实际值减目标值后再除以目标值"的操作。不难理解，经过转换后的结果数据相互独立且服从同一个正态分布，进而可采用传统控制图技术对生产过程实施质量控制。Standardized DNOM 控制图尤其适用于监测品种类型繁多，但单一品种产品数较少的生产过程。近 10 多年来，Standardized DNOM 控制图在半导体制造领域得到了广泛应用。以激光调阻工艺为例，在同一生产过程中需要调节的电阻值范围在几欧姆至几百兆欧姆不等，而每种阻值的样本数较少。利用 Standardized DNOM 控制图可以对激光调阻工艺进行很好的质量控制。

遗憾的是，采用 Standardized DNOM 控制图需要满足一个前提条件，即各类型产品工艺参数母体均值与加工目标值相同或基本一致。然而，由于随机误差的存在，工艺参数均值与目标值之间通常存在不超过 1.5 倍标准偏差的偏离。一旦各类产品工艺参数实际均值与加工目

标值不完全相同，将导致 Standardized DNOM 控制图的检测性能降低，本节将以仿真的方式说明这一问题。假设在激光调阻工艺中需要调节三种类型的电阻 R_1，R_2，R_3，阻值分别为 1Ω，100Ω 和 500Ω，三种产品具有相同的相对偏差。实际阻值分别服从正态分布，$R_1 \sim N(9.9, 0.1^2)$，$R_2 \sim N(101, 1)$，$R_3 \sim N(507.5, 5^2)$。设每批数据样本容量为 5，随机产生 25 批满足上述要求的数据，见表 5-3。

对表 5-3 中的数据分别采用 Standardized DNOM 控制图以及 $T-K$ 控制图分析，结果如图 5-1 所示。理论上，这 25 批数据均处于受控状态，进行过程控制分析时控制图中不应出现失控点。然而，Standardized DNOM 控制图对第 6 批数据做出了错误判断。相反地，$T-K$ 控制图做给出了正确的分析结果。

表 5-3 电阻 R_1，R_2，R_3 的模拟数据 单位：Ω

序号	样本 1	样本 2	样本 3	样本 4	样本 5	产品类型
1	506.28	507.09	504.50	512.30	502.21	R_3
2	508.96	501.76	498.53	516.06	497.70	R_3
3	515.44	511.11	503.06	496.81	501.46	R_3
4	102.44	100.14	99.89	101.55	101.75	R_2
5	99.29	102.09	101.37	99.51	99.60	R_2
6	9.86	9.89	9.97	9.87	9.61	R_1
7	9.93	10.20	10.04	10.00	9.79	R_1
8	503.48	520.43	508.00	503.30	522.04	R_3
9	508.49	508.02	511.70	506.53	506.51	R_3
10	510.98	504.17	504.78	514.27	511.63	R_3
11	9.95	9.93	9.97	9.78	9.93	R_1
12	9.77	9.97	10.04	9.97	9.82	R_1
13	101.32	101.08	99.91	103.35	100.82	R_2
14	514.60	501.67	505.31	511.20	514.68	R_3
15	511.68	508.44	509.02	502.14	514.39	R_3
16	9.67	10.18	9.89	10.06	9.99	R_1
17	101.31	99.79	101.03	100.38	100.80	R_2
18	102.37	101.63	100.23	101.09	100.24	R_2
19	100.25	100.84	102.53	102.54	101.89	R_2
20	100.76	100.14	102.12	99.94	101.49	R_2
21	10.08	10.26	9.88	9.97	9.82	R_1

续表

序号	样本 1	样本 2	样本 3	样本 4	样本 5	产品类型
22	100.90	102.11	100.77	100.26	99.58	R_2
23	101.33	100.97	100.99	102.10	100.81	R_2
24	508.58	497.83	509.95	508.12	505.16	R_3
25	9.99	9.77	10.05	9.95	9.79	R_1

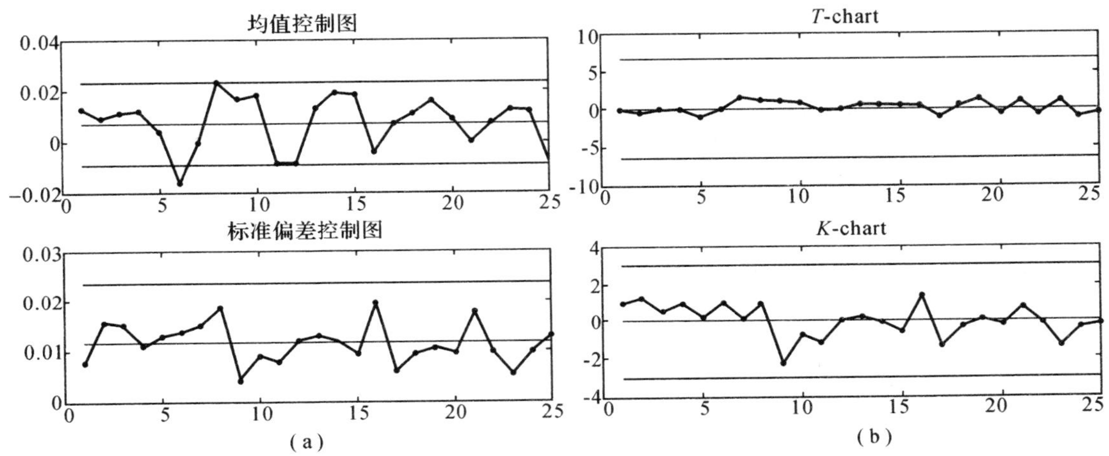

图 5-1 Standardized DNOM 控制图与 $T-K$ 控制图对比(横坐标为批次)

(a) Standardized DNOM 控制图分析结果;(b) $T-K$ 控制图分析结果

2. $Z-S$ 控制图

在多品种小批量生产模式下,另一种广泛使用的控制图技术是 $Z-S$ 控制图。其基本原理是将各类型产品的工艺参数数据进行标准化处理,即将原始数据转化为服从标准正态分布的结果数据,然后利用休哈特控制图对结果数据进行 SPC 分析。该方法的优点是思路清晰且方便计算控制限。这是由于经过转化后的结果数据服从标准正态分布,而控制图通常采用正负 3σ 控制限,如果每批样本容量为 n,则 $Z-S$ 图的控制限为 $\pm 3/\sqrt{n}$,中心线为 0。与 $T-K$ 控制图相比,该方法的缺点是需要经历第一阶段分析用控制图阶段对工艺参数母体进行参数估计。在第 5.1.1 节中已经介绍,为保证参数估计的准确性,每种产品至少需要 100~125 个样本点。然而,在多品种小批量生产模式下,通常难以满足该数据量的要求。如果用较少的数据进行参数估计,会直接影响参数母体标准偏差的估计精度,这将导致 $Z-S$ 图的监控性能降低。此处采取仿真的方式对比 $Z-S$ 控制图与 $T-K$ 控制图的性能。以集成电路制造中的键合工艺为例。设在某键合工艺过程中采用了 3 种不同型号的键合丝,$\varphi 30$,$\varphi 50$ 和 $\varphi 80$。三种键合丝的拉力强度分别服从正态分布 $N(8, 1)$,$N(12, 1.2^2)$和 $N(15, 1.5^2)$。设每批数据样本容量为 5,用于分析用控制图阶段的 25 批数据见表 5-4。

表 5－4　$\varphi30$,$\varphi50$ 和 $\varphi80$ 键合丝拉力强度的模拟数据

序号	样本 1	样本 2	样本 3	样本 4	样本 5	产品类型
1	15.930	14.012	14.614	15.007	14.457	$\varphi80$
2	14.142	12.626	14.019	11.707	11.562	$\varphi50$
3	15.262	11.479	15.454	16.616	14.730	$\varphi80$
4	7.704	8.272	7.699	7.925	7.774	$\varphi30$
5	15.176	12.329	18.655	16.487	13.862	$\varphi80$
6	12.633	11.990	11.421	10.553	10.944	$\varphi50$
7	15.051	14.071	14.707	14.153	15.618	$\varphi80$
8	15.897	15.914	14.144	16.695	15.325	$\varphi80$
9	8.194	8.564	9.490	7.500	7.527	$\varphi30$
10	8.358	10.729	7.972	9.337	8.810	$\varphi30$
11	7.635	7.210	7.679	8.054	6.994	$\varphi30$
12	7.585	9.583	9.437	8.716	10.184	$\varphi30$
13	14.570	14.054	16.124	15.655	15.092	$\varphi80$
14	8.221	6.680	9.915	7.367	8.520	$\varphi30$
15	14.677	12.430	15.087	16.165	14.688	$\varphi80$
16	10.792	12.608	11.722	12.520	11.615	$\varphi50$
17	16.922	15.061	12.366	15.592	15.222	$\varphi80$
18	11.514	11.635	12.476	12.682	11.737	$\varphi50$
19	13.307	13.444	12.736	11.889	11.059	$\varphi50$
20	15.687	13.920	14.924	16.352	15.821	$\varphi80$
21	14.771	14.644	14.139	11.610	16.345	$\varphi80$
22	8.036	8.304	8.924	10.126	8.716	$\varphi30$
23	14.632	16.174	15.741	15.231	12.903	$\varphi80$
24	9.771	8.803	8.661	8.163	8.434	$\varphi30$
25	10.730	7.726	8.157	9.612	6.908	$\varphi30$
26	13.400	14.668	13.309	12.945	12.441	$\varphi50$

分别对 $\varphi30$,$\varphi50$ 和 $\varphi80$ 三种型号键合丝的拉力强度样本数据进行参数估计。经计算，$\varphi30$ 型号拉力强度均值为 8.460，标准偏差为 0.859；$\varphi50$ 型号均值为 12.133，标准偏差为 0.868；$\varphi80$ 型号均值为 14.950，标准偏差为 1.314。采用 $Z-S$ 方法建立分析用控制图如图

5－2(a)所示。这 25 批数据均处于受控状态，该结果与实际情况一致。此时，控制图进入第二阶段控制用控制图阶段。设生产过程仍处于受控状态，第 26 批产品型号为 φ50，样本数据见表 5－4。当计算第 26 批数据在 $Z-S$ 图上的统计点时，需将原始数据进行标准化处理，即(测量值 － 12.133)/ 0.868。而后即可利用 $Z-S$ 控制图对第 26 批产品进行监控，结果如图 5－2(b)所示。

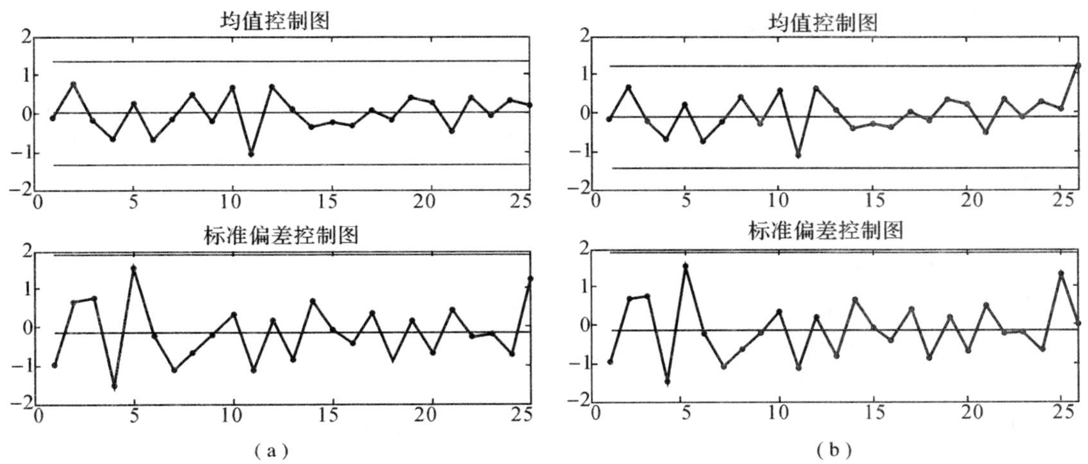

图 5－2　$Z-S$ 控制图分析结果(横坐标为批次)

(a)第一阶段 $Z-S$ 控制图；(b) 第二阶段 $Z-S$ 控制图

在第二阶段，$Z-S$ 控制图对第 26 批数据作出了失控判断。其原因在于：第 26 批产品型号为 φ50，而前 25 批数据当中，φ50 批次数较少，导致了对该型号产品参数母体标准偏差的估计误差较大(理论值为 1.2，估计值为 0.868)。这将导致在标准化处理时，转换后的结果会大于真实值，即便生产过程处于受控状态，$Z-S$ 控制图也容易给出误判结果。

对于同样的数据，$T-K$ 控制图则给出了正确的分析结果，如图 5－3 所示。

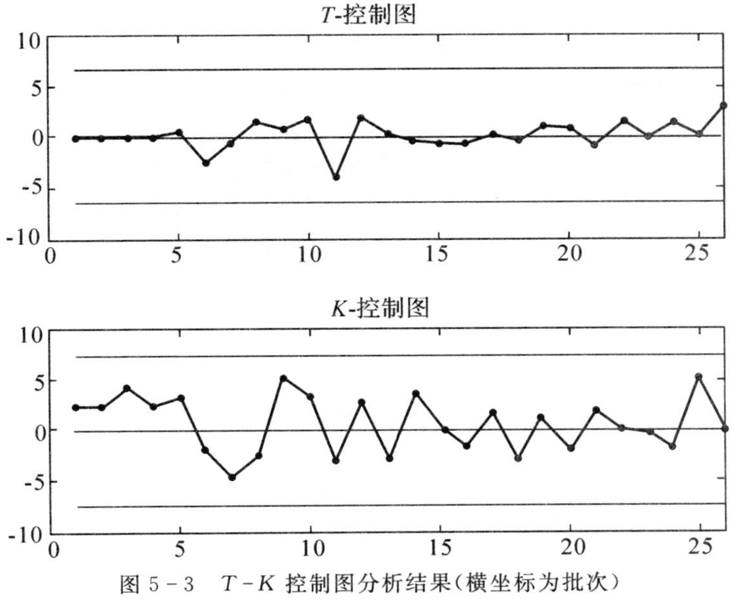

图 5－3　$T-K$ 控制图分析结果(横坐标为批次)

5.1.5 $T-K$ 控制图应用示例

本节通过仿真示例及实际案例，介绍 $T-K$ 控制图的使用方法，并验证 $T-K$ 控制图的有效性。

示例 1

通过仿真方式验证 $T-K$ 控制图检测过程均值失控的能力。利用随机数发生器产生 25 批数据，每批 5 个样本，假设这 25 批数据由两种类型的产品 A，B 构成，分别服从正态分布 $N(10,0.1^2)$和 $N(20,0.5^2)$，产生随机数时每批样本的产品类型以等概率随机确定。设第 1 至 15 批数据处于受控状态，从第 16 批数据开始，两种产品的均值发生 3 倍标准偏差的偏移，而标准偏差未发生变化，即 A 类型产品参数服从 $N(10.3,0.1^2)$，B 类型产品参数服从 $N(21.5,0.5^2)$，详细样本数据见表 5-5。

由于每批样本容量 $n=5$，根据式(5-5)可得 T 控制图上、下控制限分别为 $UCL_t=6.22$ 及 $LCL_t=-6.22$。随着生产过程的进行，计算各批数据的 T，K 统计量。

对于 T 统计量的计算，由于第 1 批及第 4 批分别为品种 A 和品种 B 产品的首批数据，如表 5-5，因此这两批数据的 T 统计量为 0。而 T_2 及其他的 T_i 统计量，计算步骤如下：

步骤 1：利用式(5-1)计算该批数据样本均值 $\overline{X}_{2,A}$ 及标准偏差 $S_{2,A}$；

步骤 2：利用式(5-3)计算品种 A 的前 $r-1$ 批数据的样本均值 $\overline{\overline{X}}_A^{r-1}$。此处，$r=2$，$\overline{\overline{X}}_A^{r-1}$ 即是第 1 批数据的样本均值；

步骤 3：将 $\overline{X}_{2,A}$，$S_{2,A}$ 及 $\overline{\overline{X}}_A^{r-1}$ 计算结果代入式(5-4)可得 $T_2=1.347$；

步骤 4：采用相同的过程，计算得出其余批次工艺参数样本数据的 T 统计量结果。

K 统计量的计算过程与上述步骤类似，此处不再赘述。各批次样本数据的样本均值、样本标准偏差以及 T 统计量和 K 统计量的计算结果见表 5-5。

利用 $T-K$ 控制图对这 25 批数据进行分析，结果如图 5-4 所示。理论上第 1 至第 15 批数据处于受控状态，无论是 A 类型产品还是 B 类型产品，均值及标准偏差均未发生波动，因此在 $T-K$ 控制图中前 15 批数据不应出现失控点。从第 16 批数据开始，由于“异常因素的出现”，导致参数均值发生偏移而标准偏差保持不变。因此，从第 16 批数据起 T 控制图出现超过上控制线的失控点，而 K 控制图所有统计点一直处于受控状态。

表 5-5 示例 1 原始数据及计算结果

批次	1	2	3	4	5	类型	样本均值	样本标准偏差	T 统计量	K 统计量
1	9.852	9.982	9.928	10.040	10.152	A	9.991	0.114	0.000	1.000
2	10.016	10.005	10.053	10.147	9.997	A	10.043	0.062	1.347	−1.115
3	10.082	9.994	9.974	9.967	10.164	A	10.036	0.085	0.411	−0.069
4	20.306	19.680	20.201	20.286	19.846	B	20.064	0.284	0.000	1.000
5	19.973	20.904	20.471	20.206	19.934	B	20.298	0.401	0.922	0.647
6	19.441	19.460	20.150	19.507	20.298	B	19.771	0.417	−1.792	0.511

续表

批次	1	2	3	4	5	类型	样本均值	样本标准偏差	T 统计量	K 统计量
7	9.946	10.011	10.059	10.055	10.059	A	10.026	0.049	0.103	−1.129
8	9.969	10.181	9.781	9.895	9.994	A	9.964	0.147	−0.816	1.770
9	9.890	10.031	9.867	10.040	9.798	A	9.925	0.106	−1.666	0.384
10	19.687	20.100	19.813	20.380	20.523	B	20.101	0.357	0.306	0.041
11	20.125	19.239	20.408	19.671	19.901	B	19.869	0.445	−0.851	0.640
12	19.503	19.638	20.399	19.698	20.164	B	19.881	0.382	−0.747	0.155
13	20.487	19.703	20.060	20.088	19.881	B	20.044	0.292	0.333	−0.473
14	9.971	10.061	10.060	10.081	9.957	A	10.026	0.057	1.030	−1.046
15	9.951	10.180	9.856	9.925	9.902	A	9.963	0.127	−0.643	1.003
16	10.323	10.309	10.391	10.329	10.183	A	10.307	0.076	8.609	−0.449
17	10.344	10.473	10.387	10.311	10.115	A	10.326	0.133	5.225	1.104
18	10.238	10.239	10.292	10.344	10.186	A	10.260	0.060	7.989	−0.991
19	10.327	10.226	10.390	10.310	10.191	A	10.289	0.080	6.763	−0.296
20	10.360	10.125	10.318	10.579	10.257	A	10.328	0.166	3.761	1.893
21	21.416	22.389	20.582	21.246	20.889	B	21.304	0.687	3.961	2.014
22	21.391	22.112	21.533	21.618	21.658	B	21.662	0.271	11.630	−0.849
23	21.771	20.858	21.518	21.623	20.829	B	21.320	0.444	5.476	0.410
24	21.695	20.336	22.614	21.535	20.984	B	21.433	0.848	2.846	2.498
25	21.876	21.951	21.465	21.196	22.166	B	21.731	0.392	7.188	−0.252

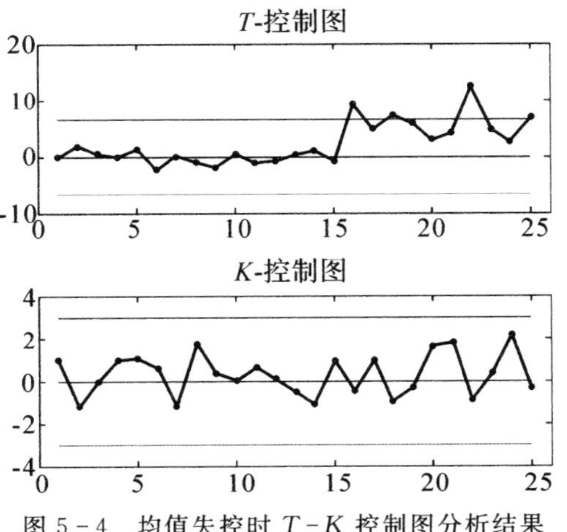

图 5－4　均值失控时 $T-K$ 控制图分析结果

示例 2

利用仿真方式验证 $T-K$ 控制图检测过程标准偏差失控的能力。验证过程与示例 1 类似，详细数据见表 5-6。利用随机数发生器产生 25 批数据，每批 5 个样本，这 25 批数据由两种类型的产品 A,B 构成，分别服从正态分布 $N(10,0.1^2)$ 和 $N(20,0.5^2)$，假设第 1 至 15 批数据处于受控状态，从第 16 批数据开始，两种产品的标准偏差出现异常扩大为原来的 3 倍，而均值未发生变化，即 A 类型产品参数服从 $N(10,0.3^2)$，B 类型产品参数服从 $N(20,1.5^2)$。采用 $T-K$ 控制图分析这 25 批数据，结果如图 5-5 所示。理论上这 25 批数据均值未发生偏移，因此在 T 控制图上不应出现失控点。而从第 16 批开始，“生产过程出现异常原因”导致工艺参数标准偏差发生偏移，因此 K 控制图上出现失控点。

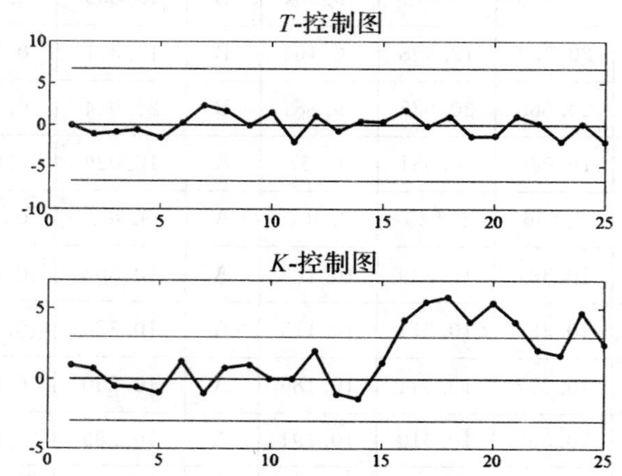

图 5-5　标准偏差失控时 $T-K$ 控制图分析结果(横坐标为批次)

表 5-6　示例 2 原始数据及计算结果

批次	1	2	3	4	5	类型	样本均值	样本标准偏差	T 统计量	K 统计量
1	10.073	9.957	10.046	10.165	10.029	A	10.054	0.075	0.000	1.000
2	10.049	10.064	9.972	9.797	10.040	A	9.984	0.110	−0.996	0.710
3	9.941	10.079	10.044	9.955	9.913	A	9.987	0.071	−0.840	−0.507
4	10.074	9.910	9.987	10.024	9.950	A	9.989	0.064	−0.586	−0.574
5	9.917	10.016	9.998	9.916	9.989	A	9.967	0.047	−1.533	−1.050
6	10.057	10.160	10.046	9.872	9.931	A	10.013	0.113	0.307	1.241
7	10.028	10.011	10.136	10.062	10.033	A	10.054	0.049	2.304	−1.007
8	10.114	9.969	10.045	10.061	10.237	A	10.085	0.099	1.647	0.794
9	19.759	20.256	19.427	20.123	19.252	B	19.763	0.432	0.000	1.000
10	20.324	20.006	20.276	20.736	19.548	B	20.178	0.439	1.495	0.027
11	19.483	19.978	19.462	18.862	19.798	B	19.517	0.425	−1.948	0.049

续表

批次	1	2	3	4	5	类型	样本均值	样本标准偏差	T 统计量	K 统计量
12	20.670	21.475	20.515	19.183	19.637	B	20.296	0.901	1.024	2.034
13	19.515	19.685	20.164	20.208	19.567	B	19.828	0.333	−0.665	−1.072
14	20.104	19.977	20.326	19.673	19.789	B	19.974	0.258	0.455	−1.418
15	19.691	21.342	19.861	19.852	19.529	B	20.055	0.732	0.365	1.197
16	10.403	9.814	10.190	10.285	10.507	A	10.240	0.266	1.766	4.159
17	9.703	10.280	9.562	10.215	10.385	A	10.029	0.370	−0.071	5.471
18	10.545	10.317	9.825	10.686	9.825	A	10.240	0.401	1.061	5.782
19	9.888	10.048	9.451	10.050	10.067	A	9.901	0.262	−1.289	4.090
20	9.564	10.086	9.865	9.353	10.234	A	9.821	0.363	−1.330	5.394
21	17.728	20.673	21.290	21.719	22.138	B	20.710	1.752	0.913	4.019
22	21.539	20.001	20.100	20.272	18.659	B	20.114	1.023	0.153	2.071
23	18.863	18.866	17.541	20.081	20.057	B	19.081	1.051	−1.951	1.737
24	23.118	20.606	16.363	21.032	19.455	B	20.115	2.480	0.140	4.728
25	16.667	18.809	19.574	17.910	20.224	B	18.637	1.400	−2.034	2.449

示例 3

本例利用 $T-K$ 控制图对实际生产中工艺过程的运行状态进行质量监控。在某企业半导体制造的键合工序中，采用的键合丝有 2 个品种，型号分别 $\varphi30$ 和 $\varphi50$。实际测试数据及详细计算结果见表 5－7。在正常生产过程中，共监控了 25 批数据，每批 5 个样本，采用 $T-K$ 控制图进行 SPC 分析，结果如图 5－6 所示。分析结果表明，键合工艺过程处于统计受控状态。

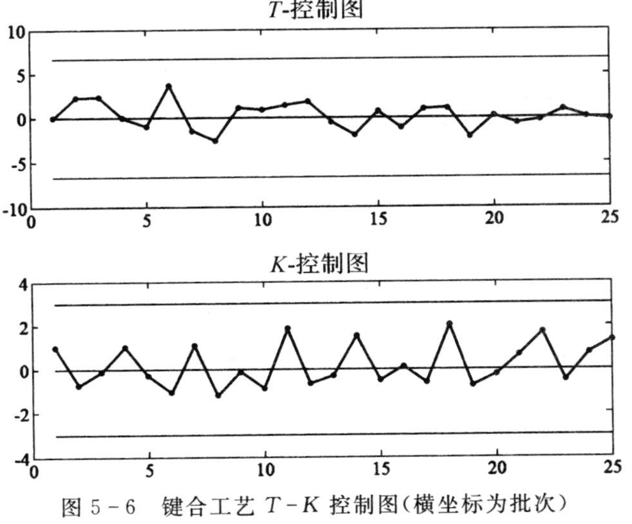

图 5－6　键合工艺 $T-K$ 控制图(横坐标为批次)

表 5－7　示例 3 原始数据及计算结果

批次	1	2	3	4	5	类型	样本均值	样本 标准偏差	T 统计量	K 统计量
1	9.91	9.16	9.66	10.13	11.97	φ30	10.17	1.07	0.00	1.000
2	12.22	11.07	10.65	10.47	11.71	φ30	11.22	0.73	2.28	−0.705
3	12.78	11.25	12.03	12.14	10.64	φ30	11.77	0.83	2.35	−0.115
4	21.43	25.81	24.78	26.97	25.27	φ50	24.85	2.08	0.00	1.000
5	24.36	22.74	25.88	24.48	21.3	φ50	23.75	1.77	−0.99	−0.307
6	26.87	24.69	27.59	26.52	27.05	φ50	26.54	1.11	3.70	−1.041
7	25.41	23.83	20.41	20.75	25.39	φ50	23.16	2.44	−1.50	1.042
8	10.57	11.07	9.97	9.96	10.59	φ30	10.43	0.47	−2.55	−1.202
9	11.39	10.49	11.9	11.98	10.57	φ30	11.27	0.71	1.04	−0.145
10	11.75	11.24	10.7	10.7	11.65	φ30	11.21	0.50	0.96	−0.851
11	30.44	29.65	22.94	23.6	28.15	φ50	26.96	3.47	1.37	1.779
12	11.9	11.32	10.79	11.18	12.03	φ30	11.44	0.52	1.74	−0.684
13	26.1	26.41	22.74	22.44	25.32	φ50	24.60	1.88	−0.49	−0.317
14	8.67	9.78	11.63	10.48	9.4	φ30	9.99	1.13	−2.01	1.479
15	24.37	27.2	24.29	27.35	23.88	φ50	25.42	1.71	0.53	−0.472
16	23.6	20.49	25.48	25.8	24.28	φ50	23.93	2.12	−1.10	0.124
17	11.54	10.93	10.86	10.59	11.95	φ30	11.17	0.56	0.90	−0.619
18	10.78	13.23	10.58	10.56	13	φ30	11.63	1.36	1.04	1.982
19	21.5	25.28	24.28	22.73	23.36	φ50	23.43	1.45	−2.15	−0.757
20	10.83	11.04	12.33	10.73	10.56	φ30	11.10	0.71	0.20	−0.217
21	24.95	23.04	21.33	22.81	27.82	φ50	23.99	2.50	−0.64	0.678
22	18.76	25.26	25.84	23.57	27.94	φ50	24.27	3.46	−0.24	1.640
23	27.85	23.49	24.76	24.22	26.19	φ50	25.30	1.73	0.83	−0.481
24	9.72	10.39	12.01	11.97	11.42	φ30	11.10	1.01	0.14	0.768
25	21.99	25.21	22.36	29.69	22.45	φ50	24.34	3.26	−0.23	1.299

5.2　$T-K$ 控制图性能分析

统计过程控制技术的基本出发点是根据"小概率事件不可能发生"的原理。也就是说，控制图技术实际上是基于概率论通过一种特殊的假设检验来判断生产过程的运行状态。因此，衡量控制图的性能应当从两方面考虑：一是当过程统计受控时，控制图做出误判的概率大小；二是当过程失控时，控制图是否能及时检测出异常因素。评价控制图的性能常用的方法有两种：一种是 OC 特性曲线法，另一种是计算平均运行长度(Average Run Length，ARL)，其中以平均运行长度的使用最为广泛。本节首先介绍平均运行长度的概念、意义及计算方法，其次阐述 T 控制图和 K 控制图的 ARL 性能，self - starting 控制图的缺陷以及改进方法。

5.2.1　平均运行长度

1. 平均运行长度的概念

平均运行长度 ARL 是评价控制图性能最常用的指标，在数学定义上它是运行长度(Run Length，RL)的期望值。运行长度包括两方面含义：当工艺过程受控时，RL 表示控制图从建立到出现"第一个"被误判的失控点，所绘制的统计点数量；当工艺过程失控时，运行长度是指从发生失控开始到做出失控警报，控制图所需要的统计点数量。任意一个控制图的运行长度是一个随机变量，它的分布由控制图类型决定，如传统休哈特均值控制图的运行长度服从几何分布。按运行长度的定义，平均运行长度 ARL 也分成两类。一种是受控平均运行长度，记作 ARL_0，它表示工艺过程受控时，控制图从建图到第一次发出误判的"失控"信号所需统计点个数的平均值；另一种是失控平均运行长度，记作 ARL_1，它表示过程出现异常原因后，控制图发出失控信号所需统计点个数的平均值。实际上，受控平均运行长度反映了过程受控时控制图的稳定性，失控平均运行长度则代表了过程失控时控制图检测异常因素的能力。很显然，一个"好的"控制图的标准是工艺受控时的平均运行长度尽可能大，而当工艺失控时的平均运行长度应尽可能小。

通常，ARL_0 的计算从控制图的第一点开始，而 ARL_1 的计算从出现异常原因的位置开始。到目前为止，关于各种控制图 ARL 的计算大致有三种方法：马尔可夫链法、积分方程法和随机模拟法。马尔可夫链方法的主要思想就是把检测统计量近似成一个状态有限的马尔可夫链，而把统计量的各个取值区间对应成马尔可夫链的各个状态空间，然后写出一步转移概率矩阵。得到一步转移概率矩阵后，则可根据马尔可夫链的性质去研究 ARL 的各种性质。积分方程法通过近似求解线性方程组得出控制图的平均运行长度，该方法常用于计算 CUSUM 控制图的 ARL。模拟仿真法通过数次仿真，模拟控制图的运行过程，记录每次运行时的运行长度 RL 值，最终求得控制图的平均运行长度。根据大数定律和中心极限定理，通过仿真得出的 ARL 结果近似为平均运行长度的真实值。这三种方法中，模拟仿真是最直接、最简单的计算方式，但计算时间相对较长。而积分方程法则最为复杂，计算也相对困难。马尔可夫链法则是理论推导 ARL 时最常用的方法。

2. 传统控制图的平均运行长度

传统休哈特均值控制图是最早被提出的控制图技术，它具备了控制图的一般特点。为便于读者对下一节 T 控制图 ARL 推导过程的理解，此处以休哈特均值控制图为例对 ARL 的计算方法做简单介绍。假设工艺参数 X 服从均值为 μ 标准偏差为 σ 的正态分布，每批数据样本容量为 n。依照中心极限定理，均值控制图的统计量 $\overline{X}$ 服从均值为 μ 标准偏差为 $\sigma/\sqrt{n}$ 的正态分布。设第一类错误概率为 α，即当工艺受控时，控制图给出误判的“失控”信号的概率为 α，若采用“3σ 法”确定控制限 α 取值为 0.002 7；设第二类错误概率为 β，即工艺过程失控时，控制图做出受控判断的概率，β 的值与均值失控时的偏移程度有关。假设由于异常因素的影响，导致工艺参数均值发生 $\delta\sigma$ 大小的偏移，均值控制图中 $\overline{X}$ 统计量的分布情况如图 5－7 所示。

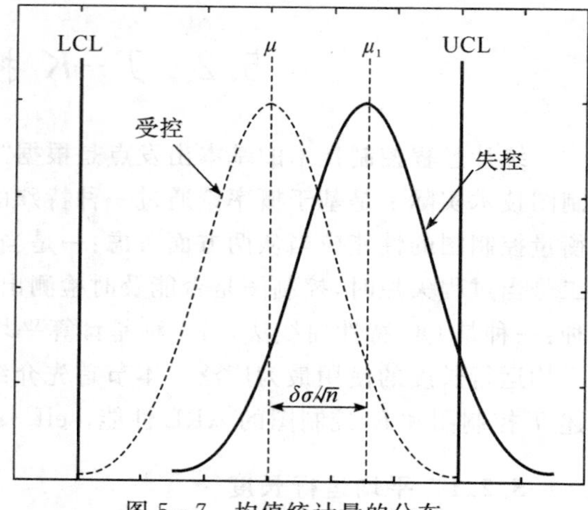

图 5－7　均值统计量的分布

按照 α 和 β 的定义，结合图 5－7 有如下表达式成立：

$$\alpha = 1 - \left[\Phi\left(\frac{\mathrm{UCL}-\mu}{\sigma/\sqrt{n}}\right) - \Phi\left(\frac{\mathrm{LCL}-\mu}{\sigma/\sqrt{n}}\right)\right]$$

$$\beta = \Phi\left[\frac{\mathrm{UCL}-(\mu+\delta\sigma)}{\sigma/\sqrt{n}}\right] - \Phi\left[\frac{\mathrm{LCL}-(\mu+\delta\sigma)}{\sigma/\sqrt{n}}\right]$$

其中 Φ 表示标准正态分布的累积分布密度函数。由于各批次样本数相互独立，因此当工艺受控时，均值控制图对每批样本做出误判的概率相同，即每个统计点超出控制限的概率相同，均为 α。因此运行长度 RL 取值为 n 的概率为

$$P\{\mathrm{RL}=n\} = (1-\alpha)^{n-1}\alpha, \quad n = 1, 2, \cdots$$

显然 RL 服从几何分布。所以，RL 的期望，即均值控制图的受控平均运行长度 ARL_0 为

$$\mathrm{ARL}_0 = E[\mathrm{RL}] = \frac{1}{\alpha} \tag{5-12}$$

同理，当过程失控时，均值控制图对每个统计点给出“受控”结论的概率也相同，均为 β。随机变量 RL 同样服从几何分布，失控平均运行长度 ARL_1 为

$$\mathrm{ARL}_1 = \frac{1}{1-\beta} \tag{5-13}$$

下一节将采用类似的思路计算 T 控制图的平均运行长度，并利用模拟仿真法对该结果进行了验证。此外，从上述计算过程不难发现，若要提升控制图的性能，最直接手段就是降低第一类错误概率 α 和第二类错误概率为 β。而 α 的取值由控制限的计算方式决定，一般取固定值 0.002 7。因此，对控制图性能的优化无非就是采取改进策略，以达到降低第二类错误概率、提升控制图检测能力的目的。

5.2.2　T 控制图性能分析

本节叙述“工艺参数母体均值已知”及“工艺参数母体均值未知”情况下 T 控制图的运行长度 RL 分布和平均运行长度 ARL。设工艺过程统计受控时，第 j 种类型产品工艺参数母体的均值为 μ_j。

1. 工艺参数母体均值已知

当工艺过程受控时，按式(5-2)构建的 T 统计量相互独立且服从 t 分布。依据 5.1.2 节 T 控制图的建立过程，各批次样本的 T 统计量超出控制限的概率均为 α。与传统休哈特均值控制图平均运行长度的计算过程相同，多品种小批量 T 控制图的运行长度 RL 服从几何分布，因此 ARL_0 的计算表达式仍采用式(5-13)。

如果生产过程出现异常因素，导致工艺参数母体均值发生 $\delta\sigma$ 大小的偏移，失控后工艺参数母体均值为 $\tilde{\mu}_j = \mu_j + \delta\sigma_j$，此时 T 统计量等价为

$$T_{i,j} = \frac{\overline{X}_{i,j} - \mu_j}{S_{i,j}/\sqrt{n}} = \frac{Z + \delta\sqrt{n}}{\sqrt{\dfrac{V}{n-1}}}$$

其中，$Z \sim N(0,1)$ 服从标准正态分布，$V \sim \chi^2_{n-1}$ 服从自由度为 $n-1$ 的卡方分布。因此，当均值失控时，$T_{i,j}$ 服从自由度为 $n-1$ 非中心参数为 $\delta\sqrt{n}$ 的非中心 t 分布，参照 5.2.2 节均值控制图第二类错误概率的计算方法，多品种小批量 T 控制图第二类错误概率 β 为

$$\beta = G_t(\mathrm{UCL}_t \mid n-1, \delta\sqrt{n}) - G_t(\mathrm{LCL}_t \mid n-1, \delta\sqrt{n})$$

则 T 控制图的失控平均运行长度为

$$\mathrm{ARL}_1 = \frac{1}{1 - G_t(\mathrm{UCL}_t \mid n-1, \delta\sqrt{n}) + G_t(\mathrm{LCL}_t \mid n-1, \delta\sqrt{n})}$$

其中，$G_t(\mid n-1, \xi)$ 表示自由度为 $n-1$、非中心参数为 ξ 的非中心 t 分布的累计分布函数。

2. 工艺参数母体均值未知

(1)运行长度 RL 的分布模型。如果产品工艺参数均值未知，应按式(5-4)构建 T 统计量。在受控状态下 T 统计量相互独立且服从 t 分布，各统计点超过控制限的概率均为 α，受控运行长度仍服从几何分布，因此 ARL_0 仍按式(5-12)计算。

当工艺过程失控，定义 Pr_i 表示第 i 个统计量 T_i 超出控制限的概率，即

$$\begin{aligned} Pr_i &= 1 - Pr(\mathrm{LCL} < T_i < \mathrm{UCL}) = \\ &1 - F_i(\mathrm{UCL}) + F_i(\mathrm{LCL}) \end{aligned} \tag{5-14}$$

其中，$F_i(y)$ 表示统计量 T_i 在 y 位置的累积分布函数值。如果能够确定出现异常原因后各统计点超出控制限的概率即可获得运行长度的分布，继而求得 T 控制图的失控平均运行长度 ARL_1。假设共生产 P 种产品，每批产品的种类以相同概率随机确定，从第 $m+1$ 批产品开始出现异常原因导致工艺参数均值相对于 μ_j 出现 δ 倍标准偏差($\delta\sigma_j$)的偏移。如果能够得出失控后每一点超过控制限的概率，即 Pr_{m+1}，Pr_{m+2}，…，则利用该概率值即可计算失控平均运行长度 ARL_1。

在分析多品种小批量 t 控制图的性能时，假定失控发生前各品种产品均已生产，且各类型产品批次数分别为 $W_1, \cdots, W_j, \cdots, W_p$，且 $\sum_{j=1}^{P} W_j = m, m \geqslant P$。$W_1, \cdots, W_j, \cdots, W_p$ 服从多项分布，多项分布的概率质量函数(Probability Mass Function，PMF)为

$$f(w_1, \cdots, w_P; m, p_1, \cdots, p_P) = Pr(W_1 = w_1, \cdots, W_P = w_P) =$$

$$\begin{cases} \dfrac{k!}{w_1! \cdots w_P!} p_1^{w_1} \cdots p_P^{w_P}, & \sum_{j=1}^{P} w_j = m \\ 0, & \text{其他} \end{cases}$$

其中 $w_1,\cdots,w_k$ 为非负整数，k 和 P 为正整数，! 表示阶乘。$p_1,\cdots,p_j,\cdots,p_p$ 分别为生产相应类型产品的生产概率，且 $\sum_{j=1}^{P}p_j=1, 0\leqslant p_j\leqslant 1$，此处 $p_1=\cdots=p_p=1/P$。各品种受控数据批次近似为 $v=m/P$。当过程失控后，第 $m+s$ 批数据之前有 $(s-1)$ 批失控数据，其中各类型产品失控批次数分别为 $Y_1,\cdots,Y_j,\cdots,Y_p$，$\sum_{j=1}^{P}Y_j=s-1$，$Y_1,\cdots,Y_j,\cdots,Y_p$ 亦服从多项分布。统计量 $T_{m+s,j}(s=1,2,\cdots)$ 的分子部分为

$$e_{m+s,j}=\sqrt{\frac{n(r-1)}{r}}(\overline{X}_{m+s,j}^{(r)}-\overline{\overline{X}}_j^{(r-1)})=a_{m+s,j}^{(r)}(\overline{X}_{m+s,j}^{(r)}-\overline{\overline{X}}_j^{(r-1)})$$

产品 j 的失控批次数 Y_j 的边缘分布为二项分布，Y_j 的期望为 $u=(s-1)/P$。因此，各类型产品的失控批次数为 $u=(s-1)/P$。由此，$e_{m+s,j}$ 可近似表示为

$$e_{m+s,j}=\sqrt{\frac{n(v+u)}{v+u+1}}(\overline{X}_{m+s,j}^{(v+u+1)}-\overline{\overline{X}}_j^{(v+u)})$$

由于第 j 种产品的样本数据服从正态分布，则 $e_{m+s,j}$ 为正态随机变量的线性组合。因此，$e_{m+s,j}$ 服从正态分布。$e_{m+s,j}$ 的期望为

$$E[e_{m+s,j}]=E[\sqrt{\frac{n(v+u)}{v+u+1}}(\overline{X}_{m+s,j}^{(v+u+1)}-\overline{\overline{X}}_j^{(v+u)})]=\sqrt{\frac{n(v+u)}{v+u+1}}E[\overline{X}_{m+s,j}^{(v+u+1)}-\overline{\overline{X}}_j^{(v+u)}]=$$

$$\sqrt{\frac{n(v+u)}{v+u+1}}E[\overline{X}_{m+s,j}^{(v+u+1)}-\frac{\sum_{h=1}^{v}\overline{X}_{\cdot,j}^{(h)}+\sum_{h=1}^{u}\overline{X}_{\cdot,j}^{(v+h)}}{v+u}]= \tag{5-15}$$

$$\sqrt{\frac{n(v+u)}{v+u+1}}[\mu_j+\delta\sigma_j-\mu_j-\delta\sigma_j\frac{u}{v+u}]=\frac{v\delta\sigma_j\sqrt{n}}{\sqrt{(v+u)(v+u+1)}}=$$

$$\sigma_j\omega_{m+s}$$

其中

$$\omega_{m+s}=\frac{v\delta\sqrt{n}}{\sqrt{(v+u)(v+u+1)}}$$

当 $s=1,2,\cdots$ 时，$e_{m+s,j}$ 的方差为

$$\mathrm{Var}[e_{m+s,j}]=\mathrm{Var}[a_{m+s,j}^{(r)}(\overline{X}_{m+s,j}^{(r)}-\overline{\overline{X}}_j^{(r-1)})]=$$

$$(a_{m+s,j}^{(r)})^2[Var(\overline{X}_{m+s,j}^{(r)})+\mathrm{Var}(\overline{\overline{X}}_j^{(r-1)})]=$$

$$(a_{m+s,j}^{(r)})^2[\sigma_j^2/n+\frac{\sigma_j^2}{n(r-1)}]=$$

$$\sigma_j^2$$

因此，$e_{m+s,j}$ 服从均值为 $\sigma_j\omega_{m+s}$ 标准偏差为 σ_j 的正态分布。统计量 $T_{m+s,j}$ 分母部分为 $S_{m+s,j}$，而 $(n-1)S_{m+s,j}^2$ 服从自由度为 $n-1$ 卡方分布，故均值出现偏移后，T 统计量服从自由度相同但非中心参数不同的非中心 t 分布，非中心参数 ω_{m+s} 由 n,m,s,P 和 δ 共同决定。该结论对于所有 $s=1,2,\cdots$ 均成立，结合式(5-15)有

$$Pr_{m+s}=1-G_t(\mathrm{UCL}\mid n-1,\omega_{m+s})+G_t(\mathrm{LCL}\mid n-1,\omega_{m+s}) \tag{5-16}$$

对于多品种小批量 T 控制图，当工艺过程失控时，有如下引理成立：

引理 5-5：各失控点 $T_{m+s}(s=1,2,\cdots)$ 与受控点 $T_2,T_3,\cdots,T_m$ 相互独立；各失控点 $T_{m+1},T_{m+2},\cdots$ 也相互独立。

证明：根据数理统计理论，按式(5-1)计算的样本均值及样本标准偏差相互独立。因此，

对于任意一个统计量 T_i 其分子与分母相互独立。同时，由于不同批次样本相互独立，那么不同 T 统计量的分母相互独立。因此，为证明统计量 T_i 之间的独立性，仅须证明按式(5-4)表示的统计量 T_i 分子之间相互独立。如果生产过程从第 $m+1$ 批产品开始工艺参数均值发生失控，则：均值失控前，每种产品的受控批次数近似为 $v=m/P$。失控发生后，任意两个 T 统计量 $T_{m+s,j}$ 和 $T_{m+t,k}$，$0<s<t$，其分子分别为 $e_{m+s,j}$ 和 $e_{m+t,k}$。当 $j\neq k$ 时，根据样本独立性可知 T 统计量的分子，即 $e_{m+s,j}$ 和 $e_{m+t,k}$，之间的协方差为 0；当 $j=k$ 时，根据式(5-15) $e_{m+s,j}$ 和 $e_{m+t,k}$ 之间的协方差为

$$
\begin{aligned}
\operatorname{cov}[e_{m+s,j},e_{m+t,j}] &= E[e_{m+s,j}e_{m+t,j}]-E[e_{m+s,j}]E[e_{m+t,j}]= \\
& nE\left\{\sqrt{\frac{(r_s-1)(r_t-1)}{r_sr_t}}[\overline{X}_{m+s,j}^{(r_s)}\overline{X}_{m+t,j}^{(r_t)}-\overline{X}_{m+s,j}^{(r_s)}\overline{\overline{X}}_j^{(r_t-1)}-\right. \\
& \left.\overline{X}_{m+t,j}^{(r_t)}\overline{\overline{X}}_j^{(r_s-1)}+\overline{\overline{X}}_j^{(r_s-1)}\overline{\overline{X}}_j^{(r_t-1)}]\right\}-\sigma_j^2\omega_{m+s}\omega_{m+t}= \\
& n\sqrt{\frac{(v+u_s)(v+u_t)}{(v+u_s+1)(v+u_t+1)}}\left\{(\mu_j+\delta\sigma_j)2-(\mu_j+\delta\sigma_j)(\mu_j+\frac{u_s}{v+u_s}\delta\sigma_j)+\right. \\
& \left.E[\overline{\overline{X}}_j^{(r_s-1)}\overline{\overline{X}}_j^{(r_t-1)}]-E[\overline{X}_{m+s,j}^{(r_s)}\overline{\overline{X}}_j^{(r_t-1)}]\right\}-\sigma_j^2\omega_{m+s}\omega_{m+t}
\end{aligned}
\tag{5-17}
$$

其中

$$
\begin{aligned}
E[\overline{\overline{X}}_j^{(r_s-1)}\overline{\overline{X}}_j^{(r_t-1)}] &= E\left\{\frac{\left[\sum_{h=1}^{v}\overline{X}_{\cdot,j}^{(h)}+\sum_{h=1}^{u_s}\overline{X}_{\cdot,j}^{(v+h)}\right]\left[\sum_{h=1}^{v}\overline{X}_{\cdot,j}^{(h)}+\sum_{h=1}^{u_t}\overline{X}_{\cdot,j}^{(v+h)}\right]}{(v+u_s)(v+u_t)}\right\}= \\
& \frac{E\left[(\sum_{h=1}^{v}\overline{X}_{\cdot,j}^{(h)})^2\right]+E\left[\sum_{h=1}^{v}\overline{X}_{\cdot,j}^{(h)}\sum_{h=1}^{u_t}\overline{X}_{\cdot,j}^{(v+h)}\right]}{(v+u_s)(v+u_t)}+\frac{E\left[\sum_{h=1}^{u_s}\overline{X}_{\cdot,j}^{(v+h)}\sum_{h=1}^{v}\overline{X}_{\cdot,j}^{(h)}\right]+E\left[\sum_{h=1}^{u_s}\overline{X}_{\cdot,j}^{(v+h)}\sum_{h=1}^{u_t}\overline{X}_{\cdot,j}^{(v+h)}\right]}{(v+u_s)(v+u_t)}= \\
& \frac{v^2\mu_j^2+v\sigma_j^2/n+v\mu_ju_t(\mu_j+\delta\sigma_j)+v\mu_ju_s(\mu_j+\delta\sigma_j)}{(v+u_s)(v+u_t)}+ \\
& \frac{u_s\sigma_j^2/n+u_s^2(\mu_j+\delta\sigma_j)^2+u_s(u_t-u_s)(\mu_j+\delta\sigma_j)^2}{(v+u_s)(v+u_t)}= \\
& \frac{v^2\mu_j^2+(v+u_s)\sigma_j^2/n+v\mu_j(u_s+u_t)(\mu_j+\delta\sigma_j)+u_su_t(\mu_j+\delta\sigma_j)^2}{(v+u_s)(v+u_t)}
\end{aligned}
\tag{5-18}
$$

且

$$
\begin{aligned}
E[\overline{X}_{m+s,j}^{(r_s)}\overline{\overline{X}}_j^{(r_t-1)}] &= E\left[\overline{X}_{m+s,j}^{(r_s)}\frac{\sum_{h=1}^{v}\overline{X}_{\cdot,j}^{(h)}+\sum_{h=1}^{u_t}\overline{X}_{\cdot,j}^{(v+h)}}{v+u_t}\right]= \\
& \frac{E\left[\overline{X}_{m+s,j}^{(r_s)}\sum_{h=1}^{v}\overline{X}_{\cdot,j}^{(h)}+(\overline{X}_{m+s,j}^{(r_s)})^2+\overline{X}_{m+s,j}^{(r_s)}\sum_{h=1,h\neq u_s}^{u_t}\overline{X}_{\cdot,j}^{(v+h)}\right]}{v+u_t}= \\
& \frac{v\mu_j(\mu_j+\delta\sigma_j)+\sigma_j^2/n+(\mu_j+\delta\sigma_j)^2+(u_t-1)(\mu_j+\delta\sigma_j)^2}{v+u_t}= \\
& \frac{v\mu_j(\mu_j+\delta\sigma_j)+u_t(\mu_j+\delta\sigma_j)^2+\sigma_j^2/n}{v+u_t}
\end{aligned}
\tag{5-19}
$$

将式(5-18)、式(5-19)两式代入式(5-17)并化简,得出当 $j=k$ 时 $e_{m+s,j}$ 和 $e_{m+t,k}$ 之间的协方差为0。由于 e_i 为服从正态分布的随机变量,因此,失控发生后任意 T 统计量的分子之间相互独立。

综上,当均值发生失控后,任意 T 统计量之间相互独立。按照相同的过程可以证明:均值失控后的 T 统计量与失控前的 T 统计量相互独立。引理5-5得证。

(2)运行长度RL的计算。设事件 A_i 表示统计量 T_i 超出控制限。引理5-5的结论表明,对于所有的 s, $t\geqslant 1$,事件 A_{m+s} 和 A_{m+t} 相互独立。随机变量 R 代表运行长度RL,RL等于检测出异常点所需要的批次数。而各统计点超出控制限的概率值可按式(5-16)计算,因此运行长度RL的概率质量函数可由下式给出:

$$Pr(R=l)=\begin{cases}Pr_{m+1}, l=1\\ Pr_{m+l}\prod_{i=m+1}^{m+1-l}(1-Pr_i), l=2,3,\cdots\end{cases} \tag{5-20}$$

平均运行长度即为随机变量 R 的期望值,根据式(5-20),T 控制图的失控平均运行长度 ARL_1 为

$$ARL_1=E[R]=\sum_{k=1}^{\infty}kPr(R=k)$$

将 T 控制图控制限显著性水平取为0.002 7,根据 Pr_i 计算出当 $\delta=0.5$, 1.0, 1.5, 2.0, 3.0, $n=2$, 3, …, 10, $P=2$, 3, …, 10, 以及 $m=25$, 50, 100时,T 控制图的失控平均运行长度,部分结果见表5-8、表5-9、表5-10。为验证计算 Pr_i 值算法的准确性,本节同时以仿真的方式计算了 T 控制图的 ARL_1 值,每一个 ARL_1 值由200 000次蒙特卡洛仿真的运行长度均值所得,仿真结果见表5-8至表5-10,可见ARL值的理论计算结果与仿真结果非常吻合。同时也分析了 ARL_1 与 m, P, n 及 δ 的关系,如图5-8所示。ARL_1 的结果表明,尽管影响不大,产品类型数目 P 增大还是会影响控制图检测异常原因的能力;与 Q 控制图及其他self-starting控制图类似,异常原因出现越早,T 控制图检测失控信号的能力越弱。如需提升控制图检测失控信号的能力,最具显著效果的方式是增大每批数据的样本容量,质量管理人员可根据产品类型数以及待检测的均值偏移量(δ)合理选择样本容量。如某设备在一生产过程中生产5种类型产品,为了在出现导致均值发生 3σ 偏移的异常原因后,能及时发出失控信号,每批数据至少包含5个样本。若要检测更小的偏移量,则需相应增加每批样本容量。

表5-8 当 $m=25$, $P=3$ 时,T 控制图 ARL_1 的计算结果和仿真结果

n	δ									
	0.5		1.0		1.5		2.0		3.0	
	cal	sim	cal	sim	cal	sim	cal	sim	cal	sim
2	365.237	365.354	351.095	351.314	330.817	330.388	307.282	307.366	258.042	258.660
3	355.021	354.491	312.857	313.084	253.903	254.577	190.402	190.445	86.720	87.052
4	340.236	340.322	257.903	257.948	153.418	154.065	68.924	69.505	8.351	8.535

续表

n	δ									
	0.5		1.0		1.5		2.0		3.0	
	cal	sim	cal	sim	cal	sim	cal	sim	cal	sim
5	322.070	322.815	194.490	194.947	67.657	68.324	13.453	13.576	1.994	2.022
6	301.690	302.480	133.461	133.854	22.129	22.155	3.311	3.378	1.250	1.263
7	280.001	280.979	83.407	84.090	6.859	6.957	1.845	1.879	1.060	1.065
8	257.685	257.809	47.918	47.658	3.085	3.072	1.384	1.400	1.012	1.014
9	235.275	235.878	25.872	26.017	2.054	2.094	1.181	1.191	1.002	1.002
10	213.194	213.195	13.677	13.843	1.622	1.644	1.085	1.091	1.000	1.000

表 5-9　当 $m=25$，$P=10$ 时，T 控制图 ARL_1 的计算结果和仿真结果

n	δ									
	0.5		1.0		1.5		2.0		3.0	
	cal	sim	cal	sim	cal	sim	cal	sim	cal	sim
2	365.300	365.820	351.315	351.914	331.237	331.855	307.925	308.223	259.149	260.047
3	355.214	355.511	313.558	313.702	255.252	255.876	192.335	191.953	89.147	89.351
4	340.629	341.269	259.400	260.053	156.081	156.581	71.893	72.499	9.893	10.535
5	322.729	323.115	196.971	197.186	71.007	71.543	15.591	16.268	2.518	2.705
6	302.667	303.331	136.795	137.080	24.881	25.125	4.328	4.726	1.460	1.560
7	281.334	281.888	87.154	87.922	8.577	8.902	2.376	2.575	1.144	1.204
8	259.398	259.967	51.550	51.026	4.104	4.406	1.697	1.830	1.041	1.073
9	237.374	237.269	29.009	29.619	2.710	2.942	1.370	1.470	1.010	1.026
10	215.670	215.668	16.177	16.685	2.078	2.251	1.200	1.276	1.002	1.009

表 5-10　当 $m = 50$，$P = 10$ 时，T 控制图 ARL_1 的计算结果和仿真结果

n	δ									
	0.5		1.0		1.5		2.0		3.0	
	cal	sim	cal	sim	cal	sim	cal	sim	cal	sim
2	361.305	361.766	337.016	337.573	303.916	304.835	268.010	268.456	201.277	201.671
3	343.569	342.264	275.094	275.902	192.080	192.065	119.390	120.106	38.361	38.968
4	318.599	318.982	196.234	197.021	82.757	82.720	26.604	27.168	5.285	5.557

续表

n	δ									
	0.5		1.0		1.5		2.0		3.0	
	cal	sim	cal	sim	cal	sim	cal	sim	cal	sim
5	289.079	290.078	120.945	121.037	25.110	25.521	6.323	6.629	2.045	2.118
6	257.523	258.183	65.241	66.066	8.335	8.773	2.981	3.134	1.296	1.335
7	225.797	225.211	32.343	33.041	4.266	4.486	1.907	1.986	1.079	1.099
8	195.203	195.512	16.170	16.881	2.811	2.948	1.445	1.497	1.018	1.027
9	166.611	166.875	9.051	9.512	2.095	2.179	1.223	1.259	1.003	1.007
10	140.565	140.945	5.906	6.223	1.692	1.765	1.111	1.136	1.001	1.002

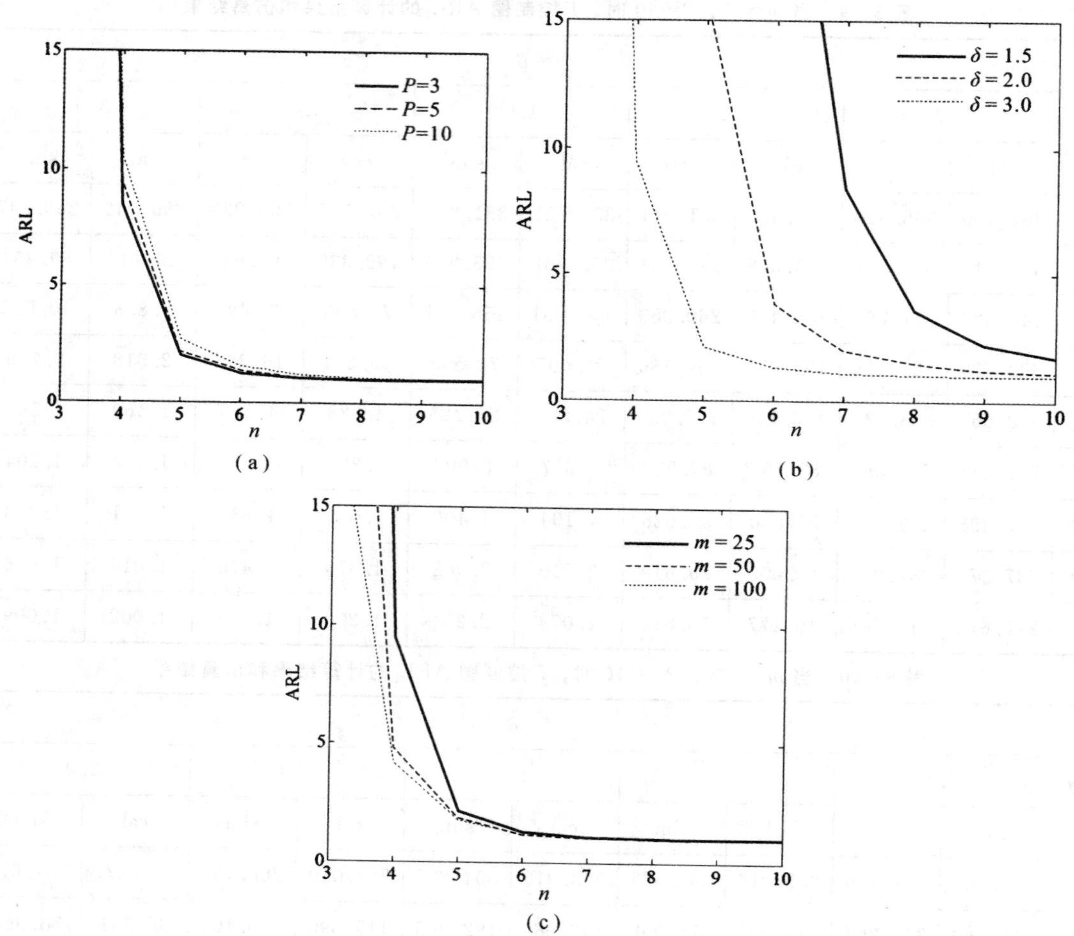

图 5-8 T 控制图失控平均运行长度 ARL_1 与 n，m，δ 和 P 的关系

(a)当 $m=25$，$\delta=3$，不同 P 值下的 ARL_1 曲线；(b)当 $m=25$，$P=5$，不同 δ 值下的 ARL_1 曲线；(c)当 $P=5$，$\delta=3$，不同 m 值下的 ARL_1 曲线

(3)T 控制图与传统休哈特控制图性能对比。考虑一种特殊情况：整个生产过程中仅有一个品种，即 $P=1$。此时多品种小批量 T 控制图仍可用于监控生产过程均值的波动。图 5-9 对比了传统休哈特均值控制图、均值已知时的 T 控制图以及 $n=5$、$m=25$、均值未知时的 T 控制图性能。结果表明，无论工艺参数母体均值是否已知，T 控制图的误判率，即受控平均运行长度，与传统休哈特均值控制图相同。当过程失控时，设从第 26 批产品开始，均值发生偏移。传统休哈特均值控制图的检测能力优于 T 控制图。如果工艺参数母体均值已知，当均值偏移程度大于 2σ 时，T 控制图性能与休哈特控制图性能基本相同。当工艺参数母体均值未知时，若失控时均值偏移程度大于 2.5σ，则 T 控制图性能接近于传统休哈特均值控制图。该结果表明，T 控制图适合于检测较大的均值偏移。尽管如此，与均值控制图相比，T 控制图的优势是对工艺参数标准偏差波动的稳定性。也就是说，T 控制图的检测性能不随标准偏差的波动而改变。相反地，均值控制图的检测能力则受到工艺参数标准偏差的影响较大。

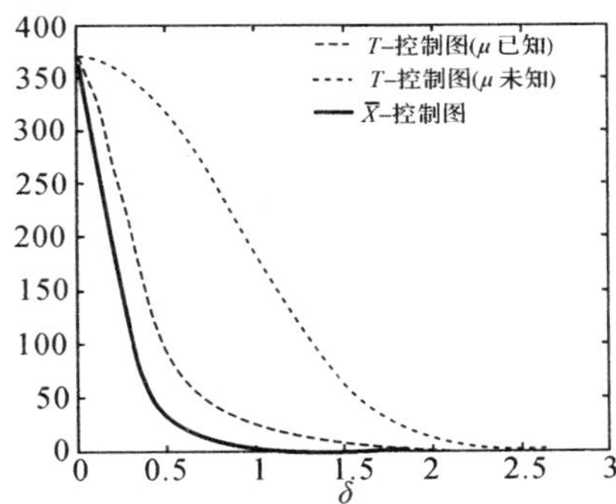

图 5-9　$m=25$，$n=5$，$P=1$ 时，$\overline{X}$ 控制图、工艺参数母体均值已知以及均值未知时 T 控制图的 ARL 对比

5.2.3　K 控制图性能分析

本节将采用模拟仿真法分别讨论“工艺参数母体标准偏差已知”及“工艺参数母体标准偏差未知”情况下 K 控制图的性能。设工艺过程统计受控时，第 j 种类型产品工艺参数母体标准偏差为 σ_j。

1. 工艺参数母体标准偏差已知

如果各类型产品的工艺参数母体标准偏差已知，在第 5.1.3 节中已经说明，当工艺过程受控，按式(5-6)构建的 K 统计量相互独立且服从卡方分布。不难发现，当品种数为 1 时，多品种小批量 K 控制图即为休哈特 S^2 控制图。当品种数大于 1 时，设事件 A_i 表示“第 i 批样本数据的 K 统计量超出控制限”，由不同批次样本数据之间的独立性可知，无论品种类型是否相同，事件 A_i 相互独立且发生的概率相同，其中 $i=1,2,\cdots$。显然，K 控制图属于休哈特类型控制图的一种，其受控运行长度与失控运行长度均服从几何分布。因此，K 控制图平均运行长度的计算表达式与式(5-12)和式(5-13)一致。

如果工艺过程失控导致工艺参数标准偏差发生，使得失控后的标准偏差漂移为原来的 b 倍，即 $\widetilde{\sigma}_j=b\sigma_j$。此时 $K_{i,j}$ 统计量可表示为

$$K_{i,j}=\frac{(n-1)S_{i,j}^2}{\sigma_j^2}=b^2\,\frac{(n-1)S_{i,j}^2}{\widetilde{\sigma}_j^2}=b^2\widetilde{K}_{i,j}\,,\quad j=1,2,\cdots,P$$

其中 $\widetilde{K}_{i,j}$ 服从自由度为 $n-1$ 的卡方分布。因此，当标准偏差失控时统计量 $K_{i,j}$ 落入控制限的概率，即 K 控制图的第二类错误概率 β 为

$$\beta=P\left\{\frac{\mathrm{LCL}_k}{b^2}\leqslant\widetilde{K}_{i,j}\leqslant\frac{\mathrm{UCL}_k}{b^2}\right\}=G_k\left(\frac{\mathrm{UCL}_k}{b^2}\mid n-1\right)-G_k\left(\frac{\mathrm{LCL}_k}{b^2}\mid n-1\right)$$

由式(5-13)，K 控制图的失控平均运行长度为

$$ARL_1 = \frac{1}{1 - G_k\left(\frac{UCL_k}{b^2} \mid n-1\right) + G_k\left(\frac{LCL_k}{b^2} \mid n-1\right)}$$

其中 $G_k(\mid n-1)$表示自由度为 $n-1$ 的卡方分布累计分布函数。

2. 工艺参数母体标准偏差未知

如果产品工艺参数均值未知，应采用式(5-10)计算 K 统计量。在 5.1.3 节中已经证明，在受控状态下 K 统计量相互独立且服从卡方分布，各位置的统计点超过控制限的概率相同，均为 α，受控运行长度服从几何分布，因此 $ARL_0 = 1/\alpha = 370.4$。

当生产过程失控时，按式(5-10)建立的 K 统计量彼此之间不独立，存在一定程度的相关性。统计量之间相关关系的存在导致很难从理论上推导 K 控制图的失控平均运行长度。因此，当工艺参数母体标准偏差未知时，采用模拟仿真法分析当 $b=1.2，1.4，1.6，1.8，2.0$，$n=2，3，\cdots，10$，$P=2，3，\cdots，10$，以及 $m=25，50，100$ 时 K 控制图的 ARL_1 特性。在 Matlab 下编写仿真程序计算 ARL_1 值，每一个 ARL_1 值由 200 000 次蒙特卡洛仿真的运行长度均值所得，部分仿真结果见表 5-11 至表 5-13。理论上，采用蒙特卡洛法进行仿真的误差为 $\sqrt{a(1-a)/\text{仿真次数}}$，其中 a 为蒙特卡洛仿真的显著性水平。显然，仿真误差在 $a=0.5$ 时取最大值。因此，表 5-11、表 5-12 及表 5-13 的 ARL 仿真结果误差最大不超过 0.001 118。

工艺参数标准偏差未知时，K 控制图的 ARL_1 同样受到 m，P，n 及 b 的影响。表 5-11 至表 5-13 的结果表明，ARL_1 随 m，P，n 及 b 的变化趋势与 T 控制图相同：产品类型数目 P 增大仍然会影响 K 控制图检测异常原因的能力；异常原因出现越早，K 控制图检测失控信号的能力越弱。如需提升控制图检测失控信号的能力，最直接有效的方式是增大每批数据的样本容量。实际生产中，质量管理人员可根据产品类型数以及待检测的标准偏差偏移量，即 b 的值，合理选择每批数据样本容量。

表 5-11　$m=25$，$P=3$ 时 K 控制图 ARL_1 仿真结果

n \ b	1.2	1.4	1.6	1.8	2.0
2	323.066	273.817	226.799	184.635	146.028
3	307.970	237.710	169.348	111.856	68.943
4	295.587	209.724	127.043	67.040	32.804
5	288.089	184.741	94.403	39.527	15.307
6	279.891	162.622	69.375	23.481	7.626
7	274.168	142.574	50.625	14.229	4.401
8	264.190	126.303	36.985	8.443	3.021
9	257.246	108.933	26.187	5.591	2.355
10	248.712	94.754	18.705	3.968	2.018

表 5-12　$m=25, P=10$ 时 K 控制图的 ARL_1 仿真结果

n \ b	1.2	1.4	1.6	1.8	2.0
2	339.480	310.319	283.874	257.226	233.834
3	327.370	279.936	232.798	185.906	144.532
4	318.350	254.276	187.539	129.616	82.581
5	308.236	230.160	150.482	86.333	44.654
6	300.214	208.532	118.227	55.455	23.235
7	294.198	186.202	91.897	35.132	12.835
8	287.538	166.796	70.342	22.022	7.655
9	281.306	148.208	53.041	14.331	5.180
10	272.966	131.004	39.487	9.900	3.942

表 5-13　$m=50, P=10$ 时 K 控制图 ARL_1 仿真结果

n \ b	1.2	1.4	1.6	1.8	2.0
2	311.243	254.607	200.965	155.451	117.024
3	287.955	203.549	126.086	72.535	39.838
4	271.946	165.311	82.208	35.907	15.934
5	258.616	134.060	52.186	18.308	7.999
6	245.950	109.748	34.803	10.737	5.093
7	233.307	88.719	22.427	7.118	3.818
8	223.562	71.718	15.632	5.277	3.072
9	214.128	58.371	11.117	4.194	2.591
10	201.347	47.257	8.502	3.520	2.252

5.2.4　self-starting 控制图的优化

相比于传统控制图技术，self-starting 控制图最大的优点是无须经历控制图分析阶段。这一特点使得 self-starting 控制图更适合于小批量生产模式的质量控制。但 self-starting 技术存在一个缺陷：当工艺参数母体分布参数未知时，异常原因出现的越早，控制图的检测能力越差，甚至无法检测到该异常。Q 控制图是最早被提出的 self-starting 控制图技术，本节将以 Q 控制图为例，分析 self-starting 控制图缺陷出现的原因，并从降低第二类错误概率的角度出发，提出一种优化 self-starting 控制图性能的方法。

1. 影响 self-starting 控制图性能的原因

Quesenberry 提出了一系列用于小批量生产模式下质量过程监控的的 Q 控制图技术。如果工艺参数母体均值 μ 未知，标准偏差 σ 已知，当各批次样本容量 $n=1$ 时，Q 控制图的统计量采用下式计算：

$$Q_i(X_i)=\sqrt{\frac{i-1}{i}}\frac{X_i-\overline{X}_{i-1}}{\sigma_0},\quad i=2,3,\cdots \tag{5-21}$$

其中 $\overline{X}_i$ 表示前 i 个数据的样本均值，Q 统计量服从标准正态分布，其上、下控制限为 ± 3。Q 控制图已广泛应用于小批量生产模式的质量控制。然而在实际中却发现，如果工艺参数母体均值未知，Q 控制图的检测能力依赖于异常原因出现的位置，即失控发生之前受控数据的批次数。如果异常因素出现后未能被及时检测，工艺过程将逐渐平稳于失控状态，从而导致 Q 控制图检测到异常信息的概率逐渐下降，直至无法捕捉异常信息，误认为工艺过程处于统计受控状态。实际上，当母体分布参数未知，而统计量的计算需要采用样本估计值时，self-starting 控制图均存在这一现象。

下面从统计学角度分析出现该现象的原因。假设从第 $m+1$ 批产品开始出现异常原因，导致工艺参数母体均值发生 $\delta\sigma$ 大小的偏移，即失控后工艺参数母体均值为 $\mu+\delta\sigma$。由于各批次样本数据相互独立且为服从正态分布的随机变量，因此各统计点的期望为

$$E[X_i]=\begin{cases}\mu, & i\leqslant m\\ \mu+\delta\sigma, & i>m\end{cases}$$

而

$$E[\overline{X}_m]=\frac{1}{m}\sum_{i=1}^{m}E[X_i]=\mu$$

$$E[\overline{X}_{m+1}]=\frac{1}{m+1}\left\{\sum_{i=1}^{m}E[X_i]+E[X_{m+1}]\right\}=\mu+\frac{\delta\sigma}{m+1}$$

类似地，有如下等式成立：

$$E[\overline{X}_{m+2}]=\mu+\frac{2\delta\sigma}{m+2}$$

$$\cdots$$

$$E[\overline{X}_{m+t}]=\mu+\frac{t\delta\sigma}{m+t}$$

因此，按式(5-21)定义的 Q 统计量期望为

$$E[Q_i]=\begin{cases}0, & i\leqslant m\\ \sqrt{\frac{i-1}{i}}\frac{\mu+\delta\sigma-\mu-t\delta\sigma/(m+t)}{\sigma}=\delta\sqrt{\frac{i-1}{i}\frac{m}{m+t}}, & i=m+1+t;t\geqslant 0\end{cases} \tag{5-22}$$

很明显，在式(5-22)中，当工艺参数母体均值发生偏移时，随着 t 的增大或者随着 m 的减小，Q 统计量的期望将趋于 0，与受控状态下 Q 统计量的期望值相同，从而导致异常信息丢失。

2. self-starting 控制图的优化策略

当工艺参数母体分布参数未知时，self-starting 控制图的优势是无需建立 phase Ⅰ阶段的控制图，而为了实现这一功能，其采用的方法是随着生产过程的进行，即时更新工艺参数母体分布参数的估计值，如式(5-21)中的参数 $\overline{X}_i$。上一小节的分析结果表明，self-starting 控制图的性能下降是由于未能及时检测失控信息，导致更新分布参数时引入了“失控数据”。因

此，在计算统计点时可采取策略控制更新分布参数的时机，从而尽量避免“失控数据”的引入。

以均值控制图为例，如果由于异常原因的出现导致第 6 批产品开始，工艺参数均值出现 1.5σ 的偏移，如图 5－10 所示，尽管控制图未能检测出异常，但第 6 批数据的统计点却超过了 2σ 范围。理论上，当工艺过程受控时，控制图中的统计点超过 2σ 的概率为仅为 0.045 5；然而当工艺参数母体均值出现 1.5σ 的偏移时，根据 4.2 节的介绍，统计点超过 2σ 的概率却高达 0.308 8。如果失控的偏移量增大，则统计点超出 2σ 的概率更高。

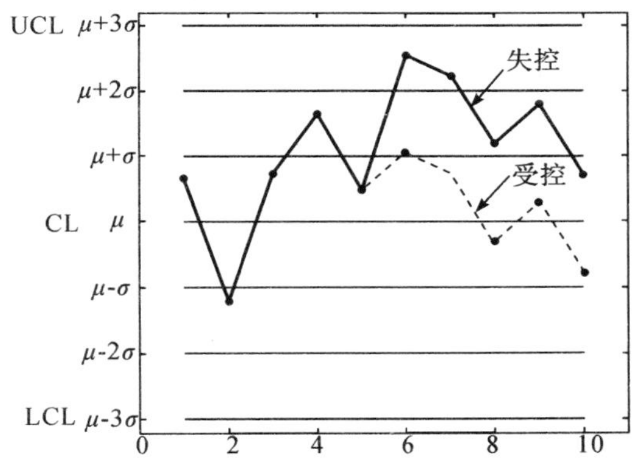

图 5－10　过程失控时均值统计量的分布(横坐标为批次)

也就是说，过程受控情况下统计点超出 2σ 范围的概率较低，平均每 20 个点仅出现一次。对于 self－starting 控制图，当出现超出 2σ 范围的统计点时，尽管不能认定过程失控，但应引起重视。将超出 2σ 范围的统计点称作“预警点”，并称控制图进入“预警状态”。“预警点”之后的统计点计算方法应该采用如下规则进行：

“3－points 规则”：设第 $m+1$ 点为“预警点”，则后续样本计算统计点时，母体分布参数采用前 m 批数据样本进行参数估计。如果第 $m+2$ 和第 $m+3$ 统计量中任意一点也超出了 2σ 范围，则判定过程已经失控，此后的统计点计算均采用前 m 批数据样本进行参数估计；否则，认为工艺过程仍处于受控状态，从第 $m+4$ 批样本开始，采用原表达式计算统计量。

“5－points 规则”：设从第 $m+1$ 点开始控制图进入“预警状态”，则后续样本计算统计点时，母体分布参数采用前 m 批数据样本进行参数估计。如果从第 $m+2$ 点开始，连续 4 个统计点出现在中心线的同一侧，则判定过程已经失控，此后的统计点计算均采用前 m 批数据样本进行参数估计；否则，认为工艺过程仍处于受控状态，从第 $m+6$ 批样本开始，采用原表达式计算统计量。

上述两个规则的建立都是基于“小概率事件不可能发生”的原理。当工艺过程受控时，连续 3 个点当中有 2 个点超出 2σ 范围的概率仅为 0.007 2；而工艺受控时，连续 5 个点在中心线同一侧，且有 1 个点超出 2σ 范围的概率仅为 0.002 8。因此控制图中出现满足“3－points 规则”或“5－points 规则”的情况时，可认定过程发生失控。以下伪代码详细描述了引入“3－points 规则”和“5－points 规则”后，Self－Starting 控制图的执行步骤。

pseudocode of self－starting control charts

```
doublepoints; //统计点
double UCL, LCL, CL, two_sigma;
int prealarm_point;//"预警点"位置
bool isPrealarm; //是否处于"预警状态"
bool is3points;//是否满足 3-points 规则
bool is5points;//是否满足 5-points 规则
```

```
while (TRUE) //生产过程正在进行
{
    if (isPrealarm)//过程处于预警状态
    {
        //判断是否满足 3 - pints 规则或 5 - points 规则
        if (is3points or is5points)//满足规则
        {
            DON'T UPDATE ESTIMATED VALUE;//后续统计点不更新估计值
        }//if (is3points or is5points)
        else
        {
            UPDATE ESTIMATED VALUE;//后续统计点更新估计值
            isPrealarm = FALSE;//脱离"预警状态"
        }
        CALCULATE STATISTIC POINT;//计算统计量
    }//if (isPrealarm)
    else
    {
        CALCULATE STATISTIC POINT;//计算统计量
        if (points >two_sigma) //超出 2σ 范围
        {
            isPrealarm = TRUE; //进入"预警状态"
            UPDATE(prealarm_point); //记录"预警点"位置
        }
    }
}//while
```

参考文献

[1] John E Bauer, Grace L Duffy, Russell T Westcott. The Quality Improvement Handbook, Second Edition[M]. U. S.: ASQ Quality Press, 2006.

[2] Jensen W A, Jones-Farmer A L, Champ C W, et al. Effectsof parameter estimation on control charts properties: a literature review[J]. Journal of Quality Technology, 2006, 38:349-364.

[3] Capizzi G. Masarotto G. Practical design of generalized likelihood ratiocontrol charts for autocor-related data[J]. Technometrics, 2008, 50:357-370.

[4] 袁普及. 基于成组技术的质量控制的研究——SPC 在多品种小批量制造中的应用[D]. 南京:南京航空航天大学,2003.

[5]　Pearn W L, Kang H Y, Lee A H I, et al. Photolithography Control in Wafer Fabrication Based on Process Capability Indices with MultipleCharacteristics[J]. IEEE Transactions on Semiconductor Manufacturing, 2009, 22(3):351-356.

[7]　顾铠. 现代半导体制造中质量控制和评价的关键技术研究[D]. 西安:西安电子科技大学, 2014.

[8]　贾新章, 李京苑. 统计过程控制与评价:Cpk/SPC 和 PPM 技术[M]. 北京:电子工业出版社, 2004.

[9]　Quesenberry C P. The effect of sample size on estimated limits for and X control charts [J]. Journal of Quality Technology, 1993,25: 237-247.

[10]　Quesenberry C P. SPC methods for quality improvement [M]. New York: Wiley, 1997.

[11]　Automotive Industry Action Group. American Society for Quality Control, Supplier Quality Requirements Task Force. Fundamental statistical process control: reference manual[M]. U. S.: AIAG, 1991.

[12]　Quesenberry C P. SPC Q charts for start-up processes and short or long runs[J]. Journal of Quality Technology 1991,23:213-224.

[13]　Quesenberry C P. On properties of Q charts for variables[J]. Journal of Quality Technology 1995, 27:184-203.

[14]　Zantek P F. Run-length distributions of Q-chart schemes[J]. IIE Transactions, 2005, 37:1037-1045.

[15]　Del Castillo E, Montgomery DC. Short-run statistical process control: Q chart enhancements and alternative methods [J]. Quality and Reliability Engineering International, 1994,10:87-97.

[16]　He F, Jiang W, Shu L. Improved self-starting control charts for short runs[J]. Quality Technology and Quantitative Management,2008, 5(3):289-308.

[17]　Nenes G, Tagaras G. The economically designed CUSUM chart for monitoring short production runs[J]. International Journal of Production Research , 2006, 44(19): 1569-1587.

[18]　Hawkins D M. Self-starting CUSUM charts for location and scale [J]. The Statistician, 1987, 36:299-315.

[19]　Celano G, Castagliola P, Trovato E, et al. Shewhart and EWMA t control charts for short production runs[J]. Quality and Reliability Engineering International, 2011, 27: 313-326.

[20]　Montgomery DC. Introduction to Statistical Quality Control (5th edn)[M]. New York:Wiley, 2005.

[21]　Bothe D R. SPC for Short Run Production Runs [M]. Michigan: International Quality Institute Inc, 1988.

[22]　Lin S Y, Lai Y J, Chang S I. Short-Run statistical process control: multicriteria part family formation[J]. Quality and Reliability Engineering International, 1997, 13:

9-24.

[23] Castagliola P, Celano G, Fichera S. Monitoring process variability using EWMA. Handbook of Engineering Statistics[M]. Berlin: Springer. 2006.

[24] Castagliola P. A R-EWMA control chart for monitoring the process range[J]. International Journal of Reliability, Quality, and Safety Engineering, 2005,12:31-49.

[25] Castagliola P, Vännman K. Monitoring capability indices using an EWMA approach [J]. Qual Reliab Engng Int. ,2007, 23: 769-790.

[26] Castagliola P, Vännman K. Average run length when monitoring capability indices using EWMA[J]. Qual Reliab Engng Int,2008, 24: 941-955.

[27] Kimbler D L, Sudduth B A. Using statistical process control with mixed parts in FSM[C]//Proceedings of the Japan-USA Symposium on Flexible Automation, San Francisco, 1992: 441-445.

[28] Koons G F, Luner J J. SPC in low volume manufacturing: a case study[J]. Journal of Quality Technology, 1991, 23(4): 287-295

[29] Quesenberry C P. The effect of sample size on estimated limits for $\overline{X}$ and X control charts[J]. Journal of Quality Technology, 1993, 25:237-247.

[30] Eugene L Grant, Richard S. Leavenworth. 统计质量控制[M]. 北京：清华大学出版社,2001.

[31] Lothar Sachs. 应用统计手册[M]. 天津：天津科技翻译出版公司,1988.

[32] 西格蒙·哈尔朋. 保证科学——质量控制及可靠性导论[M]. 北京:中国标准出版社，1984.

[33] 彼得，罗伯特，罗兰. 6西格玛管理法[M]. 北京:机械工业出版社，2001.

[34] 朱兰,小弗兰克. 质量计划与分析[M]. 北京:石油工业出版社，1985.

[35] 朱兰. 质量控制手册:上册. [M]. 上海:上海科学技术文献出版社，1980.

[36] 朱兰. 质量控制手册:下册[M]. 上海:上海科学技术文献出版社，1980.

[37] 森口繁一. 新编质量管理的统计学方法[M]. 北京：机械工业出版社，1988.

[38] 田口玄一. 质量工程学概论[M]. 北京:中国对外翻译出版公司，1985.

第6章 实验设计和工艺表征

在半导体制造领域，工艺过程与设备日益复杂，对工艺可靠性要求更高，使得开发和研究新的制造技术、表征与优化当前工艺、确定与验证工艺改进效果、以及保持良好的工艺性能等都依赖于工艺设备的统计表征和优化。因此，在半导体制造中越来越需要对工艺设备与电路的统计表征与优化技术进行研究。统计方法中的表征与优化技术与半导体制造属于独立不同的学科领域，如何针对半导体制造工艺设备与系统表征与优化的特点，整合这两个学科的基本理论和相关技术，满足工艺制造优化设计的要求，一直是集成电路工程师与统计学家关注的问题。本章将以实际工艺设备统计表征与优化为出发点，系统研究半导体制造中的试验设计、模型构造和工艺表征。

6.1 概　　述

6.1.1 统计表征的概念与意义

建立描述客观事物的模型，通常有两种途径，一是基于事物的物理机理，建立的是理论模型，即物理模型；另一种是基于先验数据，建立其经验模型(experience model)，即统计模型。本节讨论的统计表征，就是建立半导体制造工艺设备的统计模型。

工艺设备的统计表征面对的是工艺设备实体，用于建立其统计模型的先验数据均来自现场的物理试验，也就是利用现场的工艺试验获取能够描述工艺设备工艺输出与输入关系的数据。

对客观事物的描述与表征是一项系统工程，它通常包括数据采集、目标值衡量、数据分析、建模、模型验证以及基于模型的优化控制等。对工艺设备的统计表征同样存在上述过程，主要任务包括工艺设备与电路系统分析与表述、输出表征与测量、试验数据的产生与采集、模型的建立以及基于模型输入控制参数的调整与性能指标的优化。而其中的关键技术就是数据的采集方法与模型的构造方法。

半导体制造工艺是典型的多工序工艺过程。特别是在超大规模集成电路的制造中，整个工艺过程包括的工序可能达到几百道。为了获得高质量、高性能价格比的优越产品，要求对每道工序进行更为有效的工艺优化设计与更为严格的控制。半导体工艺设计与控制的基础是建立一种既符合工艺技术和工艺设备实际情况又使用方便的半导体工艺与设备模型。现代半导体制造技术对工艺设备优化和控制提出新的要求，需要建立特定工艺设备控制参数与输出指标之间更为直接的联系。

1. 优化工艺条件需要工艺设备的统计模型

在半导体制造工艺中，对每道工艺加工都有明确的要求。例如氧化工艺，对生长的氧化层厚度有确定的要求。目前国内半导体制造生产线的技术人员是采用经验加调试的方法确定氧化工艺条件，即首先根据“经验”，初步确定氧化温度、氧化时间、气体流量等工艺条件的取值。

然后再根据加工样品的实际测试结果，调整其中一个或者几个工艺条件，以满足氧化层厚度要求。

这种确定工艺条件的经验方法虽然也能得到满足要求的结果，但是存在明显的缺陷。首先这种方法在确定工艺条件时不可能考虑像氧化层厚度均匀性等加工要求。另外，增加温度同时减小时间也可以生长同样厚度的氧化层，也就是说可以有很多种温度/时间组合都可以生长得到规定厚度的氧化层，问题是哪一组温度/时间条件组合是最优的一组条件？所谓“最优”是指不但生长的氧化层厚度能满足要求，而且其他方面的结果，例如氧化层均匀性，也应该“最佳”，即同一批生长的各个晶片之间以及同一片晶片的不同位置上氧化层厚度的分散性最小。显然，采用“经验”方法确定的工艺条件很难是最佳的工艺条件。因此需要建立表征特定设备的统计模型，优化确定最佳工艺条件。

2. 实施工序能力指数需要工艺设备的统计模型

第2章提到，只有在工艺成品率足够高的高水平工艺生产线上才能生产出具有很高质量和可靠性的产品。目前，集成电路制造过程已经采用工序能力指数来表征工艺水平。工序能力指数值越大，表示工艺水平越高。根据工序能力指数的基本原理可以看出，提高工序能力指数的关键是减小工艺制造结果参数的分散性，提高工艺的均匀性。对于工艺离散性表征，物理模型通常无力，因此基于统计模型的工艺优化是减小工艺加工分散性进而提高工序能力指数的主要手段。

3. 实施统计过程控制需要工艺设备的统计模型

第4章提到，只有工艺过程处于统计受控状态才可能生产质量好、可靠性水平高的产品。为此，需要采用统计过程控制技术监测生产过程是否处于统计受控状态。在半导体制造中，一般都具有“多品种”的特点，即在同一台工艺设备上往往要加工几种品种，因此工艺设备要采用几种不同的工艺条件，工艺设备运行条件不会保持不变。采用过程控制技术评价这种生产“多品种”产品的工艺与设备运行过程的统计受控状态时必须采用回归控制图。根据统计过程控制原理，回归控制图需要一种符合工艺技术和工艺设备实际情况的实用工艺模型。而物理模型只是从工艺原理出发，不具有特定工艺设备的实际情况信息，不能作为回归控制图中使用的模型。必须建立可用于回归控制图模块的工艺模型，即特定工艺设备的统计模型。

4. 实施在线实时控制需要建立表征工艺与设备的工艺模型

半导体制造生产中通常采用是一种“事后”控制的方法，即在工艺加工结束后根据对该批晶片工艺加工的结果确定加工下一批晶片时是否需要调整以及如何调整工艺输入条件。由于每道工序的工艺状态变化首先反映在工艺内部参数变化上，经过一段时间才会最终反映在晶片特性上，因此，“事后”控制的方法在时间上往往有一定的迟延，甚至是在已经加工了几批不合格的晶片后才会有所反应，等到采取调整措施时可能已发生了较大的经济损失。在现代化的半导体制造生产中，批量很大，不允许等待批晶片加工结束后才根据工艺结果参数的起伏变化情况采取调整措施，而需要采取“实时控制”的方法，即在工艺加工过程中随时监测工艺参数(例如氧化工艺和刻蚀工艺加工过程中的氧化层厚度)的变化情况，随时确定如何实时调整工艺加工条件参数，以保证加工结果一直能满足要求。这是发现、纠正异常情况的一种最快最及时的方法。随着生产技术的现代化，将越来越多的使用“集总型”工艺设备系统。在这种“封闭”式的加工系统中，晶片一般从一道工序直接自动地传至下一道工序设备，使监测各工序工艺输出参数的可能性大大减小。也就是说在现代半导体制造生产过程中，反映各工序工艺质量的晶片工艺参数可观测性更差，从而对实时控制的需求将更迫切。

实施“实时控制”除了要求工艺设备配备有能实时采集工艺参数的传感器数据采集部件外，还必须针对具体工艺设备和工艺技术预先建立有描述工艺加工结果和工艺条件之间关系的工艺模型。这种模型不但要求能够描述加工结果和加工条件之间的关系、反映设备运转中随机因素的影响、能够实时反馈，而且是一种快速、低阶以及线性模型，是实际工艺系统的近似。而基于原理的物理模型是通过推导微分方程得到，模型的形式复杂，一般都具有高阶项，同时具有显著的非线性，因此不适合现代半导体制造工艺设备的控制要求。

6.1.2　实验设计概念和意义

为了建立工艺设备与电路系统的统计模型，需要描述输入因素与输出因素关系的数据。基于常规的输入输出数据将很难全面、可靠地描述输入与输出关系。需要通过专门的试验产生用于建立工艺设备与电路系统模型的数据。也就是通过人为控制试验研究和考察某个特定的设备和系统，设计、实施一个试验，对那些人为控制的输入条件作一系列有目的的变动，观察相应的输出响应，然后研究输入与输出的变动关系，得到表征工艺设备与电路系统的统计模型。为了有效达到上述目的，如何设计试验至关重要。

试验设计技术就是对方案优化设计方法。20世纪30年代，英国著名统计学家Ronald Aylmer Fisher将统计方法应用于试验设计，开创了统计学中重要分支——试验设计技术。依据田口玄一对试验设计技术的定义：试验设计为科学与技术研究评价阶段的通用技术；试验设计方法是对各种手段、方案的价值，做出有效、可靠评价的通用方法之总和；其内容包括计算与试验的配列方法、数据的分析方法等。

试验设计是工艺设备与统计表征关键技术和核心。工艺设备的统计表征和优化方法的研究就是工艺设备与试验设计理论的有机结合，讨论、分析统计理论方法和试验设计技术在半导体制造领域的应用。

自从20世纪30年代英国著名统计学家Ronald Aylmer Fisher将统计方法应用于试验设计，开创了经典试验设计方法，试验设计的应用领域从最初的农业、生物领域发展到化学、物理、工程学、食品科学、医学、社会学等科研领域以及化工、材料、电气、电子、兵器等各个工业技术领域，目前已成为工农业生产中各个行业提高质量的一项重要技术。虽然试验设计技术在20世纪30年代就已出现，其基本理论在农业、化工等传统行业已得到广泛应用。但是，基于试验设计技术的半导体制造工艺表征与优化工作涉及统计理论与微电路工艺两方面内容，存在许多需要特殊问题制约，因此直到80年代末，才开始将试验设计技术应用于微电子与半导体制造相关领域。

6.2　统计表征与优化的技术框架

半导体制造工艺设备的统计表征与优化是一项综合技术。它涉及实验方案的设计与数据的统计分析两个主要部分。由于统计表征的目的差异性，对于一个特定工艺设备的表征，在如何组织实验方案、确定数据分析方法等方面都会存在差异。因此，实验的组织者，以及参与者必须预先对所研究的问题究竟是什么，依据何种步骤、如何选取试验方案、如何采集数据、如何相应选取适合的分析方法以及如何组织实施等要有清晰认识。

6.2.1 工艺设备统计表征与优化的基本体系

工艺设备统计模型的特点，决定了采用何种方法、何种步骤来分析问题，解决问题。本节从表征工艺设备两类模型：物理模型与统计模型比较入手，分析统计模型特点，讨论建立统计模型的基础、方法与技术思路。

1. 两类工艺模型的比较

工艺设备的表征就是建立符合实际工艺技术和工艺设备情况的工艺模型。如图 6-1 所示，针对具体工艺备，在输入工艺条件下，将产生代表工艺制造结果的工艺输出参数。

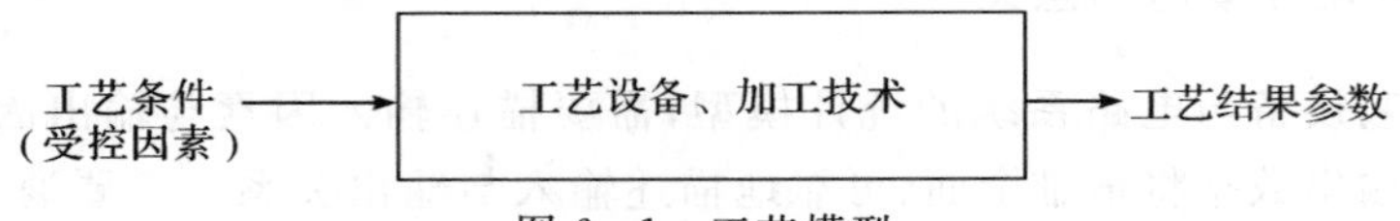

图 6-1 工艺模型

工艺模型就是定量描述工艺输出参数 Y 与工艺输入条件 X 之间关系的表达式：

$$Y=F(X,Q)$$

式中，Q 为模型中的系数。工艺参数输出结果的实际测试值可表示为 $\hat{Y}=F(X,Q)+\delta$，其中 δ 为残差。按照采用的方法不同，形成了具有不同特点的两类工艺模型：

(1)物理模型。建立物理模型的方法是根据物理过程的分析，确定模型的形式。例如著名的工艺模拟软件 SUPREM 中采用的扩散模型、热氧化生长模型等均为物理模型。这类模型具有普遍适用性。例如，SUPREM 中的扩散模型实际上就是描述扩散物理过程的"扩散方程"。通过求解扩散方程得到表示扩散结果的杂质分布与扩散工艺条件(扩散温度、时间、气体流量等)之间的关系。这种扩散方程模型适用于所有的"扩散"工艺，不考虑不同生产线之间、不同扩散设备之间工艺状态的差别。正是由于这一特点，物理模型是一种"面向设计"的模型，仅适用于产品设计阶段。

(2) 统计模型。面向制造的工艺模型则完全根据试验输出与输出结果建立。即针对具体的工艺设备，通过一定的试验，得到若干组工艺条件和相应工艺参数数据。然后采用响应曲面(多项式模型)等数理统计技术拟合这些数据，建立描述工艺输出结果与工艺输入条件之间关系的模型。这种采用数理统计技术建立的工艺模型又称为"统计模型"。显然，对每一台具体设备，建立的这类工艺模型不会完全相同。也就是说，对每一台设备都要分别建立各自的工艺模型。即使模型形式相同，模型中的系数也不会相同。因此这是一种面向制造的工艺模型。

半导体制造工艺是复杂制造过程，工艺设备常常同时涉及物理与化学反应，单纯从原理出发建立的工艺模型不可能确切表征实际工艺状态，这是因为：

1)物理模型本身比较复杂，但是却不能全面反映实际工艺状态。例如在开发等离子刻蚀工艺的"物理模型"中，从求解描述刻蚀过程的基本方程出发，数值计算方法相当复杂，并且采用了许多简单假设。而实际等离子工艺的复杂性远远超出原理方程和简化假设所包含的范围。

2)物理模型不能反映工艺过程中不可避免的"随机起伏"的影响。对确定的工艺设备和制造技术，工艺结果参数主要取决于输入的工艺条件。但是在实际生产中，除了由人为控制的工艺输入条件这种受控因素外，还不可避免地存在大量的随机因素，也就是说，即使外加的工艺条件"保持不变"，但是在生产过程中决定产品质量的六大因素，即操作人员(Man)、机器设备

(Machine)、原材料(Material)、测量(Measurement)、环境(Environment)、操作方法(Method)这六种因素(又称为 5M1E 因素),绝对保持不变是不可能的,即使是在正常运转的情况下,也不可避免地存在"随机起伏",导致工艺制造中必然存在"随机扰动",这是非受控因素。因此,实际的工艺参数输出结果除了取决于受控的输入工艺条件外,必然受到随机扰动的影响。即使受控的输入工艺条件保持不变,输出的工艺参数也会发生起伏变化,如图 6-2 所示。

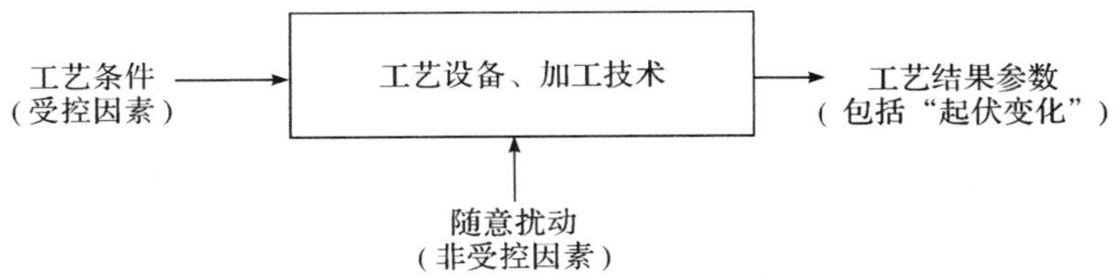

图 6-2　面向制造的工艺设备模型

3)现阶段建立的物理模型多数能够描述一维和二维情况,但对工艺三维结果描述往往并不理想,有的不能实现。

显然,根据理论建立的物理模型不可能包括这些随机因素,因此对于表征实际工艺特性非常重要的工艺均匀性等主要取决于随机因素的问题,物理模型是无能为力。在建立统计模型的过程中,依据的是实际工艺的现场采集的工艺参数测试数据,其中已包含有随机因素导致的工艺结果参数起伏变化,因此统计模型自然不存在这个问题。

由比较分析可以看出,统计模型是基于实际工艺设备,考虑工艺设备运行实际情况的一种模型形式。由于这种特点,工艺设备的统计表征所考虑问题的出发点、考虑问题的步骤、研究问题的途径与一般理论模型的建立存在较大差异。

2. 工艺设备统计表征与优化的技术思路

工艺设备统计表征的对象不同、目的不同,建模过程存在不同程度的差异。另外建立工艺统计模型的方法很多,具有多种实现途径。为了使工艺设备统计表征的实现方法对每一个工艺设备都有效,并得到满意结果,工艺设备的统计表征与优化一般应按照下列思路进行:

(1)明确建立工艺统计模型的目的,确定模型表征对象。本阶段需要解决下述三个问题:表征目的、表征的对象以及对象的阐述。解决上述问题,需要对工艺设备有深刻了解,从而确定表征工艺设备的目的,即所建立的模型的应用领域。根据目的,确定相应的、需要重点考察的试验指标,即表征对象。试验指标必须在技术上可行、经济上合理、而且应能进行度量和观测,因此需要对试验指标进行清晰表述,确定其度量与测试方法。

工艺设备的统计表征的目的是利用工艺设备的统计模型实现工艺控制与优化。而在确定试验指标、选取表征对象时,除了必须考虑工艺输出的关键参数,如热氧化工艺中的氧化膜厚度、刻蚀工艺的刻蚀速率等通常采用的工艺输出结果参数外,这些参数的分散性也作为一个指标,并提出明确的要求,这也是统计模型重要意义所在。如何实现对这一类指标的表征是工艺设备表征研究的重点。例如,在热氧化工艺表征中,除选用氧化层厚度作为目标外,同时将氧化层厚度的均匀性也作为指标,包括同一片晶片上氧化层厚度的差异(片内均匀性)以及不同晶片之间氧化层厚度的差异(片间均匀性);而在等离子刻蚀工艺表征中,刻蚀速度的均匀性也被选作为一个重要的指标。

(2) 确定影响因素及其变化范围。在选定指标并确定指标度量方法后,基于对工艺过程的分析、特定工艺设备情况以及已有的经验，确定影响指标的工艺输入条件。确定影响工艺试验指标的“输入”因素，也就是选取的试验变量。因此，其选择是否得当，直接关系到用于建立工艺设备统计模型的试验能否成功。选取因素后，需要确定在工艺窗口内，因素的变化范围。合适的范围将大量节省试验次数，并且让工艺输入条件的最佳组合也包含在试验区间内。

确定试验因素以及变化范围依靠专业知识和对工艺设备对象的了解程度。因此，参考工艺的理论模型以及结合工艺工程师的现场经验将能对确定试验因素及其变化范围提供有用的指导。

(3)选定试验方法，制定试验方案。优化确定工艺条件的基础是建立统计工艺模型。如何确定最佳的试验方案是试验设计技术解决的主要问题。试验方案应满足下述要求：

1)在保证能获得建立工艺统计模型所需的有效信息的前提下，将所有因子的不同水平进行合理组合，使试验次数尽量少，成本尽量低。

2)对试验得到的数据经过统计分析能够充分可靠、真实地反映工艺与设备实际状态。

3)基于试验数据的统计模型能够满足工艺控制与优化要求(如精度要求等)；

4)试验方案对于实际的工艺情况切实可行；

试验设计是否选得准确、恰当，不仅关系到试验能否提供其观察指标随因素变化的信息，而且直接影响试验分析结论的精确可靠、影响试验精度与试验费用能否保持合理平衡。按照试验设计的条件、要求和目的不同，试验设计的方法可分多种类型供试验者适当选择。针对不同工艺条件与试验目的如何选择合适的设计类型、制定试验方案将是本文讨论的重点。

(4)进行试验，采集数据。按照上述步骤(3)中选择的试验方案，严格进行试验。在试验中，应尽可能将那些非考察的试验因素固定在适当的状态上，控制试验环境相对保持一致。通过试验应该“取准、取全”有关试验数据，为下一步进行试验数据的统计分析、建立工艺设备的统计模型提供必要、准确可靠的信息。对试验中出现的各种异常情况和问题，需要如实做好记录，以供分析研究和在必要时或以后的试验中采取响应的改进与预防措施。例如在工艺设备的统计表征试验过程中，如果工艺设备出现重大变故，如维修、变换等，分析试验结果时必须考虑这些因素带来的影响。

(5)数据分析，建立工艺设备统计模型。对试验取得的数据进行综合整理，并用相应的数理统计方法进行计算分析，从中找出各考察因素及其相互关系对工艺指标的影响效应。基于数据分析建立用于表征工艺设备的统计模型。数据分析的基本方法是方差分析、假设检验以及多项式回归等方法。

(6)利用工艺设备模型，对工艺进行控制与优化。基于工艺设备统计模型可实现工艺设备的控制与优化，采用数学中的“最优化算法”优化确定最佳的一组工艺条件。需要说明的是，由于通常对几个工艺输出结果参数都有确定的目标值要求，因此这是一种“多目标优化”问题。理论优化的结果还应当充分考虑实际工艺情况，只有符合实际工艺情况的优化组合才是最佳的工艺条件。

(7)结论与建议。工艺设备统计建模是一个复杂过程，一旦采集到数据，进行数据分析与统计建模，并且进行了工艺控制与优化以后，实验者应该对实验结果进行总结与并做出适当结论，并将结果推进到实际工艺中作实践验证。通常工艺的表征与优化也是一个持续过程，不是说每一次都能得到满意结果，因此必须对实验进行总结，并对以后的实践提出建议。对做出的结论和建议，应明确界定其适用范围，并指出需要在后续试验或研究的问题。

以上是建立工艺设备统计模型的基本步骤，是其技术实现的途径。对于不同类型工艺，不同的特定设备，在每一步中考虑的具体问题可能存在差异，但是上述步骤是指导完整进行一个工艺设备的统计表征体系保证。

6.2.2　试验设计技术的概念与理论发展

试验设计技术是半导体工艺设备表征与优化的核心技术。在数学理论上，试验设计是统计学的一个重要分支。近代试验设计可以追溯到伟大的统计学家 R. A. Fisher 20 世纪 30 年代在英国 Rothamsted 农场试验站的开创性的工作，发展至今，已形成广泛的理论和应用体系。其理论涉及数学的多个分支，除了概率论与数理统计基础之外，还涉及数论、有限代数、投影几何、组合理论、计算数学以及计算机科学等各个分支。为了解决仿真试验的需求，70 年代末提出了计算机仿真试验设计理论，在抽样方法与建模形式上提出新理论，并形成重要分支，但是其基本概念与传统试验设计基本相同。

1. 试验设计技术的基本概念

试验设计是相关的统计学理论与试验技术的综合，它使研究人员能够找到好的试验、有效的进行数据分析并建立来自分析的结论和最初研究目标之间的联系。由于不同的定义，人们对试验设计包含的内容与理论存在不同理解。为了对试验设计有更全面的理解，下面摘引部分著作中关于试验设计的几种较典型"定义"，不同角度描述了试验设计技术涉及的基本方法和理论以及主要作用：

《试验设计》定义"在明确所要考察的(可控)因子及其水平后对试验进行总体安排称为试验设计。"《实验设计法》称"试验设计定义为科学与技术研究评价阶段的通用技术。试验设计方法是对各种手段、方案的价值，作出有效、可靠评价的通用方法之总和。其内容包括计算与试验的配列方法、数据的分析方法等。"《试验设计基础》称"试验设计可以被看作一种经过设计的或精心安排的试验过程，目的是使试验过程科学有序的进行，做到以较少的试验次数来获取和可靠的信息资料。"《6σ 试验设计》称"试验设计是对试验方案进行优化设计，以降低试验误差和生产费用、减少试验工作量并对试验结果进行科学分析的一种科学方法。试验设计的目的是使试验过程科学有序进行，做到以较少的试验次数来获取足够和可靠的信息资料。"

从上述定义可以看出，对于试验设计的内容具有不同的定义。日本质量与试验设计专家 G. Taguchi(田口玄一)在《实验设计法(上册)》中给出的定义，即试验设计包含内容涉及工艺设备表征整个范围，也就是说本文讨论的工艺设备的统计表征技术主体就是试验设计技术。

试验设计结合半导体制造工艺涉及到的基本概念如下：

(1)"指标"：试验设计中，作为要求达到的工艺结果参数目标值要求称为"指标"。有时又称为"响应变量"。用测试数据表示的指标称为"定量指标"，例如半导体制造生产中氧化工艺的氧化层厚度、扩散和离子注入工艺的方块电阻、内引线键合工艺的内引线拉力强度等。为了表征随机因素的影响，通常采用工艺结果参数的均匀性作为指标，这也是一种定量指标。

半导体制造生产中也有指标不能用数值表示的情况。例如键合工艺，键合点的形貌也是表征结合结果的一个参数。如果进行试验设计时选择键合点形貌作为一项指标，则称之为"定性指标"。进行试验设计时，对于"定性指标"应该通过专业人员评价打分、划分等级等方法采用"量化"的方法表示。

由于定量指标目标明确，测试数据包含有丰富的信息，因此试验设计中应该尽量选用定量指标。

(2)“因子”:试验设计中,影响工艺结果参数的工艺输入变量称为“因子”,也称为“因素”。

如图 6-2 所示,实际工艺中存在受控因素和非受控因素,对应的因子也分为“可控因子”和“不可控因子”。其中不可控因子又称为“噪声因子”或者“随机因子”。

(3)“水平”:试验设计中,可供受控因子选用的数值称为水平。“水平”可能取值的个数称为“水平数”。因此有的因子可能是多水平因子。例如,对氧化工艺,“温度”是影响氧化层厚度指标的一个可控因子。如果试验设计中,允许温度选用 950℃,975℃和 1 000℃三个值,则称温度是三水平因子。

一般情况下,例如氧化工艺中的温度因子,其水平是用数值表示。但是也存在水平本身不是用数值表示的情况。例如,对氧化工艺,晶片在氧化舟中的不同位置也会影响氧化层厚度指标。如果要分析氧化舟中前、后两个不同位置处氧化层厚度的分散性,即分析“位置”对均匀性指标的影响,则“位置”就是一个二水平因子。但是不像温度因子那样可以用数值表示其水平,因此“位置”因子的水平不是一种数据值。但是在进行试验设计时,例如本节热氧化工艺统计表征中,介绍试验设计方法时,同样需要采用数据表示“位置”因子的水平。

(4)“试验类型”:也可以称作“试验方案”。在确定试验指标与因素和水平后,就可以依据一定的统计学原则选择试验计划,建立试验方案。一个不好的设计可能只能获得极少的信息,而一个精心设计的设计试验会使结果变得清晰明白,而且不需要进行太复杂的分析。可以说如何选取试验设计类型、构造试验方案,是试验设计技术的核心。

(5)“试验设计矩阵”:试验设计矩阵就是试验的矩阵描述,它不针对具体的因素设置,而是基于一般的代码构造的矩阵。因此,相对具体的试验方案,其具有更为广泛的意义,它是制定具体试验方案的关键,对试验的构造与分析十分有用。

2.“试验设计”类型选取与数据分析方法

试验设计技术以及工艺设备表征涉及两个核心内容和技术:一是制定试验方案,即如何安排试验、采集数据、选取合适的“试验类型”;二是确定数据分析方法,即确定采用何种方法和模型来分析数据,获得可靠结论。这是工艺设备统计表征需要解决的核心问题。

(1)基本的“试验类型”与选取方法。试验方案是试验设计理论的核心内容,通过制定合适、详细的试验计划能在给定的试验中得到最大化的信息量。根据工艺设备统计表征的基本步骤可以看出,试验方案的制定,即“试验类型”的选择需要基于试验目的以及试验因素。只有在确定了试验目标和试验中需要考虑的输入因素及范围后,才能选择合适的设计方法并确定可行的试验方案。

“试验类型”的选取、试验方案的制定依赖于试验目的以及所研究的输入因素的个数。根据不同的目的可以把试验设计中的问题分为 5 类,试验类型则可以依据不同类的问题选取,这 5 类问题如下:

1)处理比较问题:其主要目的是比较几种不同的条件组合,并选择最好的;或者是研究一个或多个因素,确定一个最显著因素。

2)变量筛选:一个系统中有许多变量,但通常只有一小部分是重要的,筛选试验可用来识别这些重要变量。这类试验一般比较经济,因为它只留下少量的自由度来估计误差方差和高阶如二阶效应或交互效应。一旦重要变量被识别出来,实施一个跟随试验(如响应曲面试验)

就可以深入研究它们的效应。

3)响应曲面建模:少数的重要变量被识别出来后,它们在响应上的效应就需要深入研究。这些变量与响应间的关系有时称为响应曲面。通常,试验是基于一个设计,它使得这些变量的线性和二次线性以及变量间得某些交互作用能够被估计。这时试验要比筛选试验规模大些。

4)系统优化:在许多研究中,兴趣在于系统的优化。如果建立了工艺设备的响应曲面模型,就可以用它来进行优化。但在寻找一个最优目标时,不必勾画出整个曲面作为响应曲面模型。可以通过序贯策略使试验移动到含有变量的最优组合设置的区域中,只须在该区域来建立响应曲面模型。

5)系统稳健性:除了优化响应外,在质量改进中提高系统的抗干扰能力也是十分必要。对于这点通常选择那些使得系统对噪声变换不敏感的控制因子水平组合来达到目的。

解决系统优化、系统稳健性问题的试验设计类型与前三类问题的设计类型没有本质区别,它们只是在具体的应用中根据不同目的作出修正。因此,这里对标准的设计类型按照解决处理比较、变量筛选以及响应曲面建模三类问题归纳总结,其结果见表 6-1。根据解决不同的问题来选择合适的试验类型。

表 6-1　试验类型的总结

因素个数	处理比较	变量筛选	响应曲面建模
1	单因素的完全随机设计	N/A	N/A
2～4	随机区组设计	全或部分要因设计	中心复合或 BOX-Behnken 设计
5 或更多	随机区组设计	部分要因或 Placket-Burman 设计	进行减少试验因素的筛选设计

(2)试验数据的处理方法。当按照试验目的选取“试验类型”、制定好试验方案、进行试验并正确采集到数据后,就要对数据进行分析。数据的分析将按照如下几个基本步骤:

1)观测数据:检查是否存在数据越界、测量与输入错误等显著性问题,剔除有问题的数据。

2)基于理论分析数据:检验数据是否与理论模型分析的结果相一致,确定试验的有效性;

3)基于试验数据建立模型:利用方差分析,确定显著因素,建立尽可能简单的统计模型;

4)分析模型误差,检验模型是否服从假设:

a. 如果模型没有违反假设条件,则进行方差分析;如果可能的话,进一步简化模型,如果简化是适合的,可以返回步骤 3,得到新的模型;

b. 如果违反模型假设,则寻找原因:首先检查模型中是否缺少必要的因素项;然后考虑对试验数据进行变换是否能够解决违反模型假设的问题,如果可以,对转换后的数据,返回步骤 3,重新建立模型。

5)利用数据分析结果回答试验目标问题:表征输入输出关系,寻找重要因素,求最优设置条件等;

分析试验数据的一般性流程图如图 6-3 所示。上述试验数据的分析步骤,只是一个指导,并不需严格按照步骤一步一步进行。不同的分析可以选择不同的步骤,不是所有试验设计类型都需要按照同一程序进行数据分析。

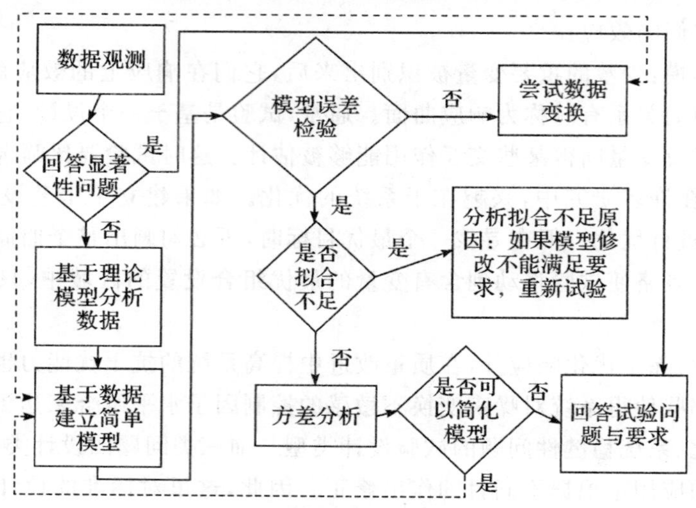

图 6-3　数据分析的基本步骤

3. 试验设计技术的理论发展

试验设计与分析是数理统计学中最重要的分支之一，也是发展最早、影响最大的分支之一。现代统计学的主要奠基人之一 R. A. Fisher 在英国的农业试验站的工作时，就从田间试验设计研究入手，发展了统计试验设计的基本思想和方法，推动了整个数理统计学的发展。此后，试验设计成为数理统计学中的一个很活跃的分支。试验设计技术的研究与发展始终与其在科研领域、工农业生产技术改进等各方面的应用紧密地联系在一起。应用领域提出的问题促使试验设计研究不断产生新的思想、形成新的课题，使试验设计在数学理论上不断得到发展。同时，理论的研究反过来推动试验设计在各个领域的应用，取得更好的效果。

试验设计最初是将统计理论引入试验领域而创立的，统计理论的发展推动着试验设计理论的发展；另外试验设计的核心"试验类型"，即试验方案的制定方法，依赖于设计的构造方法。因此，本节从这两个方面发展来回顾试验设计理论的发展。

(1)统计理论的发展。统计原理的引入对试验设计的发展具有重要意义。一方面，用统计学的观点看待被研究的系统、采用丰富的统计方法分析数据，有利于解释现象、得到科学的结论；另一方面，可以从统计推断的优良性角度考虑试验设计问题，大大丰富试验设计的思路和方法。

最初，基于试验误差的随机性和独立性的假定，产生了重复与随机化两个试验设计的基本原理。为了排除已知干扰源引起的变异性，产生了区组化的基本原理。重复、随机化以及区组化成为试验设计必须考虑的三个基本原则。

在多因子试验中，为了研究各因子的效应，方差分析与因子试验(factorial design)、部分因子试验设计(fractional factorial design)形成了相辅相成的一套方法。

当各因子是连续型变量时，为拟合响应变量随因子变动而变动的响应曲面模型，并寻求因子水平的最优组合，产生了一套由回归设计、回归分析以及优化方法集成的响应曲面方法(response surface methodology)。

在存在试验误差的情况下，为追求统计推断的精确性，产生了最优设计理论(optimal design)。

为了减少模型失拟(misspecification)或异常数据的影响，产生了设计鲁棒性(design

robustness)的概念。同时 Bayesian 设计、非线性模型的设计等课题相继兴起。

(2)设计构造方法的发展。在试验设计发展过程中,设计的构造方法也在逐步丰富起来。起初,针对对比试验、因子试验,人们借助于组合理论、群论等数学工具来构造设计,拉丁方、正交拉丁方、正交表被广泛运用。

针对二次响应曲面方法,人们提出了各种各样的回归设计的构造方法。最为著名的是 Box - Wilson(1951)提出的中心组合设计(central copmposite design),另外还有 Box - Behnken(1960)的一类三水平设计 Draper(1990 年)的小组设计(small composite design)等等。从 Fisher 开始,关于试验设计的统计理论便从各个方面逐步展开,试验设计的理论和方法不断丰富、完善,为半导体制造工艺统计表征提供了理论基础。

6.2.3　半导体制造中的典型工艺

半导体工艺设备统计表征与优化不能脱离具体的半导体制造工艺设备,因此需要选取半导体制造中的典型工艺作为方法研究的对象。主要工艺类型涉及两个方面——薄膜淀积工艺以及图形转换工艺。前者代表了半导体工艺中的空间离散性问题,后者则是半导体工艺设备的复杂性的代表。这里选取半导体制造典型代表性工艺:热氧化、等离子刻蚀工艺设备展开。

1. 热氧化工艺设备统计表征的典型意义

氧化工艺是半导体器件和集成电路制造中的基本工艺。其中热氧化应用最为广泛,是集成电路制造生长 SiO_2 膜的主要方法。选取热氧化工艺设备进行表征与优化具有以下典型意义:

(1)氧化工艺是半导体器件和集成电路制造中的基本工艺。其中氢氧合成的高温热氧化至今仍为集成电路制造中生长 SiO_2 膜的主要方法。

(2)热氧化工艺基本是通过氧化炉管完成,同时可以氧化若干晶片。热氧化是半导体制造工艺中薄膜生长以及“批加工”工艺的典型代表。微电路工艺中大量存在薄膜生长与淀积工艺,如 LPCVD,MBE 等,热氧化工艺反映出来的薄膜生长片内均匀性、片间均匀性等工艺空间均匀性问题将是其他薄膜生长工艺必须考虑的主要问题。另外,集成电路制造中也存在大量批制造工艺,如扩散、湿法腐蚀等,热氧化工艺反映出来的“批加工”工艺试验与优化的方法对它们同样具有指导意义。

(3)热氧化工艺一般存在“多品种”情况,即同一氧化炉管加工不同批次晶片时可能要求生长不同厚度的氧化层,因此需要采用不同的工艺条件。在监控工艺设备的统计受控状态时需要利用统计过程控制技术中的回归控制图。而使用回归控制图的前提是需要建立表征工艺设备特性的统计模型。因此,热氧化工艺的统计表征对于具有“多品种”特点的制造工艺同样具有意义。

(4)热氧化工艺试验操作方便,氧化层可以轻易腐蚀掉,试验片可以重复使用,试验成本较低,试验结果具有较高可靠性。

热氧化工艺,不涉及图形转换以及层次概念,因此试验结果不牵涉多道工艺,同时,热氧化炉管的操作稳定性较好,试验误差较小,噪声因素少,有利于方法的研究。

2. 等离子刻蚀工艺设备统计表征的典型意义

在硅片表面形成光刻胶图形之后,下一步通常是通过刻蚀工艺将该图形转移到光刻胶下层介质中。刻蚀方法常常分为湿法化学腐蚀和干法刻蚀(如等离子刻蚀)。

(1)等离子刻蚀工艺在现代集成电路工艺中,已经成为重要和关键工艺。尽管湿法化学刻蚀仍用于非关键的工艺中,但该种工艺很难控制,由于溶剂微粒的玷污而导致高的缺陷水平,它不能用于小的特征尺寸,并且会产生大量的化学废液。相对于湿法化学刻蚀,干法刻蚀即等离子刻蚀,具有更多优点,在现在超大规模集成电路中,干法刻蚀是图形转换的主要刻蚀方法。

(2)等离子刻蚀工艺是半导体制造工艺复杂性的典型代表。等离子刻蚀工艺涉及物理以及化学反应,物理过程复杂,存在明显的非线性关系。该工艺反映出的工艺复杂性,数据处理方法的多样性,对其他工艺具有指导意义。

(3)衡量和表征等离子刻蚀工艺目标量较多,它所反映的多条件多目标工艺优化问题对半导体制造工艺表征优化具有典型意义;如一般衡量等离子刻蚀工艺的目标值包含刻蚀速率、刻蚀均匀性、不同介质的选择比等。

(4)为了衡量等离子刻蚀工艺目标值,需要形成多个介质层阶梯,以能够在同一片中,能够衡量多个目标值。本节讨论的图形,就涉及三层介质,因此需要考虑如何设计掩膜图形,通过一次刻蚀达到测试多个介质层的变化,从而避免为了测试不同层次厚度需要进行多次刻蚀与测试对结果带来的干扰。

热氧化工艺和等离子刻蚀工艺具有上述特点,因此在半导体工艺设备的统计表征与优化方法研究中,以它们为对象,对于其中涉及特殊问题进行研究,对整个半导体制造工艺具有广泛意义。

6.3 热氧化工艺设备统计表征与优化

硅集成电路一大特点是容易在硅上形成一层性能极好的 SiO_2 氧化层。热氧化是生长 SiO_2 层的主要方法,这种方法生成的氧化层无论在底层硅体内或界面都具有缺陷最少的特点。同时,热氧化工艺是半导体制造工艺中薄膜生长与淀积、批工艺的典型代表。热氧化的工艺设备主要是卧式氧化炉,本节选取实际工艺线稳定的热氧化炉,建立表征该工艺输出结果参数氧化层厚度以及氧化层厚度空间均匀性的统计模型,并基于模型对该设备氧化工艺进行了优化,确定最佳工艺条件。另外,对半导体制造工艺参数嵌套引起的异方差现象提出了稳定方差、使数据满足模型假设的方法。

6.3.1 热氧化工艺设备描述与试验总体方案

1. 热氧化工艺设备描述

热氧化工艺是采用 H_2 和 O_2 合成方式生长氧化层。该工序氧化炉管可以同时放置五个石英舟进行氧化,每舟放置 25 片晶片,因此一炉可同时氧化 125 片晶片。依据工艺设备统计表征的基本步骤,首先需要确定工艺设备表征的目标与试验因素(因子)及其范围。

(1)热氧化工艺目标值。实际中,作为输出结果参数的主要目标值是氧化层厚度(表示为U)以及氧化层厚度的空间均匀性,包括同一片晶片内氧化层厚度的均匀性(M)以及同一炉生长的不同晶片之间氧化层厚度的均匀性(T)。试验中,将试验片的平均厚度作为氧化膜厚,采用试验片内不同位置点的差异来衡量氧化层厚度的片内均匀性,而用同一炉管中不同试验片的差异来衡量批工艺中片间均匀性。不同批次的工艺输出的差异控制不作为目标值。工艺的理想输出是期望氧化膜厚度达到指定值，而氧化膜厚的片内以及片间差异越小越好，也就是均匀性目标值越小越好。

(2)影响目标值的因素及其变化范围的符号化处理。基于氧化过程理论分析和对该工艺设备现场工艺状态的经验分析，影响该氧化工艺设备所表征的目标值的因素主要有氧化温度、氧化时间、H_2 流量、O_2 流量、晶向等因素。由于将同一炉管内不同位置晶片氧化膜厚度的差异也作为工艺表征对象，因此还应引入晶片在炉管中相对位置作为试验变量，即“位置”因素。这样热氧化工艺炉管的输入因素有氧化温度、氧化时间、H_2 流量、O_2 流量、晶向以及“位置”。基于实际工艺制造的工艺规格，以及工艺控制与优化的需要，可以确定这些输入工艺条件因子的取值范围。

这里对试验因素的取值范围进行进行符号化处理。符号化处理，是一种简单线性的尺度变化。如果原始的最大值(上限)为 X_H ，最小值(下限)为 X_L ，则中间的任一原始值 X 通过式(6－1)变换为符号化值 C ：

$$C = (X - a)/b \tag{6-1}$$

其中，$a = (X_H + X_L)/2$ ，$b = (X_H - X_L)/2$ ；即工艺输入因素的下限(最小值)变为－1，工艺输入因素的上限(最大值)变为＋1。

通过下式可以得到试验因素的原值，

$$X = bC + a \tag{6-2}$$

例如，对于本文讨论的氧化温度，假设最大值为 1 100℃，最小值为 800℃，则 a ＝(1 100＋800)/2＝950，而 b ＝(1 100－800)/2＝150。对于中间值(即符号化值为 0)的实际温度大小为 150×0＋950＝950℃。

对输入因素进行符号化处理具有以下好处：

1)能够表现出 2 水平因子试验(包括部分因子试验)的设计矩阵的正交性；当对所有试验因素进行符号化处理后，试验方案矩阵的列向量正交，即内积为 0，并且所有列的和为 0。正交性是试验方案制定的重要特性，它消除了主效应与交互效应估计间的关联。

2)有利于本试验中定性数据变换为定量数据；试验中的输入因素包含“晶向”以及“位置”变量，对于“晶向”变量，实际工艺硅片中有两种情况＜111＞与＜100＞晶向；在“位置”变量中，选取氧化炉管的前端与后端这二种情况。这两个试验因素都是离散的定性变量，而不是连续的数值大小，对数据的处理带来不便。利用符号化，对于晶向，利用－1 代表＜111＞，＋1 代表＜100＞；对“位置”变量，－1 代表氧化炉管的进气端，即前端；＋1 代表后端。这在 2 水平的因子试验中，将它们由离散性变量转化数值大小，方便了数据分析。

3)基于符号化后的试验因素所构造的试验方案，更具有广泛意义；试验方案的制定，依赖于试验设计矩阵的构造。采用符号化处理后的因素范围，制定的试验方案与试验设计矩阵是一致的，并且构造试验设计矩阵的方法与结果可以用于其他工艺设备的表征。

根据上述符号化处理结果，本文讨论的热氧化工艺炉管试验因素以及范围总结见表 6－2。

表 6-2 试验因素及范围

试验因素	因素范围
O_2流量(A)	(−1,+1)
H_2流量(B)	(−1,+1)
氧化温度(C)	(−1,+1)
晶向(D)	(−1,+1)
位置(F)	(−1,+1)
氧化时间(E)	(−1,+1)

2. 统计表征的总体方案

建立工艺目标值与设备输入因素的统计模型，就是分析响应与输入因子之间的关系，目标是理解工艺过程深层的机理和优化工艺，最大化或最小化响应或达到指定的响应目标值。因为实际的模型形式是未知的(即工艺输出与输入的真实关系)，而且对于响应目标值的观测带有误差，则需要进行试验得到反映实际模型的输入与输出关系的数据。对工艺设备表征的成功与否依赖于对真实模型逼进的优劣程度。若输入因子是定量的且个数不多(如小于6个)，则响应曲面法(Response Surface Methodology ，RSM)是研究这种关系、建立有效近似模型的有效工具。

根据对热氧化工艺炉管的描述，表征该设备的统计模型中，目标值为三个，而对目标值具有潜在影响的重要因子有6个，此外因子间的交互作用也需要进行估计；另外，它们中既有定量因素，还有定性因素。众多的因子，它们的重要性在试验初始阶段不能显著区分。而对于RSM，当试验因素(包括交互作用项)小于6个是才具有较高效率。同时定性变量的存在(如晶向)，也不适合建立一个二阶多项式模型。所以直接通过响应曲面设计，建立热氧化炉管的二阶响应曲面模型是不现实的。

通过两阶段试验：筛选试验、响应曲面试验，来建立热氧化炉管的统计模型。通过筛选试验，估计工艺输入因子对响应目标值的影响大小，进行主因素分析，筛选出对响应目标值具有显著影响的因子；然后利用响应曲面法在筛选后的主因素基础上建立工艺设备的二阶多项式模型。通过这种连续试验，既可以满足模型逼进的要求，同时也可以节省试验次数和成本，提高建模效率。

另外，晶片在氧化炉管中的相对位置对氧化膜厚差异具有多大影响，这种影响是否显著到在表征模型时需要将工艺中片间均匀性作为工艺的响应目标值，在实际工艺中并没有确切的衡量。由于片间均匀性作为表征工艺设备的目标值，显著增加试验片数，因此，在两步试验中第一阶段试验，即筛选试验中通过对“位置”因素的效应估计，来分析批工艺中片间的差异的显著程度，如果“位置”因素显著影响目标值氧化膜厚，将在第二阶段试验将片间均匀性作为目标值。筛选试验阶段的响应目标值为两个，即氧化膜厚、片内均匀性；而在响应曲面设计阶段，再依据筛选试验结果来确定所建立的统计模型的响应目标值。

6.3.2 热氧化工艺设备统计表征中的筛选试验

筛选试验的目的是区分各个因素相对于目标值的重要程度，进而剔除那些不重要的因子，也称为主效应试验。由于并不需要建立目标值与输入因素之间可靠、高阶的回归模型，因而这类试验方案的制定都基于一个高度部分化的设计，例如部分要因试验设计。

1. 筛选试验方案

如上节所述，在筛选试验中考虑的响应目标值为：氧化层厚度和在同一晶片内的均匀性；试验的输入因素及其范围（见表 6-2）。筛选试验方案的制定需要解决的问题是："试验类型"的选取，以及试验设计矩阵（design matrix）的构造。

（1）"试验类型"的选取。在试验输入因素中包含晶向与"位置"两个离散性数值，决定了每个试验因素只能选取两个试验水平，"试验类型"应是两水平的因子试验（也称 2^k 因子试验设计，two level factorial design）。虽然很多因素可以有若干甚至无穷多个（连续取值时）水平级，但对每个因素只取两个水平级的 2^k 因子试验在整个试验设计中占有特殊的地位。这是因为：

1）2^k 因子设计需要的试验次数相对较少。虽然对每个因子规定两个水平级限制了试验的探索范围，但它却至少能了解变化的趋势，为进一步探索提供方向。

2）它是部分因子试验设计的基础。

3）对这类设计的试验数据的观察分析可以通过比较简单的数值运算来进行。

但是 2^k 的要因试验设计中，随着变量数目 k 的增大，试验次数将呈指数倍地增大。例如当 $k=8$ 时，$2^k=256$。对这 256 次试验进一步分析，其用于计算主效应、交叉效应以及高阶效应试验组合数见表 6-3。

表 6-3　2^8 全因子试验设计的效应数值表

平均数	主效应	交叉效应						
		2 阶	3 阶	4 阶	5 阶	6 阶	7 阶	8 阶
1	8	28	56	70	56	28	8	1

从表 6-3 可以看出，在所有试验中，用于估计三个以上因素的交叉效应的试验次数为 56＋70＋56＋28＋8＋1＝219，占总数的 85%。实际上因素效应的重要性是分层次的。其中因素的主效应最重要，两个因素交叉作用的效应也比较重要，而三个以上因素交叉作用的效应就显得不那么重要，往往可以忽略不计，另外对高阶效应的估计会造成过度拟合和解释困难的问题；而且就在主效应和两个因素的交叉效应中，也并非全部重要。由于在筛选试验阶段，我们所要获取的信息，只是全部信息中很小一部分。因此，可以考虑只对 2^k 的因子试验设计中的很少一部分进行试验，以较少的试验次数来获取尽可能多的重要信息，采用部分因子试验。

对于六因素、两水平的因子试验，如果需要估计每个因素的效应，以及它们之间的所有交互作用效应，则需要 2^6 即 64 个试验组合。由于筛选试验的目的是确定显著影响目标值的输入因素，并不需要严格估计试验因素的高阶效应，因此因素筛选的试验方案应当基于一个高度部分化的设计。依据第二节中关于"试验类型"选取以及上述全因子试验的讨论，在方案的制定中将选取部分因子试验设计。

综上分析，热氧化炉管的统计表征的第一阶段筛选试验的选取的试验类型为"两水平部分因子试验"。

根据"部分因子试验"理论、筛选试验中因素效应估计的要求以及试验成本的考虑，热氧化炉管的统计表征的筛选试验选用 $2^{(6-2)}$ 部分因子试验设计（即全因子试验的 1/4 部分），即 16

组试验组合。选用该“试验类型”制定方案，可以解决连续与离散试验因素同时存在的问题。本试验分辨度为Ⅳ，能保证主效应之间、主效应和二阶交互作用之间没有混杂，重点考虑的二阶主效应之间不混杂，即能够精确估计因素对响应目标值的一阶效应，同时通过“设计矩阵”列的安排，估计重点考虑的因素之间的二阶效应。因此选取该“试验类型”制定试验方案能够满足筛选试验的要求。

(2)部分因子试验的设计矩阵的构造。部分因子试验(fractional factorial designs)实际上是全因子试验组合中恰当的选取其中部分试验组合。恰当地选取两水平全因子试验中部分组合，需要满足试验组合的平衡与正交特性。如何选取试验组合具有不同方法，例如采用正交设计表也是构造试验组合的方法。由于正交表使用起来并不灵活，可利用相同组合数的全因子试验设计矩阵来构造两水平部分因子试验的设计矩阵，首先构造相同组合数的全因子试验，然后根据生成元的概念，构造部分因子试验的设计矩阵。$2^{(6-2)}$设计的矩阵构造首先需要构造16组试验组合，即两水平四因子的全因子试验的设计矩阵。

对于两水平试验，因子的高水平表示为“＋1”，低水平表示为“－1”。所有输入因素的高、低水平的可能组合就成为两水平的全因子设计。如果按照“标准次序”(standard order)安排试验组合，这两水平全因子试验的设计矩阵第i列(X_i)从－1开始，重复$2^{(i-1)}$次，然后跟着是＋1重复$2^{(i-1)}$次，相互更替，直到完成所有组合。两水平四因子的全因子试验的设计矩阵见表6－4。其中，第一列Run是试验组合指定顺序，即为“标准次序”。

上述两水平四因子设计的组合数正好是$2^{(6-2)}$部分因子试验组合数。但是没有多余列来安排因素5(X5)和因素6(X6)。通过设计生成元，可以构造新的列来安排因素X5，X6。根据2^{k-P}部分因子试验的分辨度与最小低阶混杂准则，以及本试验因素的考虑。对于分辨度Ⅳ、16水平的$2^{(6-2)}$部分因子试验的生成元为

$$X5 = X1 \times X2 \times X3$$
$$X6 = X1 \times X3 \times X4$$

表6－4　两水平四因子的全因子试验的设计矩阵

Run	X1	X2	X3	X4
1	－1	－1	－1	－1
2	1	－1	－1	－1
3	－1	1	－1	－1
4	1	1	－1	－1
5	－1	－1	1	－1
6	1	－1	1	－1
7	－1	1	1	－1
8	1	1	1	－1
9	－1	－1	－1	1
10	1	－1	－1	1

续表

Run	X1	X2	X3	X4
11	−1	1	−1	1
12	1	1	−1	1
13	−1	−1	1	1
14	1	−1	1	1
15	−1	1	1	1
16	1	1	1	1

即因素 X5 所在列设置为 X1,X2,X3 所在列相乘,X6 所在列设置为 X1,X3,X4 所在列相乘。所得 $2^{(6-2)}$ 部分因子试验的设计矩阵见表 6-5。依据效应混杂原则,将试验因素(A,B,C,D,E,F)安排在各列,构造了试验次数为 16 的试验方案,见表 6-5。表中最右两列同时给出了试验结果。

由上述方法构造的试验方案,具有如下特性:

1)正交特性,每列内积为 0,每行相加为零。正交特性是试验设计重要特性,它可以它消除了主效应与交互效应估计间的关联。

2)对称与平衡特性,即在试验组合中,每个因素高水平与低水平出现的次数相等。这保证了对每个因素不同水平均衡考虑。

3)具有合理分辨率;该试验方案 6 个主因素之间对目标值影响效应的大小,在统计估计中不存在混淆,同时从理论与经验出发确定重要二阶交互效应(如,氧化温度×H_2流量、氧化温度×O_2流量、H_2×O_2流量(注:本文采用 A×B(或 AB)表示 A,B 因素之间的交互作用)之间也不存在混淆,即上述因素的效应能够得到精确估计。

表 6-5　筛选试验方案与试验结果

试验编号	X1 (O_2流量 A)	X2 (H_2流量 B)	X3 (温度 C)	X4 (晶向 D)	X5 (时间 E)	X6 (位置 F)	氧化膜厚	片内均匀性/(%)
1	−1	−1	−1	−1	−1	−1	2.154 8	1.597 8
2	1	−1	−1	−1	1	1	4.924 2	0.248 5
3	−1	1	−1	−1	1	−1	5.535 4	1.073 7
4	1	1	−1	−1	−1	1	2.284 8	0.534 6
5	−1	−1	1	−1	−1	1	4.384 4	0.315 5
6	1	−1	1	−1	1	−1	8.912 8	0.512 2
7	−1	1	1	−1	1	1	10.881 4	0.095 2
8	1	1	1	−1	−1	−1	4.386 8	0.846 9
9	−1	−1	−1	1	1	1	4.256 6	1.121 4
10	1	−1	−1	1	−1	−1	1.473 4	1.544 6

续表

试验编号	X1 (O_2流量 A)	X2 (H_2流量 B)	X3 (温度 C)	X4 (晶向 D)	X5 (时间 E)	X6 (位置 F)	氧化膜厚	片内均匀性/(%)
11	−1	1	−1	1	−1	1	1.650 0	0.758 2
12	1	1	−1	1	1	−1	4.345 8	0.820 1
13	−1	−1	1	1	1	−1	9.254 2	1.316 8
14	1	−1	1	1	−1	1	4.362 4	0.329 2
15	−1	1	1	1	−1	−1	4.523 6	0.521 0
16	1	1	1	1	1	1	12.120 2	0.241 5

2. 目标值定义与试验实施

筛选试验阶段，响应目标值为氧化膜厚与片内均匀性。每次试验后，采用分光光度计在每个试验晶圆的上、下、左、右、中共5个固定位置测量氧化层厚度 x_1, x_2, x_3, x_4, x_5，然后按照下述表达式由测试数据计算出工艺输出响应目标值“氧化层厚度”和“片内均匀性”：

(1)氧化层厚度：用晶片上五个位置氧化层厚度测试数据 $x_1, \cdots, x_5$ 的平均值 u 表示该晶片的氧化层厚度。

$$\text{氧化层厚度}\ u = (x_1 + x_2 + x_3 + x_4 + x_5)/5 \tag{6-3}$$

(2)片内均匀性：用晶片上5个位置测试数据的标准偏差与测试数据均值之比表示单个晶片内氧化层厚度均匀性，记为 M：

$$M = \frac{\sigma}{\mu} = \frac{\sqrt{\frac{1}{4}[(x_1-u)^2+(x_2-u)^2+(x_3-u)^2+(x_4-u)^2+(x_5-u)^2]}}{(x_1+x_2+x_3+x_4+x_5)/5} \tag{6-4}$$

确定了试验方案和响应目标值后，在具体工艺试验中，还应该注意如下问题：

1)试验实施中的原则——试验次序的随机性。进行试验时，应尽量控制非因素效应，即未考虑其值要改变的因素应尽量保持不变；按照试验方案实施试验时，随机安排试验号进行试验，不能按照上述表格的“标准次序”依次进行试验。试验的随机化可以减少不在考虑范围的其他因素的干扰，减少在试验组合分配上由主观因素造成的影响，从而保证试验误差的合理性。

2)试验片的放置。由于晶片在氧化炉管中相对位置也选作为试验设计中的一个因素，用“位置”因素来衡量氧化层厚度的片间差异。在具体试验中，在前端第一舟中间(“位置”因素低水平−1)、后端第五舟中间(“位置”因素高水平+1)各放置一片试验用晶片。为了保持气流的一致稳定，舟上其他位置均按照正常工艺情况那样放满陪片。

3)工艺稳定性的保证。为了保证试验的结果反映实际的工艺生产，以及试验数据可靠性，整个试验过程中工艺设备的运行应该处于稳定受控状态。采用统计过程控制技术监控氧化炉管表明氧化过程一直处于统计受控状态，保证试验数据能代表实际工艺设备情况。如果工艺设备在试验过程进行了清洗、维修等改变，需要做好记录，在数据分析时考虑这些改变对结果的影响。

4)制定合理工艺操作规范。在实际工艺操作中，针对每一试验组合，需要制定工艺操作规范，例如对于热氧化工艺，不同温度下的氧化，操作规范需要界定进舟时间、升温时间与稳定时间以及降温、氮气吹扫时间等，这些都是试验中没有考虑的因素，对工艺的结果都有影响。为了保证所得数据能够反映工艺试验结果与考虑因素之间的真实关系，在制定工艺操作规范时应该尽量保证非试验因素的一致。

3.试验数据分析与工艺简单模型

现场试验采集数据，试验结果见表 6-5，所记录的响应目标值为相对值。根据筛选试验阶段目标，对实验数据进行分析需要达到如下目的：

1)确定影响目标值的显著因素；

2)通过观察、分析不同位置处晶片氧化层厚度的差别，分析“位置”对片间均匀性问题的影响；

3)建立目标值的简单模型，利用该模型结合理论模型，判断试验的可靠性。

对试验结果进行如下分析：主效应分析、交互效应分析以及构造简单回归模型。在数据分析处理过程中涉及数据的观察分析、统计模型基本假设检验、数据变换以及数据变换后统计建模和模型评价等工作。

(1)试验因素的主效应估计。假设 z_i 为第 i 组试验的响应目标值，为了度量一个试验因素（比如 O_2 流量 A）的平均效应，计算试验中它在高水平（+1）上的所有响应目标值 z_i 的平均值 $\bar{z}(A+)$ 与它在低水平（−1）上的所有响应目标值 z_i 的平均值 $\bar{z}(A-)$，则它们之差就称为 O_2 流量 A 的主效应 ME，表示为

$$\mathrm{ME}(O_2\text{流量 }A)=\bar{z}(A+)-\bar{z}(A-) \tag{6-5}$$

由部分因子试验的对称与平衡性，$\bar{z}(A+)$ 和 $\bar{z}(A-)$ 是在其他因子的所有水平组合上计算。部分因子试验的均衡性允许主效应有一个超出当前试验。

同理，可以分别计算氧化温度、氧化时间、H_2 流量、晶向以及“位置”因素对于目标值氧化层厚度 u 的主效应，以及各个试验因素对响应目标值片内均匀性 M 的主效应。结果见表 6-6。

表 6-6　筛选试验因素的主效应

	A (O_2 流量)	B (H_2 流量)	C (温度)	D (晶向)	E (时间)	F (位置)
对 u 的主效应	0.021 25	0.750 7	4.025 1	−0.184 8	4.376 3	0.534 7
对 M 的主效应	−0.215 2	−0.261 8	−0.440 0	0.178 6	−0.127 3	−0.573 6

这些主效应的计算结果可以用图表示出来，称之为主效应图。通过筛选试验得到的不同试验因素对目标值的主效应图，分别如图 6-4(a)，图 6-4(b)所示。

通过主效应分析，可以知道试验因素对目标值的影响程度，并比较它们对目标值的重要性。从主效应表和主效应图可以看出，对目标值具有显著影响的因素为氧化温度、氧化时间以及氢气流量和“位置”等。而对均匀性具有显著影响的因素为氧化温度、“位置”。可以看出，“位置”因素对氧化层厚度以及片内均匀性都具有重要影响，因此响应曲面试验阶段，片间均匀性将是一个不能忽略的目标值。

为了度量两个因子，例如 O_2 流量×H_2 流量的联合效应，即 $A\times B$（本文中同时也采用 AB 表示因素的交互效应），可用下面方法计算：

$$\begin{aligned}INT(A,B)=&\frac{1}{2}\{\bar{z}(B+|A+)-\bar{z}(B-|A+)\}-\\&\frac{1}{2}\{\bar{z}(B+|A-)-\bar{z}(B-|A-)\}\end{aligned} \tag{6-6}$$

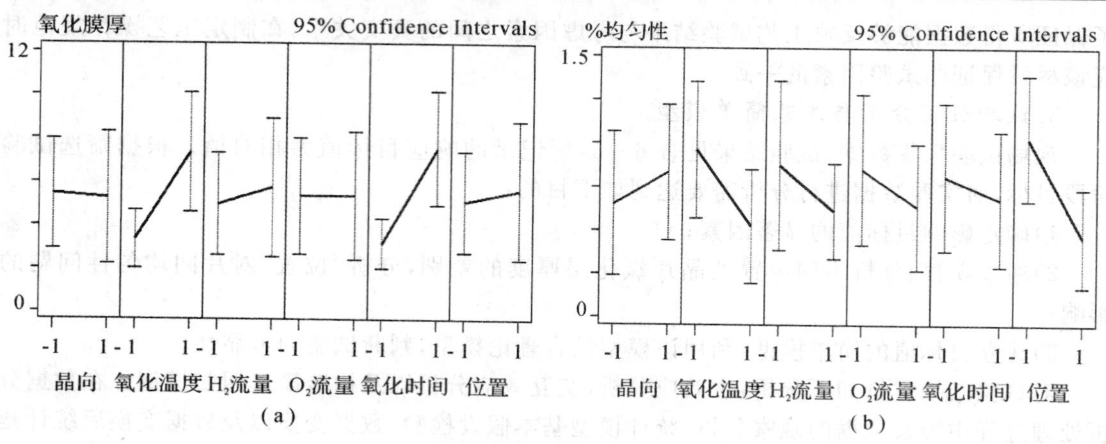

图 6-4　筛选试验主效应图

(a)氧化膜厚主效应图；(b)片内均匀性主效应图

通过交互效应的计算，分析因素交互作用对目标值的影响，发现：O_2 流量×H_2 流量、O_2 流量×氧化温度，O_2 流量×位置、H_2 流量×氧化温度、H_2 流量×位置、H_2 流量×氧化温度、以及氧化温度×位置等六项交互项对目标值氧化层厚度与片内均匀性具有重要影响。

(2)目标响应值的数据变换。目标值与试验因素最为简单的模型为线性模型，但是由于目标值与因素之间的非线性关系，直接采用线性模型来描述实际的工艺，不能满足精度要求，拟合效果不好。但是可以借助对目标响应值进行适当的变换，将目标值与因素之间非线性关系变换为线性，从而利用线形模型来描述工艺，简化工艺的模型形式。另外，构造线性模型时，对变量进行模型的假设检验，常存在实际测试数据与模型预测值之间的残差不符合回归模型的基本假设(如出现异方差现象)。通过对响应的变换可以改善数据异方差现象，同时提高模型拟合优度。图 6-5 给出筛选试验阶段响应目标值经过 Box-Cox 变换分析的结果，由该图可以确定(详见 6.3.5 节)氧化层厚 u 最优变换形式为 $\sqrt[5]{u}$，而均匀性可以不作变换。进行统计建模时，首先对工艺参数结果目标值测试数据进行相应变换，建立统计模型后再通过逆变换得到目标值氧化层厚度以及片内均匀性的统计模型。

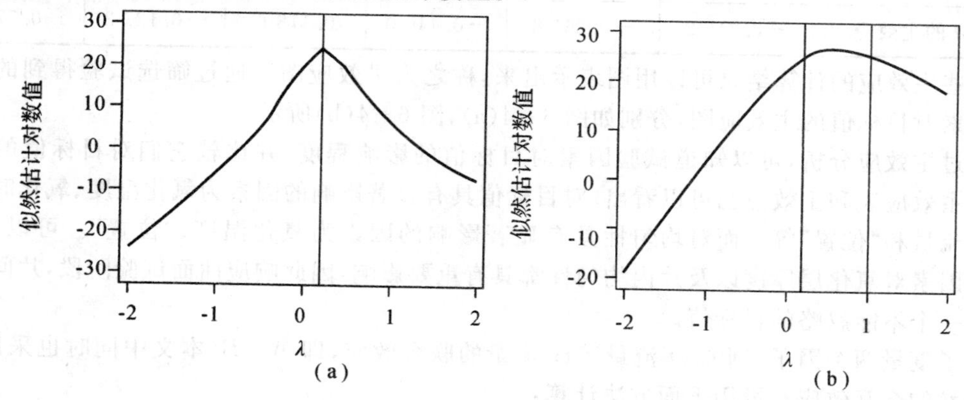

图 6-5　Box-Cox 分析图

(a)氧化层厚度 u 分析图；(b)片内均匀性 M 分析图

(3)回归模型中变量的选择。结合基本理论与工艺实际情况、$2^{(6-2)}$ 部分因子试验中因素的混淆效应以及上述试验数据的分析，确定在筛选试验阶段氧化层厚以及片内均匀性回归模型应考虑的工艺条件因子及其交互作用为：晶向、氧化温度、H_2流量、O_2流量、氧化时间、和位置共 6 个因子，以及 O_2流量×H_2流量、O_2流量×氧化温度，O_2流量×位置、H_2流量×氧化温度、H_2流量×位置、H_2流量×氧化温度以及氧化温度×位置等六项交互项。

基于观测到的经验证据，数据中呈现的变异主要是有少数效应引起的。在回归模型中，从模型中去掉回归系数不显著的变量，一般尽量采用更节俭的模型（即模型具有较少次要因素项）。另外，过多使用模型的高次项，对数据的拟合好些，但这样的拟合模型可能缺乏预测效力，即出现过拟合情况。因此，在建立回归模型时，需要对模型中包含项进行选择。其目的是希望找出能够较好解释试验结果的最小因素组合项的子集，希望能够找到实际的模型或至少找到由最大回归系数的实际模型的因素项。这需要对模型中可能包含的因素与交互作用项的效应同时进行检验，确定显著影响响应目标值的因素项。因此，回归模型包含项的选择也可用于对目标值有显著影响因素的筛选。在主效应分析中，只是分别计算因子及其交互项对目标响应值的影响，并没有对它们进行显著性检验，因此，这里可以通过对回归模型中包含项的选择来筛选确定对响应目标值有显著影响的因素。

正态或半正态图是分析效应显著性的一个简单而有效的方法。检验效应显著性的正态图利用的是正态概率图。以 $\hat{\theta}_{(1)} \leqslant \cdots \leqslant \hat{\theta}_{(I)}$ 表示因子效应估计值 $\hat{\theta}_i$ 的顺序值，然后在正态概率纸上相对于它们在正态概率尺度上的相应坐标绘出它们效应的点：($\Phi^{-1}([i-0.5]/I)$, $\hat{\theta}_{(i)}$, 其中 $i=1,\cdots,I$)。Φ 是标准正态随机变量的累积分布函数。通过对上述点中那些接近 0 的 $\hat{\theta}_{(i)}$ 的中间点群拟合直线，任何远离该直线的点所对应的效应判定为是显著的。这里绘制了氧化膜厚与片内均匀性的效应的半正态图，如图 6－6 所示。较大的估计效应均出现在图的右上角，其中标识出的为模型中的显著性因素。

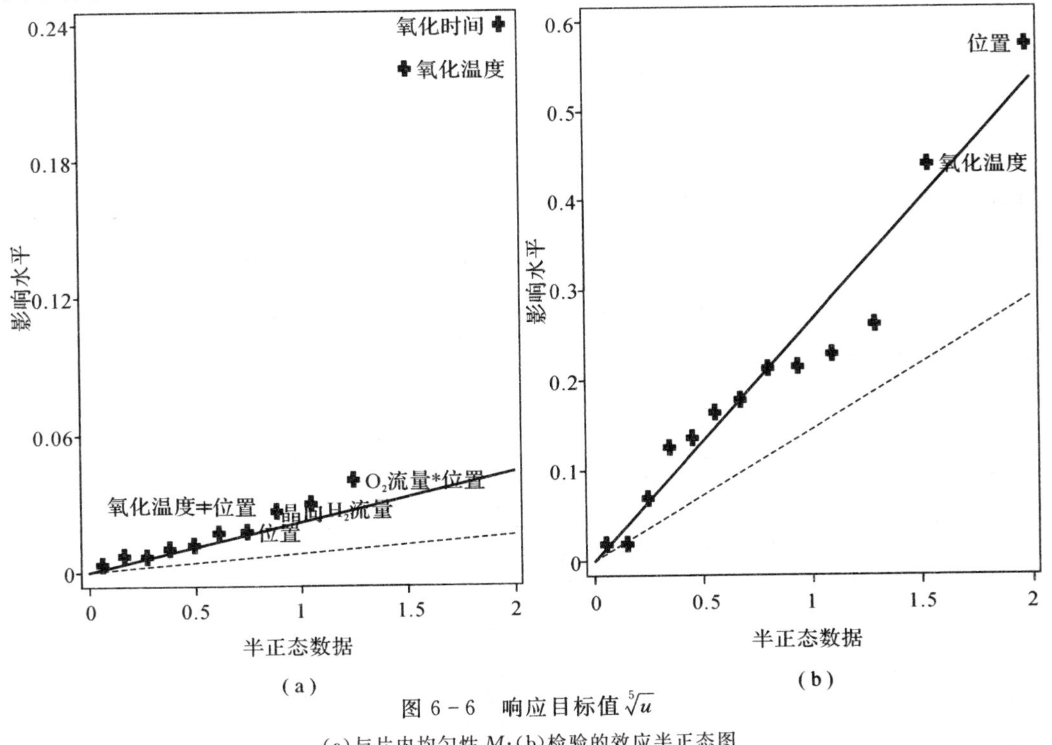

图 6－6　响应目标值 $\sqrt[5]{u}$

(a)与片内均匀性 M；(b)检验的效应半正态图

另外，通过 t 检验对目标值 $\sqrt[5]{u}$ 与片内均匀性 M 模型中可能包含项进行显著性检验。利用计算 p 值来检验模型中是否应该包含该项。p 值越小，模型中剔除该项的概率越小，反之模型中应该包含该项的置信度越强，当检验项的 p 值小于置信度 0.05，就认为模型中不能剔除该项。详细计算结果见表 6-7。

表 6-7 回归模型包含项的显著性检验

	A	B	C	D	E	F	AB	AC	AE	BC	BE	CE
p 值($\sqrt[5]{u}$)	0.493	0.005	<0.001	0.006	<0.001	0.020	0.057	0.194	0.002	0.076	0.171	0.021
p 值(M)	0.099	0.070	0.027	0.135	0.224	0.016	0.099	0.087	0.820	0.442	0.152	0.812

由半正态概率图与模型包含项的 t 检验，可以确定拟合目标值 $\sqrt[5]{u}$ 的回归模型应包含 H_2 流量、氧化温度、晶向、氧化时间、位置以及交互项 O_2 流量×位置、氧化温度×位置；由于存在 O_2 流量×位置，为了模型的继承性，在模型中加入 O_2 流量项。而根据上述分析结果，片内均匀性 M 的回归模型中应包含氧化温度与“位置”因素两项。

通过回归模型的包含项选择，也确定了在 6 个因素中，对目标值具有显著性影响的因素有下述 5 个：H_2 流量、氧化温度、氧化时间，晶向、位置。

(4)目标值 $\sqrt[5]{u}$ 与片内均匀性 M 的回归模型。确定了目标值回归模型包含项后，根据方差分析与回归模型拟合方法，由测试数据得到目标值 $\sqrt[5]{u}$ 以及均匀性 M 的回归模型为

$$\sqrt[5]{u} = 1.36-0.002\times A+0.01\times B+0.11\times C-0.01\times D+ 0.12\times E+0.01\times F+0.01\times C\times F+0.02\times A\times F$$

$$M=0.74 - 0.22\times C - 0.29\times F$$

则氧化膜厚 u 的回归模型可以通过目标值 $\sqrt[5]{u}$ 的逆变换得到，即

$$\text{氧化膜厚 } u = (1.36-0.002\times A+0.01\times B+0.11\times C-0.01\times D+ 0.12\times E+0.01\times F+0.01\times C\times F+0.02\times A\times F)^5$$

利用方差分析对建立的两个模型的显著性进行检验，结果分别见表 6-8 和表 6-9。可以看出 $\sqrt[5]{u}$ 以及 M 的回归模型能够显著代表目标值与因素的实际关系，即模型是适合的。

表 6-8 $\sqrt[5]{u}$ 模型的方差分析(ANOVA)表

Source	DF	平方和	平均均值	F 比值	显著性水平
Model	8	0.4376	0.0547	252.0359	0.0001
Error	7	0.0015	0.002	N/A	N/A
Total	15	0.4391	N/A	N/A	N/A

表 6-9 M 模型的方差分析(ANOVA)表

Source	DF	平方和	平均均值	F 比值	显著性水平
Model	3	2.3650	0.7883	10.4803	0.0019
Error	12	1.0223	0.0852	N/A	N/A
Total	15	3.3876	N/A	N/A	N/A

再利用评价拟合优度系数，来判断模型拟合的好坏，其中 RMSE(Root Mean Squared Error)为均方误差根，R^2 为拟合相关系数，它的大小可以用来度量“可以通过模型解释的数据间差异的比例”，R^2 越大表明回归模型对试验数据的拟合越好。由于 R^2 有时存在随模型包含项数的增加而增加的缺点，这里同时计算了模型修正 R^2 指数，避免上述问题。模型的拟合检验的结果见表 6-10，$\sqrt[5]{u}$ 的模型拟合效果较好，而均匀性 M 的拟合存在不足。

表 6-10　模型的拟合优度分析

	$\sqrt[5]{u}$	M
Root MSE(RMSE)	0.0147 32	0.291 9
R-square(R^2)	99.65%	69.81%
Adjusted R^2	98.25%	62.27%
Coefficient of Variation	1.084	39.323 98

筛选试验阶段数据分析中，回归模型以及因素显著性分析中没有 O_2 气流量，而有 H_2 流量，对实际工艺中气体流量设置范围分析发现，氢氧合成的热氧化工艺需要确保 H_2 能全部参与反应，因此工艺中采用的 O_2 流量相对过剩，从而造成 O_2 流量的改变并不能显著改变膜厚；膜厚与 H_2 成正比，因为水汽比 O_2 的氧化膜的生长速率快，在 O_2 相对充足的情况下，H_2 越多，水汽就越多，氧化膜生长速率就越快；这符合理论模型分析。

4. 筛选试验结论

在筛选试验中，通过 $2^{(6-2)}$ 部分因子试验建立了 16 试验组合，在实际工艺中实施试验，采集了数据，对试验响应目标值进行了主效应分析，并建立了它们的回归模型。从上述结果，可以得出以下结论：

(1)显著影响氧化层厚的因素为 H_2 流量、氧化温度、氧化时间、晶向、“位置”。显著影响片内均匀性 M 的因素为氧化温度、“位置”。

(2)“位置”变量比较显著影响膜厚和片内均匀性，这反映出晶片在氧化炉管中的相对位置对工艺输出结果有显著影响。因此下一步试验中需要考虑工艺同一炉中的片间差异，即氧化膜厚度片间均匀性将作为表征目标值。

(3)建立的简单一阶多项式模型能够显著代表因素与目标值的关系，尤其是氧化膜厚的模型具有较好的拟合度，但是在片内均匀性的拟合存在不足，这可以通过第二阶段的响应曲面试验来改善模型的拟合不足。

(4)主效应图和从回归模型反映出的因素与目标值的基本规律与物理模型相吻合，说明筛选试验的实施与数据采集和分析符合要求，并且可靠，能够反映工艺设备实际状态。

6.3.3　热氧化工艺设备统计表征中的响应曲面试验

根据筛选试验阶段结论，响应曲面试验的目的是建立热氧化炉管的响应目标值氧化膜厚、氧化膜厚片内均匀性以及氧化膜厚的片间均匀性的二阶模型。响应曲面法是建立二阶模型的主要方法。本节采用响应曲面法中主要的试验类型，分别构造了用于建立热氧化炉管的二阶模型的设计矩阵，分析和比较了它们的各自特点，从而制定了本阶段的试验方案。依据试验方案，采集数据建立热氧化炉管工艺输出值的统计模型。

1. 响应曲面试验描述与试验方案制定

(1)响应曲面试验的问题表述。通过筛选试验设计的结论可以看出，响应曲面设计的目的是建立工艺设备的二阶统计模型，保证模型精度，使模型具有较好的预测能力。在同一炉管生长的同一批次内的不同晶片之间氧化层厚度存在显著差异，需要进行表征与控制，因此试验中，建立用于表征工艺设备的下述三个目标值的模型：氧化层厚(U)、片内均匀性(M)以及片间均匀性(T)。

经过筛选，在影响上述目标值的因素中主要包含 H_2 流量、氧化温度、氧化时间、晶向以及“位置”。由于晶片的晶向并不是热氧化工艺中一个可以随便改变的因素，在每次试验中只要同时采用＜111＞和＜100＞两种晶向的晶片进行试验，就可以分别建立针对不同晶向目标值的统计模型。另外，引入“位置”因素主要目的是衡量工艺的片间差异影响程度，并不是实际工艺输入因素；同时，由于每次试验中均分别在氧化炉中 5 个不同位置(即 5 个石晶舟中)放置晶片，通过测试 5 片晶片氧化层厚度的差别反映工艺的片间差异，也就是说试验以及测试结果中已包含了晶片在氧化炉管中不同位置对氧化层的影响，因此位置变量将不是一个要出现在统计模型中的输入因素。因此，响应曲面试验需要考虑的的输入因素为氧化温度、氧化时间、H_2 流量三个输入因素。

响应曲面试验阶段就是考虑工艺设备输入因素(氧化温度、氧化时间、H_2 流量)对不同晶向的工艺目标值氧化层厚(U)、片内均匀性(M)以及片间均匀性(T)的影响，建立目标值的二阶响应曲面模型。

(2)试验因素及水平的选取。通过上述分析，由于需要建立二阶模型，因此试验因子的试验水平数最少为 3，即在实际试验中因素最少需要选取 3 个不同值。对试验因素进行符号化处理后，考虑的试验因子以及试验因子水平的选取见表 6－11。

表 6－11　试验因素及范围

试验因素	试验因素水平
氧化温度(A)	(−1,0,+1)
氧化时间(B)	(−1,0,+1)
H_2 流量(C)	(−1,0,+1)

(3)响应曲面设计试验方案。响应曲面设计中，允许对二阶模型进行有效估计的设计主要包括中心复合设计与 Box－Behnken 设计。采用适当的设计方法来拟合和分析响应曲面，即二阶模型会带来极大方便。在选择响应曲面的设计时，理想的设计应该具备以下特点：

1)在所研究的整个区域内能够提供数据点的合理分布；

2)能够研究模型的适合性，包括能够分析模型拟合是否存在不足；

3)能够支持进行分区组试验；

4)能够支持逐步建立较高阶的设计；

5)能够提供内部的误差估计量；

6)不需要大量的试验；

7)不需要自变量太多的水平；

8)确保模型计算的简单性。

上述特点，有时是互相矛盾的，所以在设计选择时，必须加以判断。本节结合热氧化炉管的试验因素与模型要求，针对二阶响应曲面设计中主要的设计类型：中心复合设计和 Box - Behnken 设计，分别构造两种不同方案，进行比较，依据理想设计具备的条件，确定最优试验方案。

中心复合设计是响应曲面研究中最常用的二阶设计。假定有 k 个输入因子，用 $x=(x_1,\cdots,x_k)$ 表示其编码形式。一个中心复合设计由下面三部分组成：

1) n_f 个立方体点，其中 $x_i=-1$ 或 1，$i=1,\cdots,k$。它们组成设计的因子设计部分；

2) n_c 个中心点，其中 $x_i=0$，$i=1,\cdots,k$；

3) $2k$ 个轴点，具有形式 $(0,\cdots,x_i,\cdots,0)$，$x_i=-\alpha$ 或 α，$i=1,\cdots,k$。

因此构造一个中心复合设计需要解决三个问题：确定设计中的因子试验部分；确定 α 值的大小以及中心点的个数。也就是是确定 n_f，n_c，k 以及 α 的大小。

根据定理“分辨度为Ⅲ的中心复合设计是一个二阶设计”，对于本研究中的三因素试验，$2^{(3-1)}$ 部分因子试验与 2^3 全因子试验可选作中心试验因子设计部分。本节选择 2^3 全因子试验，即 $n_f=2^3$。α 的选择一般在 1 和 $\sqrt{k}$ 之间，它的选择依赖于设计区域的几何性质和实际约束。由于试验因素已经符号化，α 的选择可以根据“可旋转性”的概念来确定。对于因子设计部分为 2_V^{k-p} 设计的中心复合设计，可以证明选择 $\alpha=\sqrt[4]{n_f}$ 可以保证设计的“可旋转性”。因此，本文 $\alpha=\sqrt[4]{8}=1.68$。中心点的试验次数的选取是为了稳定预测方差。依据经验法当 α 接近 $\sqrt{k}$ 时，中心点需要做 3 到 5 次试验；当 α 接近 1，1 或 2 次中心试验足已稳定预测误差。对于本文 $\alpha=1.68$，同时为了通过中心点重复试验来估计误差方差，选取中心点重复试验次数为 6。由此所得氧化炉管的中心复合试验设计构造的试验方案见表 6 - 12。

表 6 - 12　热氧化工艺的中心复合试验方案

Run	氧化温度(A)	氧化时间(B)	H_2流量(C)
1	−1	−1	−1
2	−1	−1	1
3	−1	1	−1
4	−1	1	1
5	1	−1	−1
6	1	−1	1
7	1	1	−1
8	1	1	1
9	−1.68	0	0
10	1.68	0	0
11	0	−1.68	0
12	0	1.68	0

续表

Run	氧化温度(A)	氧化时间(B)	H_2流量(C)
13	0	0	−1.68
14	0	0	1.68
15	0	0	0
16	0	0	0
17	0	0	0
18	0	0	0
19	0	0	0
20	0	0	0

Box-Behnken设计是通过一种特殊的方式将二水平的因子设计与平衡的或部分平衡的不完全区组设计结合在一起从而发展的一类三水平的二阶设计。对于热氧化炉管的三输入因素的Box-Behnken设计可以通过如下方法构造，首先构造三处理和三个区组的平衡不完全区组设计，见表6-13。

表6-13　三处理和三个区组的平衡不完全区组设计

区组	处理		
	1	2	3
1	×	×	N/A
2	×	N/A	×
3	N/A	×	×

然后把三个处理作为本试验研究中的三个输入因子A,B,C,用两水平的2^2因子设计中的两列替换每个区组中的两个“×”号,“×”号不出现的地方插入一列零。对下面两个区组重复同样的过程并增加3中心点的试验,便得到热氧化炉管响应曲面试验的Box-Behnken试验方案见表6-14。

表6-14　热氧化工艺的Box-Behnken试验方案

Run	氧化温度(A)	氧化时间(B)	H_2流量(C)
1	−1	−1	0
2	−1	1	0
3	1	−1	0
4	1	1	0
5	0	−1	−1
6	0	−1	1

续表

Run	氧化温度(A)	氧化时间(B)	H_2流量(C)
7	0	1	−1
8	0	1	1
9	−1	0	−1
10	1	0	−1
11	−1	0	1
12	1	0	1
13	0	0	0
14	0	0	0
15	0	0	0

对比热氧化炉管响应曲面试验的中心复合与 Box - Behnken 设计制定的试验方案，两种方案具有各自特点，分别满足一个理想设计的要求，对比如下：

1)Box - Behnken 设计制定试验方案要求每个因子有三水平，而中心复合设计要求有五水平。

2)由于中心复合试验需要根据 α 的取值来选取足够的中心重复试验次数来稳定预测方差，对于 3 因素试验一共需要 20 次试验，而 Box - Behnken 设计制定的试验方案试验次数较少，仅需要 15 次试验；

3)由于为了保证“可旋转特性”，确定 $\alpha=1.68$，这使得在实际试验中，中心复合试验方案出现了违反实际操作的试验组合；例如，如果氧化时间下限值−1 对应的符号化前的实际值为 30min，则−1.68 所对应的氧化时间实际值将为−4.09min，显然该值在实际的工艺操作不具有实际意义，因此中心复合试验提供试验点的分布存在不合理；而 Box - Behnken 设计不包含由各个因素的上限和下限所生成的立方体区域的顶点。当立方体角上的点所代表的因素水平组合，或试验成本过于昂贵或因实际限制而不可能做试验时，Box - Behnken 设计就显出特有的长处。

2. 试验实施与目标值定义

在试验实施过程中，同样需要注意试验次序的随机化选择，同时保持整个试验过程中工艺的稳定性，注意工艺稳定性监测，同时制定不同温度的操作规范，避免非试验的噪声因素对工艺输出的影响。如果试验实施过程出现显著波动和重大改变，数据分析中一定要考虑这些改进和影响。

基于成本和效率考虑，每一次试验，氧化炉管中共放有 5 舟，每舟中间放置不同晶向的两个试验片，每次试验中有 10 个试验片，为了与实际氧化情况一致，每个舟中其他位置均放满陪片，保持炉管气流均匀性。每次试验后，采用分光光度计在每个试验晶圆的上、下、左、右、中，共 5 个固定位置测量氧化层厚度 $x_1,\cdots,x_5$，然后按照下述表达式由测试数据计算作为工艺输出变量的目标值“氧化层厚度(U)”“片内均匀性(M)”和“片间均匀性(T)”：

(1)氧化层厚度 U：炉管中 5 片试验用晶片厚度的平均值表示 U 表示该次试验的氧化层厚度。

$$U = (u_1 + u_2 + u_3 + u_4 + u_5)/5 \tag{6-7}$$

式中，u_i 为第 i 试验片上氧化层厚度，即该试验片上 5 点氧化层厚度测试值的平均值，$u_i = (x_1 + x_2 + x_3 + x_4 + x_5)/5$。

(2)片内均匀性 M：以炉管中间舟试验晶片(标号 3)的片内均匀性 M 表示该次试验的氧化厚度的片内均匀性：

$$M = \frac{\sigma_3}{u_3} = \frac{\sqrt{\frac{1}{4}[(x_1 - u_3)^2 + (x_2 - u_3)^2 + (x_3 - u_3)^2 + (x_4 - \mu)^2 + (x_5 - u_3)^2]}}{(x_1 + x_2 + x_3 + x_4 + x_5)/5} \tag{6-8}$$

(3)片间均匀性 T：用炉管上 5 个位置处试验晶片氧化层厚度的标准偏差与膜厚均值之比 T 表示整个炉管晶片间氧化层厚度均匀性：

$$T = \frac{\sigma}{U} = \frac{\sqrt{\frac{1}{4}[(u_1 - U)^2 + (u_2 - U)^2 + (u_3 - U)^2 + (u_4 - U)^2 + (u_5 - U)^2]}}{(u_1 + u_2 + u_3 + u_4 + u_5)/5} \tag{6-9}$$

依据上述目标值定义，根据试验采集的数据，就可获得热氧化炉管的响应曲面试验的目标值，试验结果见表 6－15。由于试验中同时采集的不同晶向的工艺输出值，$U100$，$M100$ 以及 $T100$ 代表＜100＞晶向的工艺输出值；$U111$，$M111$ 以及 $T111$ 代表＜111＞晶向的工艺输出值。

表 6－15　热氧化响应曲面试验数据

	＜100＞晶向			＜111＞晶向		
试验次序	膜厚	片内均匀性	片间均匀性	膜厚	片内均匀性	片间均匀性
1	1.577 3	0.731 1	2.213 7	2.244 0	0.800 1	1.807 9
2	4.393 1	0.487 6	2.048 0	5.279 4	0.149 1	1.079 9
3	4.703 4	0.175 7	0.888 7	4.882 2	0.139 5	0.681 9
4	9.840 5	0.029 6	0.440 7	10.032 0	0.090 5	0.359 8
5	2.912 2	0.739 4	1.650 3	3.315 3	0.822 3	1.157 6
6	3.076 2	0.500 6	1.836 2	3.475 9	0.327 2	1.201 1
7	7.060 0	0.077 9	1.117 2	7.625 0	0.246 7	1.019 5
8	7.675 8	0.136 0	0.942 5	8.200 1	0.114 9	0.800 4
9	3.040 7	1.155 0	1.674 8	3.746 7	1.326 5	1.593 8
10	7.597 6	0.094 1	0.648 6	7.795 1	0.045 8	0.445 3
11	3.232 9	0.556 6	1.976 8	4.659 7	0.227 1	1.003 0
12	7.878 9	0.092 4	0.617 3	8.086 5	0.076 7	0.534 2
13	5.393 0	0.203 0	1.082 4	5.911 4	0.256 1	0.864 8
14	5.395 3	0.146 3	1.233 4	5.891 4	0.281 1	0.976 7
15	5.390 4	0.347 7	1.277 7	5.934 8	0.343 3	0.948 7

3. 试验数据分析与热氧化工艺设备响应曲面模型

响应曲面设计的目的，是建立工艺设备输出目标值的二阶多项式模型。由于每次试验中均同时采用两种晶向的晶片，试验结束后对每种晶向的数据分别进行分析以针对不同晶向分别建立工艺输出值的统计模型。以<100>晶向为例介绍数据分析过程和建立模型的方法，对<111>晶向只给出最终结果。

(1)模型的假设检验与响应目标值的数据变换。基于模型拟合与方差假设检验的需要，对响应目标值进行了 Box－Cox 数据变换分析，其分析的结果如图 6－7 所示。由图 6－7 可见，从最简原则出发，每个目标值都需要选取自然对数 ln(Y) 的变换方式，以下数据的分析都是针对目标值 U，M，以及 T 试验数据的 ln(Y) 变换结果进行。详细讨论参阅 6.3.5 节。

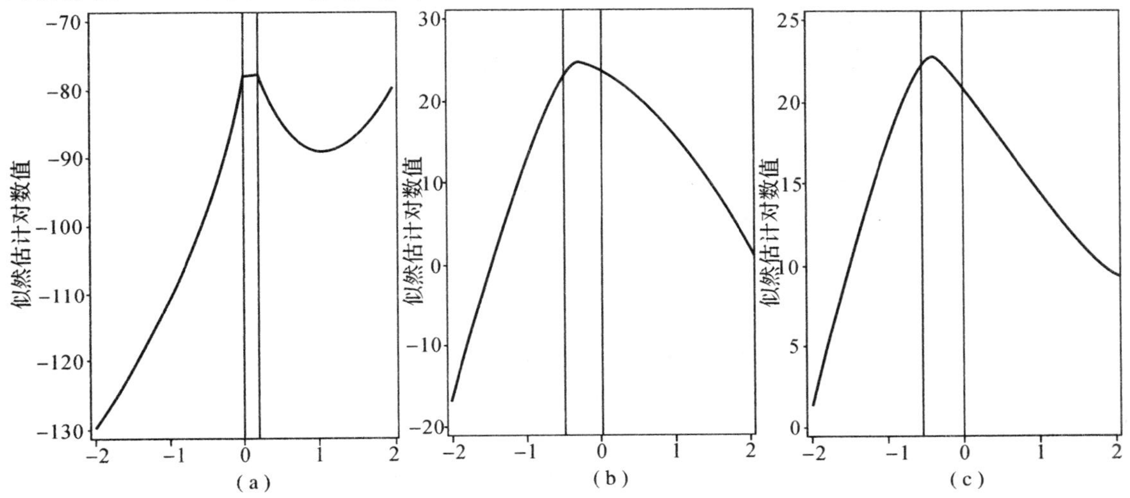

图 6－7　Box－Cox 分析图

(a)氧化层厚 $U100$；(b)片内均匀性 $M100$；(c)片间均匀性 $T100$

(2)模型包含项的选择。由响应曲面的二阶设计，拟合的二阶多项式模型的一般形式为

$$y = \beta_0 + \sum \beta_i x_i = \sum \beta_{ij} x_i x_y + \varepsilon$$

其中系数 β 为回归系数。试验中，上述模型可能包含的项包括氧化温度(A)、氧化时间(B)、H_2 气体流量(C)以及它们的二阶交换项与二次项。基于模型简单与可靠的要求，避免出现过拟合情况，需要对影响 ln(U100)、ln(M100) 以及 ln(T100) 的因素进行显著性分析，找到能很好解释数据的最小因素组合项的子集。

与筛选试验相似，可以采用 t 检验，利用 P 值可以确定模型中应包含的项。如果 P 值比置信度 α ＝0.05 小，该因素显著影响目标值，二阶模型包含该因素项具有 95％的可信度。分析结果见表 6－16。为了醒目起见，表中 P 值小于 0.05 的单元格用灰色表示。

表 6－16　回归模型包含项的假设检验分析

	统计显著性：P 值								
目标值	A	B	C	A^2	AB	AC	B^2	BC	CC
ln(U100)	<0.000 1	<0.000 1	0.004 5	0.000 1	0.004	0.497 1	<0.000 1	0.436 0	0.498 3
ln(M100)	0.000 5	0.003 1	0.611 3	0.923 3	0.129 5	0.392 0	0.743 3	0.267 6	0.341 7
ln(T100)	<0.000 1	0.000 9	0.848 2	0.046 6	0.020 2	0.298 8	0.113 6	0.196 2	0.703 2

由表 6－15 可见，目标值 $\ln(U100)$ 的二阶模型包含的因素项有 A,B,C 以及交互作用 $A\times A, A\times B, B\times B$。目标值 $\ln(M100)$ 的回归模型的包含的因素项只有 A 和 B；目标值 $\ln(T100)$ 的回归模型的包含的因素项为 $A,B,A\times A$ 和 $A\times B$。

(3)二阶多项式模型。基于上述分析结论，通过拟合回归分析，可以确定目标值 $\ln(U100)$，$\ln(M100)$ 以及 $\ln(T100)$ 的二阶多项式模型如下所示：

$$\ln(U100)=1.67+0.46\times A+0.45\times B+0.03\times C-0.07\times AB-0.1\times A^2-0.15\times B^2$$

$$\ln(M100)=-1.44-1.07\times A-0.72\times B$$

$$\ln(T100)=0.24-0.57\times A-0.23\times B-0.14\times A^2-0.156\times AB$$

通过反对数变换即可得到＜100＞晶向下，氧化炉管工艺输出目标值氧化膜厚度 $U100$，片内均匀性 $M100$，片间均匀性 $T100$ 的统计模型。

同理，对于＜111＞晶向的工艺输出目标值，进行响应目标值变换分析、模型包含项选取和二阶模型的拟合，得到响应目标值的二阶多项式模型如下所示：

$$U111^{2.2}=49.88+36.33\times A+40.018\times B+4.45\times C+7.15\times A^2 +23.48\times AB+2.25\times B^2+3.4\times BC+2.67\times C^2$$

$$\ln(M111)=-1.45-0.81\times A-0.57\times B-0.37\times C+0.571\times AC$$

$$\ln(T111)=-0.01-0.5\times A-0.21\times B-0.06\times C-0.2\times A^2+0.16\times AC$$

通过逆变换，即可得到目标值 $U111$，$M111$，$T111$ 的统计模型。

(4)模型的检验与评价。针对＜100＞晶向下，目标值 $\ln(U100)$，$\ln(M100)$ 以及 $\ln(T100)$ 的二阶回归模型的方差分析，根据回归模型方差分析原理，当 $Pr>F$ 的概率小于置信度 0.05 时，就可判断模型具有 95%的可信度代表目标值与因素之间真实关系。结果分别见表 6－17 至和表 6－19。

表 6－17　$\ln(U100)$ 模型的方差分析(ANOVA)表

Source	DF	Sum of Squares	Mean Square	F－Ratio	Significant
Model	6	3.437 6	0.572 9	2 327.935	0.000 1
Error	8	0.002 0	0.000 2	N/A	N/A
Total	14	3.4395	N/A	N/A	N/A

表 6－18　$\ln(M100)$ 模型的方差分析(ANOVA)表

Source	DF	Sum of Squares	Mean Square	F－Ratio	Significant
Model	2	13.218 3	6.61	44.70	0.001 9
Error	12	1.77	0.15	N/A	N/A
Total	14	14.99	N/A	N/A	N/A

表 6－19　$\ln(T100)$ 模型的方差分析(ANOVA)表

Source	DF	Sum of Squares	Mean Square	F－Ratio	Significant
Model	4	3.319	0.796 9	74.896 9	0.001 9
Error	10	0.106 4	0.010 64	N/A	N/A
Total	14	3.294 1	N/A	N/A	N/A

建立模型后，利用拟合优度系数来判断数据拟合好坏与模型，利用 P 值来检验是否能显著代表实际工艺的假设，P 值越小说明模型不能代表实际工艺的可能性越小，当 P 值小于置信度 0.05，则认为模型能够显著代表实际工艺输出。结果见表 6－20。

表 6－20　模型的拟合优度分析

	RMSE	R^2	修正 R^2	P 值
Ln(U100)模型	0.015 688	99.94%	99.90%	0.000 1
Ln(M100)模型	0.384 527	88.17%	86.19%	0.000 1
Ln(T100)模型	0.103 152	96.77%	95.48%	0.000 1
U111＊＊2.2 模型	0.4166 644	99.97%	99.94%	0.000 1
Ln(M111)模型	0.419 531	85.33%	79.47%	0.000 4
Ln(T111)模型	0.110 388	95.98%	93.74%	0.000 1

可以看出，模型代表实际工艺设备实际模型，对试验的结果的拟合度较好。

(5)模型的预测能力。模型除了具有较好拟合能力外，更为关心的是模型的预测能力，即对未知点的(非试验点)预测能力，具有好的预测能力才能达到对工艺设备的控制与优化。实际工艺中，生长不同厚度规格的氧化膜是最为关键的目标值。在实际工艺中涉及的 5 种工艺组合条件，它们分别用于生长 5 种不同规格的氧化膜厚度，这些规格正好散布于工艺参数输出空间。这里利用 5 组组合来检验氧化膜厚度模型的预测能力。而均匀性模型存在某种程度的拟合不足，同时工艺离散性的分析受工艺波动的影响较大，利用一次试验来检验模型预测能力存在偏差较大。由于统计模型的主要目的是工艺的控制与优化，因此在工艺的优化与控制中将通过追加验证试验来分析模型可靠性。在这里，只对氧化工艺的关键参数氧化膜厚度的模型进行检验。对 5 组工艺输入组合条件下，筛选试验(部分要因试验设计)模型和响应曲面试验(Box－Behnken 试验设计)预测模型的预测结果以及实际试验结果见表 6－21。

表 6－21　模型的预测能力分析比较

规格	实际工艺试验值	筛选试验模型预测值	响应曲面试验模型预测值	筛选试验模型预测误差/(%)	响应曲面试验模型预测误差/(%)
1	1.803 5	1.603	1.731	11.12	4.02
2	4.126 1	4.049	3.964	1.87	3.93
3	6.123 1	6.005	6.072	1.93	0.83
4	8.470 3	8.354	8.515	1.37	0.53
5	9.919 5	9.982	9.687	0.63	2.34
平均误差/(%)				3.38	2.33

从平均误差可以看出，响应曲面模型相对于筛选试验模型，具有较好的预测能力，平均误差仅为 2.34%，表明所建立的工艺设备统计模型能较好的表征实际工艺设备，可以用于实际工艺控制与优化。

6.3.4 热氧化工艺设备的优化

在建立了表征工艺设备的统计模型后，就可以根据实际需要，基于该模型对工艺统计因子的取值进行优化设置。对热氧化工艺，优化设置的目的就是寻找一组工艺条件值，不但使得生长的氧化层厚度满足给定的规范值要求，而且使片内均匀性以及片间均匀性达到最优。由于在实际工艺中<100>晶向的晶片是工艺中主要采用类型，这里以工艺中<100>晶向的晶片，最常用工艺规格的氧化层厚度规范值 6.0 为例，对工艺进行优化和控制。

根据实际工艺规格要求，氧化层厚度应控制在(6.0±0.6)范围内。工艺优化的目的就是确定氧化温度(A)、氧化时间(B)、H_2流量(C)的取值，不但使生长的氧化层厚度在规定的范围内，而且使片内均匀性以及片间均匀性达到最优。热氧化工艺的优化，是一个多目标优化问题。基于已建立的<100>晶向下的热氧化炉管输出响应的统计模型，上述工艺优化问题的数学表述为：

$$\text{求解 } A,B,C \text{ 值，使得：}$$

$$\text{Min}(M100, T100)$$

且满足
$$\text{Abs}(U100-6.000) \leqslant 0.600 \tag{6-10}$$

利用图形分析方法，可以得到优化工艺时调整参数的目标和方向。图 6-8 所示为<100>晶向下，目标值对输入因素的响应图，通过该图的分析，可以确定优化工艺的方向。氧化温度越高、时间越长，则片内均匀性与片间均匀性越好(这里通过膜厚之间的差异来衡量均匀性，因此均匀性目标值越小，差异越小，氧化层越均匀)，而 H_2气流量对均匀性的影响很小。

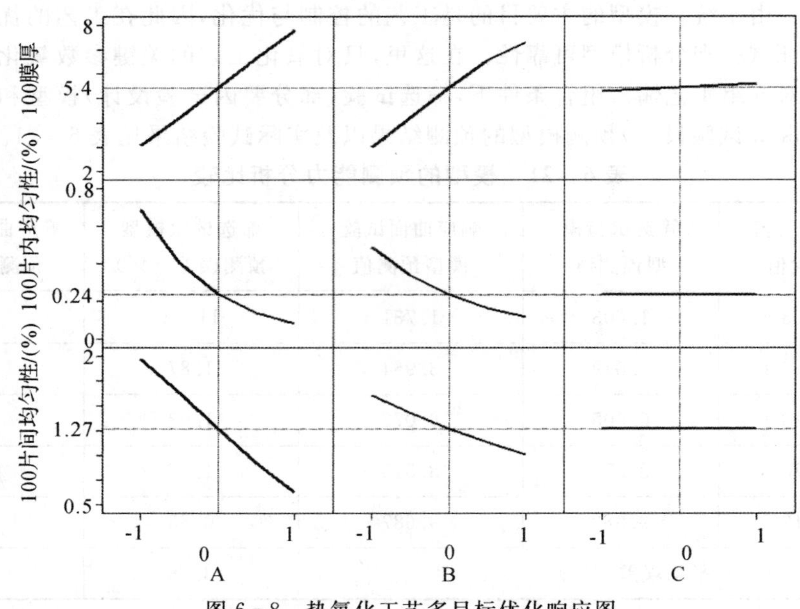

图 6-8　热氧化工艺多目标优化响应图

本节通过期望函数方法，对工艺进行多目标优化，确定工艺的最佳工艺条件组合。期望函数方法是在工业中用于多目标工艺优化最为广泛的方法之一。它基于这样的思想：具有多品质或目标值特征的工艺，如果品质中的一个超出期望限，就认定该工艺的“质量”不可被接受。

通过该方法可以找到获得“最高期望”响应值的工艺输入条件。

对于每个响应 $Y_i(x)$，该响应的期望函数 $d_i(Y_i)$ 的值为 0 与 1 之间的数，当 $d_i(Y_i)=0$ 表示 Y_i 的值完全不满足期望，而 $d_i(Y_i)=1$ 表示完全满足期望，也就是一个完美响应值。然后将单个期望值利用几何平均值进行组合，从而得到总体的期望值 D：

$$D=(d_1(Y_1)\times d_2(Y_2)\times\cdots\times d_k(Y_k))^{1/k} \tag{6-11}$$

其中 k 表示响应目标值的个数。注意，如果任一 Y_i 完全不满足期望，即 $d_i(Y_i)=0$，则整体期望值为 0。

在实际中，根据特定响应目标值 Y_i 是期望最大值、或者最小值以及某特定目标值的不同，将采用不同的期望函数 $d_i(Y_i)$ 。假设 L_i ，U_i 和 T_i 分别为响应 Y_i 的最小、最大与目标值，则 $L_i\leqslant T_i\leqslant U_i$ 。

对于期望获得特定值的响应目标，如本研究中的氧化膜厚度，则该目标值的期望函数为

$$d_i(\hat{Y}_i)=\begin{cases}0, & \hat{Y}_i(x)<L_i\\ \left[\dfrac{\hat{Y}_i(x)-L_i}{T_i-L_i}\right]^s, & L_i\leqslant\hat{Y}_i(x)\leqslant U_i\\ \left[\dfrac{\hat{Y}_i(x)-L_i}{T_i-L_i}\right]^t, & U_i\leqslant\hat{Y}_i(x)\leqslant T_i\\ 0, & T_i<\hat{Y}_i(x)\end{cases} \tag{6-12}$$

其中，指数 s 与 t 确定该响应达到目标值的重要程度。当 $s=t=1$，则期望函数朝目标值 T_i 线性增加。

期望的响应越小越好时，则单个的期望函数为

$$d_i(\hat{Y}_i)=\begin{cases}1, & \hat{Y}_i(x)<T_i\\ \left[\dfrac{\hat{Y}_i(x)-U_i}{T_i-U_i}\right]^s, & T_i\leqslant\hat{Y}_i(x)\leqslant U_i\\ 0, & U_i<\hat{Y}_i(x)\end{cases} \tag{6-13}$$

这里的 T_i 则表示的是响应的一个足够小的值，这里片内均匀性与片间均匀性 s 设置为 1。

根据上述方法，分别建立氧化膜厚、片内均匀性以及片间均匀性的单个期望函数的设置，根据式(6-11)得到总体的期望函数，这样，将多目标的优化问题，变换为单目标优化问题，调整输入条件使得总体期望函数最大。基于＜100＞晶向的工艺设备模型，经过优化，总体期望函数的优化结果为 82%，此时的氧化温度(A)、氧化时间(B)、H_2 流量(C)的设置为 1，-0.2 以及-1，见表 6-22。

为了比较工艺优化的效果与进一步验证模型的有效性，表 6-22 给出了优化前后的工艺结果以及与实际工艺数据的比较。通过追加试验验证，采用优化工艺条件的实际试验结果与模型预测值基本一致，从模型预测偏差可以看出，基于两步试验所建立的工艺设备统计模型能较好的表征实际工艺。与优化前的常规工艺相比，采用优化工艺条件后，在保证氧化层厚度满足工艺规范的同时，其空间均匀性即片内均匀性与氧化炉管中片间均匀性得到显著提高，达到了工艺优化目的。该结果已经用于指导实际制造工艺。

表 6-22　采用常规标准工艺与采用优化工艺条件结果比较

因素		氧化层厚度 U	片内均匀性 $M/(\%)$	片间均匀性 $T/(\%)$
原工艺条件的工艺输出结果		6.00±0.6	0.2	1.4
优化后工艺条件下	模型预测值	6.10	0.12	0.77
	试验结果	5.93	0.1023	0.6204
模型预测偏差		2.78%	16.90%	19.42%

6.3.5　工艺参数嵌套与数据变换分析

在整个热氧化工艺的统计表征中，都涉及对工艺输出响应值进行变换问题。本节就上述几个表征中工艺参数嵌套特性以及由此产生的异方差问题和数据变换方法进行讨论分析。

1. 热氧化试验中工艺参数的嵌套问题

在半导体制造中，相当一部分工艺参数存在"嵌套"的特点，特别是与晶片加工有关的工艺参数都呈现嵌套特性。例如，对于晶片涂胶这类逐片加工工艺，每片晶片上的胶膜厚度服从一定的分布，一般为正态分布，其期望值为 μ_d，标准偏差为 σ_d。对于连续加工的若干片晶片之间，晶片上胶膜厚度的方差通常变化很小，但期望 μ_d 并不相等，而是遵从另一个正态分布，这是最简单的一种嵌套情况。而对于批加工工艺，如氧化、扩散等，每一片晶片上的工艺参数(如氧化层厚度、方块电阻等)服从期望为 μ_d 的正态分布。同一炉中，位于舟上不同位置的晶片之间，每片晶片上的期望 μ_d 又遵从另一个期望为 μ_w 的正态分布。不同炉次之间，每一炉的期望 μ_w 又遵从又一个期望为 μ_b 的正态分布。这是多重嵌套的情况。服从不同的分布，将造成工艺参数的方差不一致。

图 6-9 表示了本节研究对象氧化工艺试验的"批工艺"特点：在每一批氧化试验中使用 5 个检测晶片。氧化后在每个晶片 5 个位置测量氧化层厚度，5 个晶片的氧化膜厚度用每个晶片 5 个位置测的氧化膜厚的平均值计算，由于晶片在氧化炉管中的位置差异，则晶片膜厚具有不同离散度，即不同的方差。因此氧化工艺参数具有分层或嵌套结构特点，即运行的批是最高层次，第二层次是单个晶片，而第三层次是晶片上的位置，它们会造成响应目标值具有不同的方差。

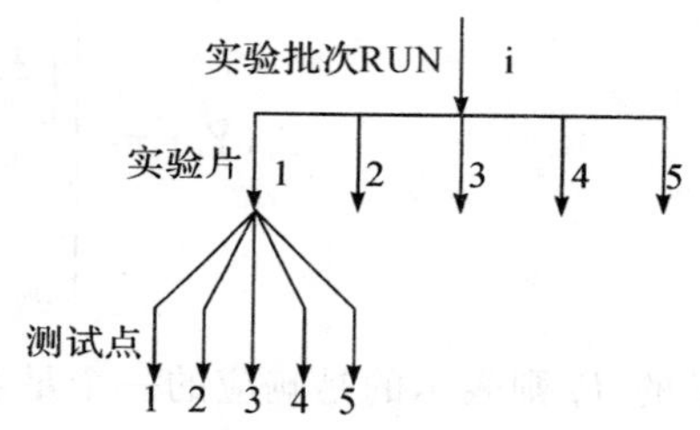

图 6-9　半导体制造工艺中的参数嵌套现象

筛选试验阶段，在试验因素中引入了"位置"变量，通过它的显著性检验来分析片间氧化膜厚差异。通过模型残差(模型预测值与实际值之差)图，可以发现由于工艺嵌套特性引起的异方差现象。图 6-10 所示为为筛选试验阶段，氧化膜厚度没有变换时，模型残差与输入因素"位置"的关系图。

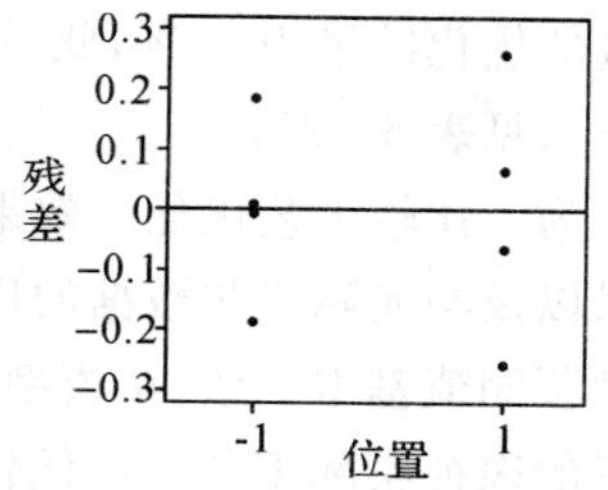

图 6-10　残差对位置关系图

由 Gauss-Markov 假设中的残差等方差特性，在残差图中应该呈现一个中心为零的平行带。从图 6-10 可以看出，随着"位置"变量的由 −1 到 +1，误差增大，呈现喇叭形，这反映出了不同位置晶片的方差不一致性。这种方差的不一致性反映了同一炉内，同一晶片不同点膜厚服从的正态分布的标准方差与不同晶片的膜厚服从标准方差不同。这种异方差现象就是由于工艺参数的嵌套特性引起的。

在筛选试验阶段，引入晶片在氧化炉管相对位置作为工艺输入因素，即“位置”，其目的是通过对目标值具有显著影响的因素筛选，来评估氧化工艺的片间差异是否显著。从表 6－23 的因素效应显著性分析看出，不对工艺输出值氧化膜厚度进行变换的分析结果是“位置”因素对氧化膜厚度的影响不显著。但是基于理论分析，氧化炉管中的不同位置代表着炉管的不同温度区，不同的温度区不可避免地存在温度差异。既然氧化温度是工艺输出值氧化膜厚度的显著性影响因素，而“位置”因素为何变得次要。实际上这是因为工艺参数的嵌套特性造成了分析结果的偏差：每次试验的批误差（输出值的方差）与同批不同“位置”间的差异要大得多，从而“位置”反映的结果差异变的不显著。在后面的讨论中，对氧化膜厚度进行变换的分析结果，就发现“位置”因素是一个不可忽略因素，从而必须考虑热氧化工艺的片间均匀性问题。

另外，由于工艺试验不可避免的存在干扰因素（例如所有数据不是在同一时间由同一个人测量所得），以及测试的固有尺度特性，测试结果的离散度也存在差异，而且这种差异有可能是显著的，从而引起模型误差的异方差现象。回归模型、方差分析与模型参数估计中最基本的假设是 Gauss－Markov 假设，它假设模型的误差服从正态、均值为零、方差为常数。因此，模型误差存在异方差问题违反了模型的基本假设，需要稳定方差。

采用数据变换技术可以起到稳定方差作用，或者缓解误差项对正态假设的偏离，而不丢失信息。另外对响应的数据变换，可以将响应目标值与因素间的更为一般模型形式（非线性）变换为线性模型，即提高模型的拟合能力。数据变换的目的就是通过改变数据分析的尺度使得数据满足上述假设，在统计学中并不缺乏这种变换方法。但是，针对具体问题，什么是最有效的数据变换形式并不明显，常常需要通过试探法来寻找。在很多有重复的试验设计中，可以通过观测数据，依据经验来确定响应目标值的变换形式，如进行对数、倒数以及平方根变换。

2. 试验目标值的数据变换

在建立试验响应值的统计模型时，方差分析与模型参数估计中最主要的假设是 Gauss－Markov 假设，即要求模型与实际试验结果之差（又称为模型误差）e_i 服从正态分布，满足下列条件：

$$\begin{aligned} &E(e_i)=0;(\text{均值为零}) \\ &\mathrm{Var}(e_i)=\sigma^2(\text{等方差}) \\ &\mathrm{Cov}(e_i,e_i)=0, i\neq j(\text{独立，不相关}) \end{aligned} \tag{6-14}$$

实际中，试验数据的拟合结果不满足上述假设，并造成在回归分析中个别变量不能通过显著性分析而造成信息的损失。例如，筛选试验阶段，工艺输出值氧化膜厚度由于工艺参数的嵌套以及数据测量尺度，存在异方差现象，违反上述模型假设。

（1）Box－Cox 变换分析。Box－Cox（1964）提出了将 $y^* = y^{(\lambda)}$ 中变换参数 λ 和其他模型参数一起用最大似然法进行估计方法。在他们的论文中，提出了一个非常有用的幂变换族，如式（6－15）。Box－Cox 变换定义变换形式 $y^{(\lambda)}$ 如下：

$$y^{(\lambda)}=\begin{cases}\dfrac{y^{\lambda}-1}{\lambda}, & \lambda\neq 0\\ \ln y, & \lambda=0\end{cases} \tag{6-15}$$

式中，λ 是一个待定变换参数。对不同的 λ，进行的变换形式自然就不同，所以式(6－15)表示的是一个变换族。注意到，当 $\lambda \neq 0$ 时，$y^{(\lambda)}$ 并不是一个标准的幂变换，这种处理是因为为了使该变换族关于 λ 连续，即 $\lim\limits_{\lambda \to 0}(y^{\lambda}-1)/\lambda = \ln y$，而其实质是一个幂变换。对响应目标值 $y_1,\cdots,y_n$，应用上述变换，得到变换后的变量为

$$\boldsymbol{y}^{(\lambda)} = [y_1^{(\lambda)},\cdots,y_1^{(y)}]' \tag{6－16}$$

需要确定变换参数 λ，使得 $y^{(\lambda)}$ 满足

$$\begin{aligned} y^{(\lambda)} &= X\beta + e \\ e &\sim N(0,\sigma^2 I) \end{aligned} \tag{6－17}$$

式中第一个方程是根据每组试验采用的工艺条件因子水平值和工艺输出目标值建立的回归模型，式中 X 代表作为自变量的工艺输入条件因子，β 为建立的回归模型中的回归系数，e 代表模型与实际试验结果之差(又称为模型误差)。式(6－17)中第二个方程表示变换后的向量 $y^{(\lambda)}$ 与回归自变量之间不但具有线性相依关系，误差也服从正态分布，同时误差各分量是等方差且相互独立。因此 Box－Cox 变换是通过参数的适当变换，达到对原来数据的“综合治理”，使其满足一个线性回归模型的所有假设条件。

对于给定的响应目标值 $y_1,\cdots,y_n$，可以利用极大似然估计来确定 λ 值，即通过选取 λ 值，使得极大似然概率函数的自然对数最大。通过推导，极大似然函数的自然对数为

$$f(y,\lambda) = -\frac{n}{2}\ln\left\{\sum_{i=1}^{n}\frac{[y_i(\lambda)-\overline{y}(\lambda)]^2}{n}\right\} + (\lambda-1)\sum_{i=1}^{n}\ln(y_i) \tag{6－18}$$

其中，$\overline{y}(\lambda) = \dfrac{1}{n}\sum\limits_{i=1}^{n}\overline{y}_i(\lambda)$ 为变换后的响应目标值的算术平均值。

虽然很难找出使 $f(y,\lambda)$ 达到最大值的 λ 的解析式，但是采用下述方法可以很方便地确定待求的 λ 值：对一系列的 λ 给定值，求 $f(y,\lambda)$，描绘出 $f(y,\lambda)$ 关于 λ 的曲线。再根据 λ 简单选择原则，指定一个 $(1-\alpha)$ 置信度(通常取 $\alpha = 0.05$，即采用 95% 置信度)，采用式(6－19)求出使函数 $f(y,\lambda)$ 达到最大值的 λ 的置信区间，并标示在 $f(y,\lambda)$ 与 λ 的关系曲线中，直接在置信区间内选择最简单的 λ。

$$f(y,\lambda)^* = f(y,\lambda)\left(1+\frac{t_{\alpha/2,\nu}^2}{\nu}\right) \tag{6－19}$$

其中，ν 是误差的自由度。

如果此置信区间包括数值 $\lambda = 1$，就意味着这些数据不需要进行变换。从图 6.5(b)可以看出，1 在最优值 0.6 的置信区间内，因此根据简单原则氧化层均匀性不需要进行变换，可以直接对变量进行回归分析。

(2)响应目标值变换分析。在筛选试验中，对响应目标值氧化膜厚度进行了数据变换。针对变换前的氧化膜厚，作回归模型的残差与模型预测值图，如图 6－11(a)所示，该图呈现一种误差方差(残差得波动范围)随着预测值增大而增大的形态。为了达到稳定方差，需要通过变换使得较大的氧化膜厚响应值收缩得更强烈。通过描绘 Box－Cox 变换分析图，来确定工艺输出目标值氧化层厚与片内均匀性的变换形式，氧化膜厚的 $\lambda = 0.2$，即氧化膜厚的最优变换形式为 $y^{0.2}$；而片内均匀性则不需要进行变换。对氧化膜厚度进行变换后，变换后的残差与模型预测值关系图如图 6－11(b)所示。相对变换前，基于变换后数据的模型残差分布较为均匀，呈现一个中心值为零的平行带，变换后的回归模型基本满足误差的等方差假设。

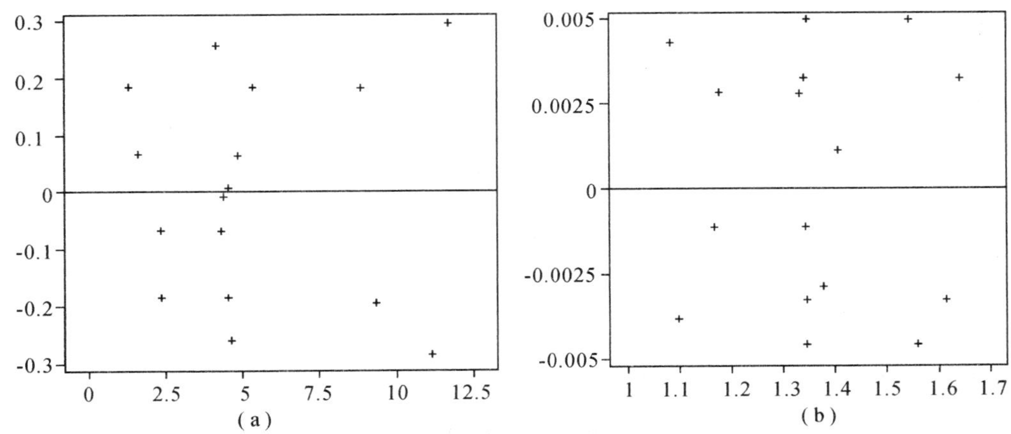

图 6 - 11　变换前后残差与模型预测关系图(横坐标为预测值,纵坐标为残差)

当误差不满足正态性假设可以采用变换的方法对数据进行处理。为了使误差满足模型的不同假设要求,可能采用的不同变换形式,对于连续性正态分布,常数方差的假设要求通常高于正态性与线性假设两个要求。同时,由于存在工艺参数的嵌套特性,因此异方差问题是响应需要进行变换的主要问题。

对响应目标值进行变换是一种综合过程,数据变换在改善数据非正态性以及异方差性同时,也挖掘了响应目标值的更多信息,提高了模型对响应目标值的拟合优度。通过比较在筛选试验阶段,对氧化膜厚度进行变换前后模型拟合的结果进行比较,来分析对响应目标值的变换带来的显著效应。

在筛选试验中,为了确定回归模型中包含项,对变换前后的氧化膜厚模型的包含项进行显著性分析,见表 6 - 23,当 p 值小于 0.05 时即认为该因素具有 95%的置信度包含在模型中。表中用灰色底色标示数据变换前后显著性发生变换的因素。可以看出,经过变换后,有些因素的显著性水平发生了改变,随之使预测模型中需要包含的因子项也要发生了变化。对氧化膜厚度变换后拟合所得回归模型,增加了晶向、位置两项,而减少了 H_2流量×位置项。这符合对响应目标值进行变换的准则,变换后的模型形式变简,特别是忽略高次交互作用。因此响应值的变换增加了主效应因素,减少了交互作用项,提高了模型的解释性。

表 6 - 23　回归模型包含项的显著性分析

因素	氧化膜厚响应值变换前		氧化膜厚响应值变换后	
	p 值	模型是否包含该项	p 值	模型是否包含该项
晶向	0.395 7	否	0.006 4	是
氧化温度	0.000 2	是	<0.000 1	是
H_2流量	0.027 7	是	0.004 7	是
O_2流量	0.916 7	否	0.492 5	否
氧化时间	0.000 2	是	<0.000 1	是
位置	0.064 6	否	0.020 4	是
H_2流量×O_2流量	0.580 2	否	0.057 0	否
H_2流量×位置	0.004 0	是	0.171 0	否

续表

因素	氧化膜厚响应值变换前		氧化膜厚响应值变换后	
	p 值	模型是否包含该项	p 值	模型是否包含该项
O_2流量×位置	0.047 3	是	0.002 0	是
氧化温度×H_2流量	0.075 8	否	0.148 2	否
氧化温度×O_2流量	0.446 4	否	0.193 6	否
氧化温度×位置	0.042 9	是	0.020 7	是

针对以上两种回归模型形式，对评估模型的拟合优度的 R^2 系数和修正 R^2 指标进行比较，结果见表 6-24。图 6-12 通过试验测量值与模型预测值的比较显示了氧化膜厚变换前后对试验数据的拟合情况。显然，变换后模型对数据的拟合更好，保证了模型拟合结果正确地代表了工艺实际情况。

表 6-24　氧化层厚变换前后模型的拟合优度分析

	氧化层厚变换前	氧化层厚变换后
R^2	98.2%	99.64%
修正 R^2	96.9%	99.33%

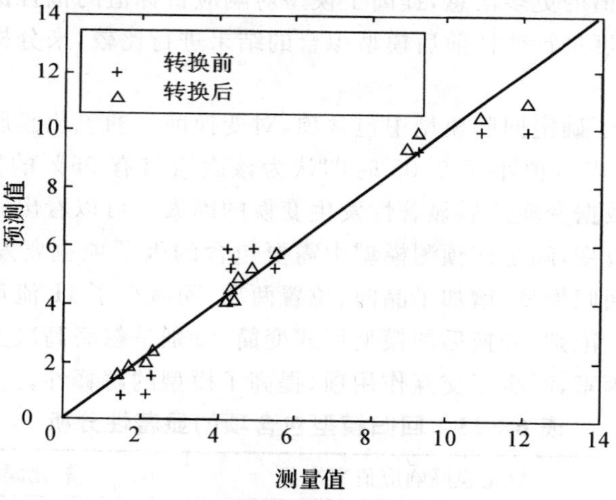

图 6-12　试验测量值与模型预测值比较

综上所述，热氧化工艺试验中，工艺参数存在的嵌套问题，采用 Box-Cox 变换，利用解析方法，确定了响应目标值的最佳变换形式，对数据进行了综合治理，满足回归模型的 Gauss-Markov 假设要求。同时，变换后的响应值所建立的回归模型，形式更简单、更容易解释，拟合优度得到了提高。

6.4　等离子体刻蚀工艺设备的统计表征与优化

刻蚀工艺是半导体制造重要工序之一，在晶片表面形成光刻图形之后，通常通过该工艺将图形转移到光刻胶下的介质层。由于等离子体中会产生极具活性的化学物质，同非等离子环境下的化学性质相比，可以更为有效地参与刻蚀。当前半导体制造中的关键工艺基本上都采用等离子体刻蚀代替原来的湿法刻蚀。等离子体工艺通过利用高能量化学离子来有选择的移除晶片表面的材料从而获得器件的关键尺寸。等离子刻蚀是物理与化学作用共同的结果，因此工艺输入与输出关系复杂，物理模型对工艺实际表征效果并不太好。利用试验设计建立工艺设备的统计模型，是表征与优化等离子体刻蚀工艺的主要方法。本节针对实际工艺中典型的等离子刻蚀设备，利用最优化设计理论制定了试验方案，解决了实际工艺表征中传统试验设计方法局限性，建立了多晶硅等离子体刻蚀工艺的统计模型，并对该工艺设备进行控制与优化。

6.4.1　等离子工艺与设备描述

从 20 世纪世纪 70 年代，由于集成电路集成度进一步提高、特征尺寸进一步缩小，利用低温、非平衡的等离子体刻蚀深亚微米尺寸的等离子体刻蚀技术开始代替湿法刻蚀，得到广泛应用。随着半导体制造技术的革新，等离子体刻蚀技术与设备也在不断改进，利用等离子体中的不同物质和刻蚀的不同工作机理，多种不同类型的等离子体刻蚀系统和工作模式在实际工艺中应用。

1. 刻蚀工艺的响应目标值

为了完整描述等离子体刻蚀系统，首先对表征刻蚀工艺的几个响应目标值进行阐释。它们包括刻蚀速率、刻蚀速率均匀性、不同材料刻蚀速率的比率即选择比以及刻蚀速率的方向性。

刻蚀速率是刻蚀工艺最为关键的工艺输出，其量纲为单位时间刻蚀的厚度。通常制造中要求获得较高的刻蚀速率，然而过高的刻蚀速率可能使工艺难以控制。由于对刻蚀终点(endpoint)很难进行在线监测，如果知道工艺条件下刻蚀速率，可以通过计算时间来控制刻蚀量，因此对刻蚀速率的掌握和表征，对刻蚀工艺具有重要意义。一般刻蚀速率可以如下表示：

$$R = \Delta d / t \tag{6-20}$$

其中，Δd 为刻蚀前后介质层厚度的改变量；t 为刻蚀时间。

刻蚀速率均匀性是用刻蚀速率变化的百分比来度量的，它可以指一个晶片之内或晶片与晶片之间的均匀性。对于批处理，晶片与晶片之间的均匀性，常采用负载效应来衡量。等离子刻蚀系统为单片平板系统，负载效应将不是主要考虑目标值。针对工艺设备的特点，晶片内的刻蚀均匀性可以表示为：

$$U = \frac{|R_{pc} - R_{pe}|}{R_{pc}} \times 100 \tag{6-21}$$

式中，R_{pc} 晶片中心处刻蚀速率；R_{pe} 为晶片边沿处测量点刻蚀速率平均值。

选择比是指在刻蚀过程中不同材料的刻蚀速率比，常称为刻蚀的选择性。当掩膜和衬底的刻蚀速率接近于零而薄膜的刻蚀速率相对较大时，刻蚀速率相对于掩膜和衬底的选择性就高。反之，如果掩膜或衬底的刻蚀速率相当大，则选择性就差。通常情况下，前者对刻蚀薄膜更为有利。不同材料有不同的刻蚀速率，这通常是因为刻蚀不同材料的过程中存在着不同的化学反应。定义刻蚀过程中两种材料的选择性 S 为在该刻蚀过程中材料 1 和材料 2 的刻蚀速率 r_1 和 r_2 的比：

$$S = \frac{r_1}{r_2} \tag{6-22}$$

通常材料 1 为待刻蚀薄膜材料，材料 2 为掩膜或衬底材料。

刻蚀方向性表征不同方向下刻蚀速率的相对量度，通常指纵向与侧向，可以由下式表示：

$$A = 1 - \frac{R_L}{R_V} \tag{6-23}$$

其中，R_L，R_V 分别代表横向、纵向刻蚀速率。如图 6-13(a)所示为各向同性，如湿法腐蚀工艺。当 $A=0$ 时则代表横向与纵向刻蚀速率相同；(b)为各向异性，即 $A=1$，理想的等离子体刻蚀的 $A=1$。

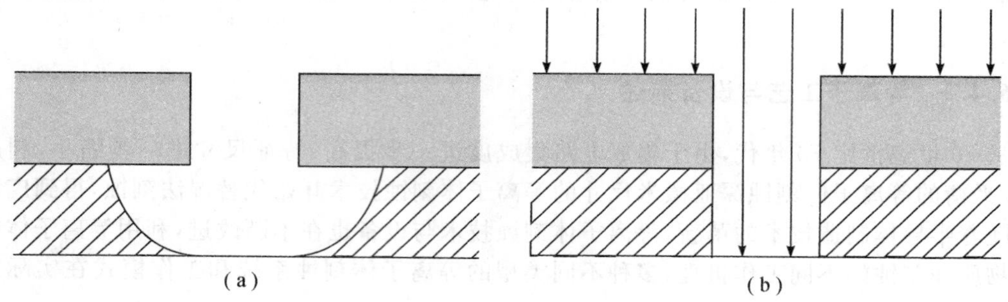

图 6-13

(a)各向同性刻蚀图形；(b)各向异性刻蚀图形

2. 等离子体刻蚀机理与试验系统

在等离子体刻蚀系统中，多种粒子参与刻蚀过程，其刻蚀机理相当复杂，分为化学刻蚀与物理刻蚀。在等离子体刻蚀腔室内，参与等离子体刻蚀的主要有两种物质：离子和中性活性化学物质。中性活性物质主要作为等离子体刻蚀过程中的化学成分。而离子则是主要的物理成分。当只有活性中性物质作用于刻蚀时，该过程或机理就称为化学刻蚀，当只有离子作用于刻蚀时，就称为物理刻蚀。通常等离子体刻蚀是离子和活性中性物质共同作用的结果。

等离子体中的化学刻蚀利用的是中性活性物质，反应的副产物为挥发性的物质，不沉淀在硅片表面，不会遮盖下面需要进一步刻蚀的硅，从而达到刻蚀目的。与湿法刻蚀一样，单独依靠化学成分作用于刻蚀，刻蚀是各向同性的。而活性中性物质是通过与待刻蚀物质发生化学反应来进行刻蚀的，因而刻蚀过程具有良好的选择性。

等离子体中的物理刻蚀则利用的是离子，在等离子体和电极间存在电压降，正离子在电场作用下加速到达电极，如果硅片放置在某电极上，离子(如 Cl^+)会加速轰击晶片表面，这种轰击就是一种物理刻蚀。与化学刻蚀比较，可以看出，物理刻蚀则具有较好的方向性，即各向异性，但选择比较低。

对于一个理想刻蚀系统，希望在保证一定的刻蚀速率情况下，获得良好的均匀性、高的选择比和各向异性。选择比主要由刻蚀过程中化学刻蚀决定，各向异性则依赖于物理刻蚀。如果化学刻蚀占主体，刻蚀的方向性较差；如果物理刻蚀占主体，则会影响刻蚀的选择比。等离子体刻蚀具有上述两种过程和效应，反应机理相当复杂，存在化学与物理过程，需要通过工艺条件的设置来平衡两方面的效应，从而获得良好的刻蚀结构图形。

不同等离子体刻蚀系统采用多种不同物理方法，根据反应腔室内气压来划分等离子体刻蚀工艺类型，如等离子刻蚀、反应离子刻蚀、高密度等离子刻蚀以及离子铣。等离子刻蚀系统是在实际工艺中用于多晶硅刻蚀的平行板等离子刻蚀系统，每次刻蚀一片晶片。它的腔室压力在 100mtorr 到 1torr 范围，属于等离子刻蚀类型。该系统采用平板结构，如图 6-14 所示，它在薄膜等离子刻蚀技术中应用较为普遍。在两电极间加高电场，部分气体原子电离，产生正离子、自由电子和等离子体；它的能量由射频产生器产生，射频产生器的工作频率为 13.56MHz。在等离子体相对电极之间会产生一个正偏压，这个偏压是由电子与离子间不同的迁移率引起。在该系统中，硅片放置在接地的下电极上，面向另一个电极，这样允许离子轰击硅片表面，就产生了物理刻蚀。另外，系统中也会有中性活性物质引起化学刻蚀。

该系统在多晶硅刻蚀时，采用 Cl_2/He 气作为刻蚀气体。因此本刻蚀系统控制的输入因素包括 RF 功率、腔室压力、电极间距以及 Cl_2，He 流量。

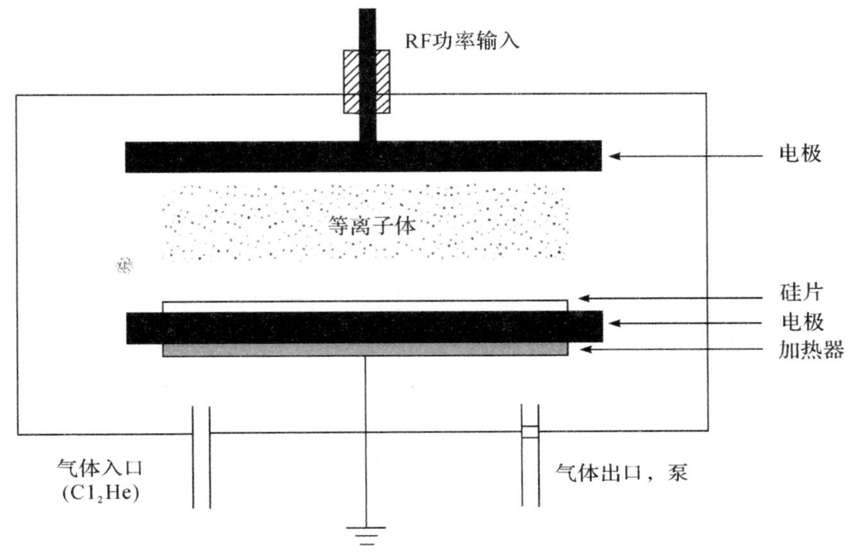

图 6-14　单片平板等离子刻蚀系统

6.4.2　等离子体刻蚀工艺设备统计表征试验方案

主要的工艺输出包括刻蚀速率、刻蚀速率均匀性、选择比以及刻蚀方向性；而主要的系统输入与控制条件包括 RF 功率、腔室压力、电极间距以及 Cl_2，He 流量。表征该设备，就是要建立这些工艺输出与工艺控制条件之间关系的统计模型。由于等离子体刻蚀机理复杂，同时涉及图形的转换，试验成本较高，如何通过有限试验，获得工艺输出与控制条件之间的定量关系，将取决于试验方案的制定。

1. 多晶硅等离子刻蚀工艺与假设模型

这里取试验对象用于多晶硅刻蚀，它常被用于生成 MOS 电路的多晶硅特征尺寸。因此，多晶硅等离子刻蚀工艺要求刻蚀的多晶硅薄膜层与衬底二氧化硅薄膜层具有高的选择比，另外纵向刻蚀速率应该远大于横向刻蚀速率，从而获得较好的各向异性；同时，好的片内均匀性以及对胶的选择比也是需要考虑的。本试验系统的工艺输出包括如下响应：多晶硅刻蚀速率（R_p）、多晶硅对 SiO_2 的刻蚀速率选择比（S_{po}）、多晶硅对胶的刻蚀速率选择比（S_{ph}），多晶硅刻蚀速率均匀性（U）以及各向异性（A）。

该等离子刻蚀系统，在实际多晶硅刻蚀工艺中输入因素及其变化范围（经过符号处理）见表 6-25，-1，+1 分别代表因素的上下限。其中 Cl_2 气是刻蚀气体，而 He 气主要用来提高刻蚀均匀性与方向性的惰性气体。控制与优化多晶硅等离子刻蚀工艺必须考虑这 5 个因素的效应。为了保证模型具有一定精度,需要考虑因素的二阶效应,如果直接进行响应曲面设计,因素较多,试验组合太多,试验成本过高,效率低。通常的做法是利用部分要因试验,进行因素的筛选,然后对目标值具有显著影响的因素进行响应曲面设计。多晶硅等离子刻蚀考虑的目标值有5个,有些因素对某个目标值是次要,但是对其他目标值却显著影响,这就造成并不能单一确定几个固定的显著因素,而剔除其他因素。所以,两步试验法在这里并不适用。

表 6-25 试验因素及其试验水平

试验因素	试验水平
功率(A)	(−1,0,+1)
腔室压力(B)	(−1,0,+1)
极板间距(C)	(−1,0,+1)
Cl_2流量(D)	(−1,−0.333 6,0.333 6,+1)
He 流量(E)	(−1,−0.333 6,0.333 6,+1)

虽然不能通过筛选剔除影响工艺结果的次要因素,但是因素间效应还是存在差异,例如作为主刻蚀剂Cl_2对刻蚀结果相对来说更为重要。因此需要对输入因素进行不均衡考虑,对于主刻蚀剂Cl_2、以及影响刻蚀均匀性的He将考虑更高阶效应,即三阶效应。另外在统计模型中一般因素只考虑到二阶效应,所得模型容易解释,并且基本满足工艺优化与控制需要。对试验因素进行符号化处理后,本试验的输入因素以及水平见表6-25。

根据上述试验因素与水平的讨论,多晶硅等离子刻蚀系统响应目标值模型形式为

$$y=\beta_0+\sum_{k=1}^{5}\beta_k x_k+\sum_{j=1}^{3}\sum_{k=j}^{3}\beta_{jk}x_j x_k+\beta_{445}x_4{}^2x_5+\beta_{444}x_4{}^3+\beta_{455}x_4x_5{}^2+\beta_{555}x_5{}^3 \quad (6-24)$$

其中,x_i为表6-25中对应的工艺输入因素功率、腔室压力、板间间距、Cl_2流量以及He流量;β为模型回归系数。该假设模型包含了输入因素的全部一阶、二阶效应,同时对气体因素增加试验水平,从而考虑其三阶效应。

2. 多晶硅等离子刻蚀工艺的最优化设计

(1)标准试验设计在制定试验方案不能满足试验要求。根据系统实际情况与试验因素与水平的设置,为了估计式(6-24)模型中回归系数,需要制定试验方案进行试验,采集表征工艺响应与因素间关系的数据。由于不能通过筛选、响应曲面设计两步试验法,只能通过一步试验来估计模型中所有系数。采用"标准试验"设计类型(如因子试验、Box-Behnken设计等),制定试验方案,发现标准试验设计由于以下问题,不能满足试验要求:

1)"标准试验"要求均衡设置试验水平:由于不能通过筛选阶段剔除因素,缩小为建立响应曲面模型所采用试验规模,因此,在试验中考虑因素的不均衡性,因素的试验水平数不一致,重点考虑的最高水平数达到4个,而一般因素的水平数为3。而传统的"标准试验"设计基本上对试验因素均衡考虑,如因子试验、中心复合与Box-Behnken设计,所构造的试验设计矩阵中因素的水平个数相等。

2)利用传统试验设计构造的方案存在实际工艺中不能执行的试验组合:由于试验水平数不一致,在传统试验中只能采用混合水平设计,即对不同水平进行组合构造试验方案。这种全组合的试验方案中,存在一些水平值极端组合情况,例如本试验中由于设备性能限制,低的腔

室压力下，不能获得高气体流量，因此包含低水平的腔室压力与高水平的气体流量在实际试验中不能执行。

3）试验成本过大：对于本试验，基于混合试验构造的试验方案，试验组合数为 3×3×3×4×4=432 个组合，采用正交表与部分混合水平，试验组合数也在 64 个以上，试验成本过高；

4）复杂的模型形式：表征多晶硅等离子刻蚀工艺所建立的模型，需要考虑 5 个目标值，考虑的模型形式中因素的最小阶数为 2，对于气体因素将考虑 3 阶效应，因此模型形式复杂，一般传统试验设计类型只考虑二阶效应。

基于上述原因，利用因子试验、响应曲面设计不能构造满足本文要求的试验方案。为了解决上述问题，采用最优化设计方法来构造试验方案。

（2）最优化构造试验方案。最优化试验的组合是通过算法从因素的所有可能候选的组合总体中选取，这些候选组合是试验中所希望考虑的因素间可能的所有组合。最优试验设计是基于一个选定的最优标准和将要拟合的模型的直接最优形式，对于多晶硅等离子刻蚀系统的假设模型式（6-24），通过选择优化标准就可以从所有可能组合中按照要求选取一定组合数的试验点，所选的组合满足模型回归系数的优化要求。

为了说明本文选取的最优化设计类型与试验方案的构造方法，从一般回归模型的试验方案的构造开始讨论。假设研究的回归模型的一般形式为

$$y = \beta_1 f_1(X) + \cdots + \beta_m f_m(X) + \varepsilon \tag{6-25}$$

其中，$X = x_1, \cdots x_s$，β 为回归系数。对于本文讨论的系统的假设模型式（6-24），则 $s = 5$，$m=22$项，即 $f_1(X) = 1$，$f_{22}(X) = x_5^3$。通过试验设计和相应的试验，获得了 n 组数据 $\{y_i, x_{i1}, x_{i2}, \cdots, x_{is}; i = 1, \cdots, n\}$，希望通过这 n 组数据来最精确的估计回归系数 β。在统计学中，有许多有效的参数估计方法，其中最小二乘法一直在回归模型估计理论中占统治地位，将试验数据代入模型式（6-25）中，得

$$y_i = \beta_1 f_1(X_i) + \cdots + \beta_m f_m(X_i) + \varepsilon_i, i = 1, \cdots, n \tag{6-26}$$

其中，ε_i 独立同分布。则上述模型可以表示成矩阵形式：

$$\boldsymbol{y} = \boldsymbol{G\beta} + \boldsymbol{\varepsilon} \tag{6-27}$$

其中，$\boldsymbol{G} = \begin{bmatrix} g_1(X_1) & \cdots & g_m(X_1) \\ \vdots & & \vdots \\ g_1(X_n) & \cdots & g_m(X_n) \end{bmatrix}$，$\boldsymbol{\beta} = \begin{bmatrix} \beta_1 \\ \vdots \\ \beta_m \end{bmatrix}$，$\boldsymbol{\varepsilon} = \begin{bmatrix} \varepsilon_1 \\ \vdots \\ \varepsilon_n \end{bmatrix}$，$\boldsymbol{X}_i = \begin{bmatrix} x_{i1} \\ \vdots \\ x_{is} \end{bmatrix}$，$i = 1, \cdots, n$

矩阵 $\boldsymbol{G}$ 称为广义设计矩阵或结构矩阵，它既包含了试验设计的信息，又包含了拟合模型的信息。模型（6-27）的最小二乘估计为

$$\hat{\boldsymbol{\beta}} = (\boldsymbol{G}'\boldsymbol{G})^{-1}\boldsymbol{G}'\boldsymbol{y} \tag{6-28}$$

矩阵 $\boldsymbol{M} = \boldsymbol{G}'\boldsymbol{G}$ 包含了试验点和统计模型的信息，称为信息矩阵。通过选择试验组合使信息矩阵 $\boldsymbol{M}$ 越小越好，产生最优化设计。由于 $\boldsymbol{M}$ 是一个矩阵，如何比较两个信息矩阵的大小，可以有多种方法，这就产生了 D-最优设计、A-最优设计、G-最优设计以及 V-最优设计。每一种最优设计都有鲜明的统计意义。对于 D-最优设计，就是选取试验组合使 M 的行列式达到极大。

利用 D-最优设计制定试验方案，首先需要确定系统可能具有的模型形式。确定模型形式后，需要所有可能候选试验组合。由表 6-25 可知，所有可能的组合数为 3×3×3×4×4=432 个，剔除掉腔室压力低水平值与气体流量高水平值在实际工艺中不能执行的试验组合，共

63个，因此候选的试验组合为369组。根据试验模型参数估计要求以及实际工艺成本考虑，试验组合数确定为35，因此，需要从候选试验组合中选取35组试验组合使得 M 的行列式最小。组合的选取采用Federov搜索法，搜索随机从候选组合中开始，结果见表6-26。

表6-26 D最优化试验方案与试验结果

试验组	A	B	C	D	E	R_p/(Å/s)	U/(%)	S_{ph}	S_{po}
1	−1	−1	−1	−1	−0.333 6	2 484.0	7.83	2.75	18.59
2	−1	−1	−1	−1	1	2 572.4	1.04	1.98	23.56
3	−1	−1	−1	1	−1	2 276.8	4.1	2.08	35.14
4	−1	−1	−1	1	0.333 6	2 618.8	3.07	2.63	26.29
5	−1	−1	1	−1	−1	2 118.8	0.76	1.82	24.64
6	−1	−1	1	1	1	2 096.8	1.37	4.15	29.78
7	−1	0	1	1	0.333 6	2 280.4	1.58	2.23	28.65
8	−1	1	−1	−1	−1	2 714.8	1.42	2.93	23.98
9	−1	1	−1	1	1	2 645.2	1.72	2.56	27.90
10	−1	1	0	−0.333 6	1	2 048.0	3	1.35	22.76
11	−1	1	0	0.333 6	−1	2 071.6	5.78	2.54	41.77
12	−1	1	1	−1	0.333 2	1 679.2	10.05	3.82	22.09
13	−1	1	1	1	−1	2 230.4	3.78	3.86	64.09
14	0	−1	0	−1	0.333 6	2 546.4	71.38	2.42	28.04
15	0	−1	1	0.333 6	−0.333 6	2 719.6	29.72	2.02	44.15
16	0	0	−1	−0.333 6	−1	5 018.8	1.26	1.68	15.70
17	0	0	−1	0.333 6	1	5 656.4	2.8	1.79	15.87
18	0	1	−1	1	−0.333 6	4 792.4	6.98	1.8	16.83
19	0	1	1	−1	1	1 806.0	55.79	2.35	13.56
20	1	−1	−1	−1	−1	8 071.6	42.99	1.67	8.71
21	1	−1	−1	0.333 6	−1	7 819.2	6.44	1.52	11.81
22	1	−1	−1	1	1	8 804.4	3.37	1.57	15.49
23	1	−1	1	−1	1	1 255.2	10.14	3.73	32.69
24	1	−1	1	−0.333 6	1	1 768.0	56.32	3.25	30.07
25	1	−1	1	1	−1	3 420.0	31.09	1.91	14.72
26	1	0	0	1	−0.333 6	4 830.8	19.76	1.5	16.54

续表

试验组	A	B	C	D	E	R_p/(Å/s)	U/(%)	S_{ph}	S_{po}
27	1	0	1	−1	−0.333 6	1 994.0	63.43	2.75	39.88
28	1	1	−1	−1	1	6 260.8	37.71	1.38	8.40
29	1	1	−1	−0.333 6	0.333 6	8 932.0	2.04	1.68	10.48
30	1	1	−1	1	−1	6 702.0	5.73	1.48	14.38
31	1	1	0	−1	−1	3 920.4	39.42	1.37	17.05
32	1	1	0	1	1	4 281.2	32.73	1.59	12.61
33	1	1	1	−0.333 6	−1	3 307.2	28.41	1.72	19.69
34	1	1	1	0.333 6	1	2 799.6	46.92	1.8	22.22
35	1	1	1	1	0.333 6	3 587.2	25.66	1.93	20.20

与 A -最优化，G -最优设计方案比较，A -最优化效率为 89.04，G -最优化效率为 78.02，D -最优化设计效率最高，其值为 110.07。与标准的传统设计类型，由 D -最优化构造的试验方案，具有下述有点：

1）试验组合数可以根据模型与成本协调安排，相对标准设计固定的试验组合数，在组合数选取上更为灵活。同时，试验确定 35 组试验能够满足模型回归系数估计要求，相对于多水平的因子设计，大量节约了试验成本。

2）试验组合更适合模型参数估计。由于优化选取的标准是基于信息矩阵 $\boldsymbol{M}$，它包含了模型的信息，试验方案的制定直接面向模型参数的估计，因此相对于传统的标准试验，D -最优化更贴近模型形式。

构造的试验方案的所有组合都可以在实际工艺中执行。由于在候选试验组合中剔除了不可能执行的试验组合，因此在此基础上优化选取的试验方案不包含实际试验中不能执行试验组合。

3. 测试图形与试验实施

由于刻蚀工艺用于图形转换，为了能够在同一片晶片上，通过一次刻蚀就能方便同时测量多晶硅、SiO_2 以及光刻胶的纵向刻蚀速率以及多晶硅的水平方向的刻蚀速率，刻蚀试验需要在一个简单的测试结构上进行。这里设计的测试图形的测试部分如图 6 - 15 所示。

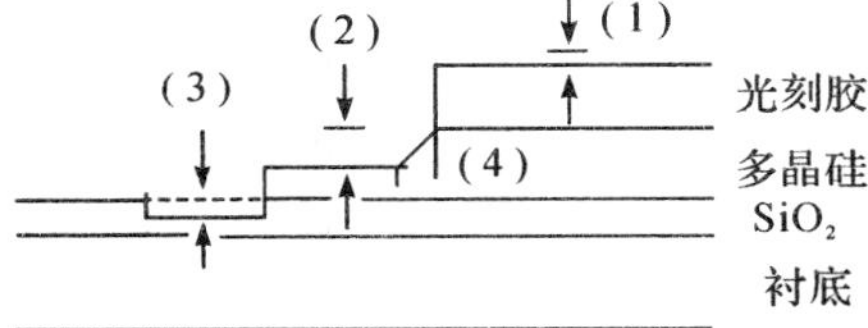

图 6 - 15　测试图形测量区域的横截面图

图中：(1)(2)(3)和(4)分别用于测定光刻胶刻蚀速率、多晶硅刻蚀速率、SiO_2 刻蚀速率和多晶硅的横向刻蚀速率。该测试图形利用该工艺中实际刻蚀尺寸的两层 CMOS 掩膜板，经过两步刻蚀获得。为了减少前道工序结果给试验带来的噪声影响，所有的测试片，均同批制造，分别测量刻蚀前各介质层厚度，选取测量值偏差受控的晶片作为试验片，并标号。

针对上述测试图形，经过设置的刻蚀时间刻蚀后，分别在晶片上、下、左、右、中 5 个固定点测试刻蚀后的介质层厚度。由于在实际工艺中，不同试验组合的刻蚀速率相差很大，尤其是多晶刻蚀速率，为了保证不发生多晶过刻蚀问题，刻蚀时间通常设置较小。对于刻蚀速率较小的组合，在较短的刻蚀时间内，横向损失，即表现的横向刻蚀量较小，不具有实际意义，测量数据的可靠性不够。由于横向损失不能可靠测量，对于刻蚀工艺中的各向异性将不取为表征对象。由于工艺优化是工艺统计表征的主要目的，在优化工艺设备条件时，将基于理论分析结果考虑因素对各向异性影响，在确定最优工艺条件时充分考虑各向异性的优化。本实验表征的工艺输出为 4 个，分别根据式(6-20)～式(6-23)计算得到多晶刻蚀速率 R_p 、多晶对光刻胶的刻蚀速率选择比 S_{ph} 、多晶对 SiO_2 的刻蚀速率选择比 S_{po} ，以及多晶刻蚀速率均匀性 U ，如表 6-26 所示。

在试验实施过程中，同样需要注意试验次序需要随机化选择，同时保持整个试验过程中工艺的稳定性，注意工艺稳定性监测，如果试验实施过程出现显著波动和重大改变，数据分析中一定要考虑这些改进和影响。在整个试验实施过程中，采用统计过程控制技术，对整个工艺设备进行监控，以确保所得试验结果能代表工艺设备稳定状态的实际情况。

6.4.3 等离子体刻蚀工艺设备的统计模型与工艺优化

1. 多晶等离子刻蚀工艺设备的统计模型

经过 35 组工艺试验，拟合的模型如式(6-24)，式中包含项是预测模型潜在包含项，基于预测误差主要来源于少数因素效应以及模型简单、易解释的思想，通过显著性分析以及预测模型包含项的检验来确定最终预测模型形式。为了使模型误差需要满足方差分析的假设，提高模型的拟合能力，采用 Box-Cox 变换分析确定工艺响应适合的变换形式，对工艺响应进行变换。分析过程与热氧化统计表征数据分析相似，分别获得了 R_p , S_{ph} , S_{po} 以及 U 的回归模型。

例如，通过 Box-Cox 变换分析，确定 R_p 的变换的 λ 为 -0.2，因此变换形式为 $R_p^{-0.2}$ 。变换前后模型误差与预测值的关系图如图 6-16 所示。从该图可以看出，由于测量尺度的固有属性，变换前模型误差随着预测值增大而增大，呈现异方差现象；变换后的误差方差分布相对均匀，方差得到了稳定。

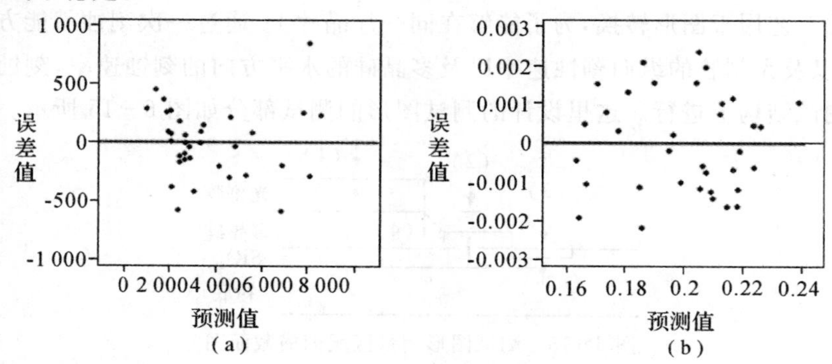

图 6-16 刻蚀速率变换前后模型误差与预测值关系图

(a)变换前；(b)变换后

基于相似原因，通过 Box-Cox 分析，U, S_{ph} 以及 S_{po} 的 λ 值分别为 0，-1 以及 0。通过回

归拟合后，变换后的目标值 $R_p^{-0.2}$，$\ln(U)$，$1/S_{ph}$ 以及 $\ln(S_{po})$ 的模型为

$$R_p^{-0.2}=0.1987-0.01\times A-0.0015\times B+0.0134\times C+0.0045\times A^2+0.0083\times AC-0.0028\times AD+0.0021\times AE-0.0016\times BC-0.0053\times C^2-0.0041\times CD+0.0039\times CE+0.0033\times D^2-0.0040\times DE$$

$$\ln(U)=2.52+0.98\times A+0.47\times C-0.02\times E+0.80\times B^2-0.79\times C^2-0.67E^2$$

$$1/S_{ph}=0.48+0.07\times A-0.06\times C+0.04\times AB-0.04\times AC+0.05\times BE-0.12\times C^2-0.02\times DE^2$$

$$\ln(S_{po})=3.37-0.27\times A+0.23\times C+0.14\times AC-0.11\times AD-0.17\times BE$$

通过逆变换，可以获得多晶硅刻蚀速率的统计模型。对所得回归模型进行方差分析，其拟合优度评价结果见表 6－27。可以看出，所得模型能够显著代表工艺试验数据，但是均匀性、多晶对胶的选择比的模型拟合能力存在相对不足。

表 6－27　模型的拟合优度分析

	R_p	U	S_{ph}	S_{po}
R^2	93.90%	62.48%	67.65%	72.90%
修正 R^2	90.12%	54.43%	59.26%	68.23%
模型的显著性检验（p 值）	0.0001	0.0001	0.0001	0.0001

2．多晶硅等离子刻蚀工艺优化

在建立多晶硅等离子刻蚀的统计模型后，根据实际需要，优化工艺，确定工艺条件最佳配置。优化设置的目的是寻找一组工艺条件值，增加刻蚀速率、选择比和各向异性的同时，减少刻蚀速率的非均匀性。由于在实际试验中，由于试验方案与条件的约束，对各向异性并没有表征，且对于各向异性的表征，预测模型存在一定局限性，理论分析与模型结合可以知道多晶硅刻蚀工艺中，对各向异性具有显著影响因素为 He 气流量，它与刻蚀的各向异性成反比关系。因此在工艺优化中，工艺目标值为 R_p，U，S_{ph}，S_{po}，在优化上述目标值的同时，考虑各向异性，分析刻蚀方向性是否满足要求。

利用图形分析方法，可以得到优化工艺时调整参数的目标和方向。图 6－17 为模型预测值对输入因素的响应图，通过该图的分析，可以看到工艺输入对工艺输出的关系，获得优化工艺的方向。例如，当功率越大、多晶刻蚀速率越大，但是均匀性、选择比将变差；板间间距变大，则刻蚀速率减小，选择比提高。从等离子刻蚀机理分析，功率与板间间距主要影响物理刻蚀，功率越大、板间间距越小，则物理刻蚀比率增大，因此选择比将较小。

由于等离子刻蚀工艺目标值多，而且刻蚀速率并不是一个目标值，而是需要满足一个范围，即不要太小也不能太大，期望函数的方法在这里效果并不佳。因此，采用网格搜索的方法来确定工艺优化的条件设置。首先，确定优化的主目标，由于选择比主要与刻蚀剂有关，优化和提升的空间不大，而刻蚀速率只要满足一定范围，因此均匀性将作为主要优化目标。然后确定刻蚀速率、选择比各自需要满足的范围：刻蚀速率的范围在 3 000～6 000Å/s；因为在实际工艺中，可以获得很厚的光刻胶，而多晶下的栅氧通常比较薄，在选择比的考虑上，更趋向获得较高的对 SiO_2 的选择比，基于这种思想 S_{ph} 的下限为 2.2，S_{po} 应大于 20。然后确定工艺输出参数变化范围，确定每个因素在范围内取值点数。为了减少搜索开销，对于对目标值有重要影响

的工艺输入因素功率、板间间距以及Cl_2流量，确定每个因素均匀抽取 10 个点，而对于腔室压力以及 He 流量，每个因素均匀抽取 5 个点，这样获得 $3^{10}\times5^2$ 组合。通过搜索，在 $3^{10}\times5^2$ 组合中确定满足优化要求的输入条件组合数，然后根据实际工艺情况，确定工艺优化条件见表 6-28。由表 6-28 可知，He 气流量保持低水平，保证了刻蚀的方向性相对最好。

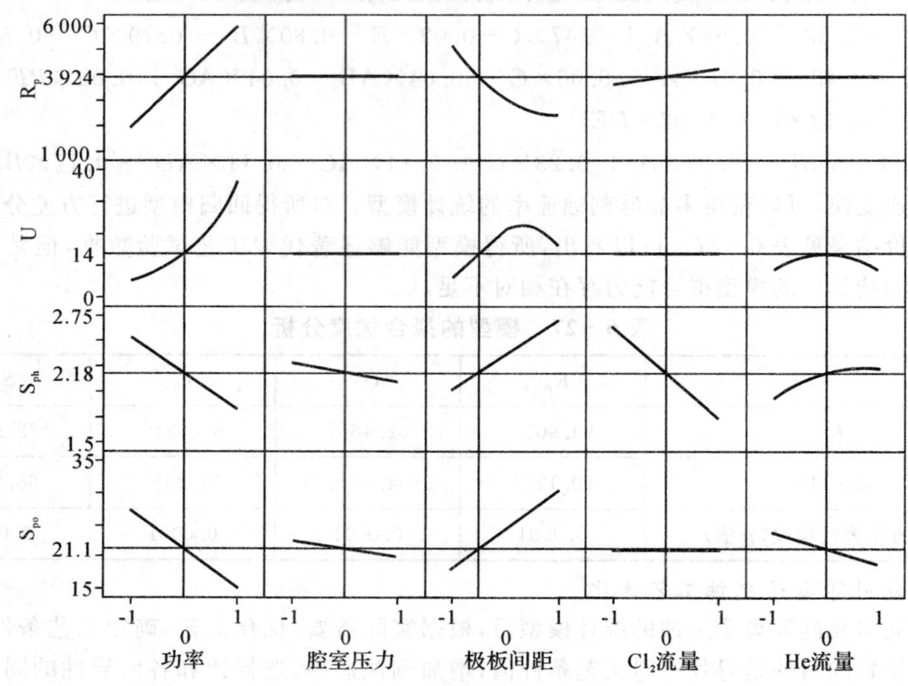

图 6-17　等离子刻蚀工艺的多目标优化响应图

表 6-28　标准工艺与优化后工艺条件设置

	功率	腔室压力	板间间距	Cl_2 流量	He 流量
原工艺输入因素值	0	0	0	0.2	0
优化后工艺输入值	0	1	−1	1	0

确定优化后的工艺条件后，采用原有工艺条件和优化后的工艺条件追加试验，对优化结果进行验证，结果见表 6-29。显著性检验结果表明改变主要源于输入条件，即优化后的条件对工艺起到了优化作用。在验证试验中方向性能够满足实际工艺精度要求，但是各向异性预测与控制仍然波动较大，在实际工艺中刻蚀方向性更多依赖于输入因素的控制与工艺的稳定性，因此利用调整 He 气流量获得较好的刻蚀方向性符合从等离子刻蚀机理分析的结果，但是其效果只能在长期工艺过程中才能实现与体现。

表 6-29　标准工艺与优化后工艺条件设置与响应值及其结果

	刻蚀速率	刻蚀均匀性/(%)	S_{po}	S_{ph}
原有工艺条件下工艺输出值	5 200	14.3	18.1	1.92
优化工艺条件下模型预测值	3 980	7.84	23.15	2.37
验证试验结果	4 010	8.57	22.87	2.77

6.4.4　工艺设备的神经网络模型

传统统计建模理论能够较好的表述线性系统，但是用于描述非线性系统时存在困难。由于半导体工艺，常同时涉及物理与化学反应，如等离子体刻蚀工艺，过程复杂，影响工艺输出结果的因素众多，利用简单的、连续的模型很难有效的表征工艺设备。因此，将系统的精确描述与网络计算(如神经网络)相结合的方法开始用于处理复杂的工艺设备表征。从 20 世纪 90 年代，在工艺设备的经验模型的研究中，开始引入神经网络模型，对多种网络结构和理论进行研究，可以看出神经网络模型相对于传统的多项式模型在某些工艺中表现出更好的特性。本节分析工艺设备神经网络的基本特点，并引入广义回归神经网络结构(GRNN)建立关键工艺输出参数的神经网络模型。

1. 工艺设备的神经网络模型

人工神经网络是模拟生物神经系统的原理而建立的一种信息处理系统，由大量人工神经元相互连接形成的复杂系统网络，神经元是处理信息的基本单元，每一个神经元对接受的信息加权求和并通过线性或非线性函数的作用而获得该神经元的输出。

在建立半导体制造工艺设备的经验模型时，由于工艺设备的高度复杂与非线性，如等离子体刻蚀工艺，采用传统的统计理论的回归经验模型在等离子体刻蚀工艺的统计表征中常常受到限制，如为了保证模型精度，传统 RSM 常常需要较大规模试验数据。等离子体刻蚀工艺存在化学与物理刻蚀的机理，也使工艺输出与工艺输出存在高度的非线性关系，这都为回归模型带来困难。因此，在 20 世纪 90 年代，在微电路工艺设备的经验模型中，引入了神经网络技术。采用神经网络模型表征半导体制造工艺设备，是神经网络的一项重要应用，工艺设备的高度非线性也对神经网络的结构提出更多要求。

作为物理模型的替代，经验神经网络模型技术用于半导体制造工艺设备统计表征，无需任何物理知识，通过统计试验设计提供的数据定性的扑捉输入与输出关系。神经网络模型不具有固定形式，因此不需要对物理过程进行理解。自 20 世纪 90 年代至今，神经网络在微电路工艺设备的表征主要对象是等离子体工艺，如等离子体刻蚀、PECVD 工艺等。Christopher D. Himmel(1993)首次系统讨论了在等离子体刻蚀工艺中，引入神经网络模型。与响应曲面法(RSM)相比，神经网络模型能够通过较少的数据就能优化和控制工艺。

在半导体制造工艺设备神经网络模型中，BP(Back Propagation)神经网络应用最为广泛，因为 BP 网络结构是神经网络理论最初和最主要结构形式。在 BP 神经网络建模过程中，训练与优化的因子众多，同时初始权值中继承的随机性，很难对网络参数进行优化，从而很难建立一个合适的网络结构。作为 BP 模型的替代，径向基函数(Radial Basis Function ,RBF)与广义回归(Generalize Regression Neural Network,GRNN)模型开始受到重视。相对于 BP 神经网络，RBF,GRNN 网络训练包含的因素较少，尤其是 GRNN 只包含一个因子。GRNN 是 RBF 一个重要变型，具有 RBF 较好的函数逼进能力同时，在网络构造与优化上，GRNN 更为简单、训练时间更少。与 BP 网络等其他网络结构相比，GRNN 具有以下有点：

1)GRNN 同样能够以任意精度逼近任意非线性连续函数，且预测效果接近甚至优于 BP 网络；

2)由于 GRNN 的训练过程不需要迭代，它较 BP 网络的训练过程快，更适合微电路工艺设备的在线控制；

3)GRNN 所需的训练样本较 BP 网络少的多。取得同样的预测效果,GRNN 所需的样本是 BP 网络的 1%。

2. GRNN 理论与网络结构

(1)GRNN,BP 以及 RBF 网络结构与函数逼进。基于试验数据构造热氧化工艺设备经验模型,可以理解为多输入多输出函数非线性函数的逼近问题。主导思想是:充分尊重试验样本,以拟合精度为建模主要依据,兼顾网络的推广能力(泛化能力)。

BP 网络,适于函数逼近,根据 Kolmogorov 定理和 BP 定理,任一连续函数 f:Un→Rm, f(X)=Y,可由一个三层前向网络来实现,且可以得到任意精度的实现。

因此在工艺设备的神经网络模型中,常常使用这种网络结构。但是在样本量较小的情况下,BP 网络结构虽然对训练样本的拟合较好,但是对样本外的推广能力(预测能力)却较差。为提高 BP 网络的泛化能力要增大网络规模(训练样本),而对于具体问题确定何种网络规模并没有理论基础。

径向基函数(Radial Basis Function Networks,RBF)近些年来受到广泛关注。理论已经证明,RBF 网络具有全局和最佳逼进,是前溃神经网络中完成映射功能的最优网络。RBF 网络一般采用三层结构,包括输入层、隐含层和输出层,层间为完全结构。

广义回归神经网络建立在 Nadaraya - Watson 非参数核回归基础上,以样本数据为后验条件,执行 Parzen 非参数估计,并依据概率最大原则计算网络输出。GRNN 网络实质是 RBF 变化形式,因此也具有良好的函数逼进能力,另外 GRNN 网络训练更为方便。

针对同一组数据和相同的允许误差,利用不同的网络进行逼近,其结果见表 6 - 30。可以看出相对于 BP 网络、RBF 网络,GRNN 具有较强的函数逼近能力。因此,半导体制造工艺的统计表征中,适合采用 GRNN 网络结构建立关键工艺输出参数的网络模型。

表 6 - 30　不同网络性能的比较

网络类型	训练时间/s	误差平方和
BP 网络	8.73	10^{-3}
径向基函数(RBF)网络	2.75	10^{-3}
GRNN 网络	0.37	10^{-3}

(2)GRNN 网络模型理论基础与结构。Specht(1991)提出了广义回归神经网络(Generalized Regression Neural Network,GRNN)。GRNN 不需事先确定方程形式,它以概率密度函数(Probability Density Function, PDF)替代固有的方程形式。GRNN 通过执行 Parzen 非参数估计,从观测样本里求得自变量和因变量之间的联结概率密度函数之后,直接计算出因变量对自变量的回归值。GRNN 不须设定模型的形式,但其隐回归单元的核函数中有光滑因子,它们的取值对网络有很大影响需优化取值。Specht 提出的 GRNN,对所有隐层单元的核函数采用同一的光滑因子,网络的训练过程实质上是一个一维寻优过程。训练极为方便快捷。

设随机变量 x 和 y 的联合概率密度函数为 $f(x,y)$,x 取值为 x_0 ,y 对 x_0 的回归值为

$$E(y/x_0) = \hat{Y}(x_0) = \frac{\int_{-\infty}^{\infty} y f(x_0, y)\mathrm{d}y}{\int_{-\infty}^{\infty} f(x_0, y)\mathrm{d}y} \tag{6-29}$$

应用 Parzen 非参数估计，可由样本数据集 $\{x_i, y_i\}_{i=1}^n$，按式(6－30)估算密度函数 $f(x_0, y)$

$$f(x_0, y) = \frac{1}{n\,(2\pi)^{\frac{p+1}{2}}\sigma^{p+1}}\sum_{i=1}^{n} \mathrm{e}^{-d(x_0, x_1)}\,\mathrm{e}^{-d(y, y_i)} \tag{6-30}$$

$$d(x_0, x_i) = \sum_{j=1}^{p}\left[(x_{0j} - x_{ij})/\sigma^2\right]^2,\quad d(y, y_i) = [y - y_i]^2 \tag{6-31}$$

式中，n 为样本容量；P 为 x 的维数；σ 为高斯函数的宽度系数，有的文献称其为光滑因子。将式(6－30)代入式(6－29)中，并交换积分与加和的顺序，将有

$$\hat{Y}(x_0) = \frac{\sum_{i=1}^{n}\left(\mathrm{e}^{-d(x_0, x_i)}\int_{-\infty}^{\infty} y\mathrm{e}^{-d(y, y_i)}\,\mathrm{d}y\right)}{\sum_{i=1}^{n}\left(\mathrm{e}^{-d(x_0, x_i)}\int_{-\infty}^{\infty} \mathrm{e}^{-d(y, y_i)}\,\mathrm{d}y\right)} \tag{6-32}$$

由于 $\int_{-\infty}^{\infty} z\mathrm{e}^{-z^2}\,\mathrm{d}z = 0$，对式(6－32)的两个积分进行计算后可得

$$\hat{Y}(x_0) = \frac{\sum_{i=1}^{n} y_i\mathrm{e}^{-d(x, x_i)}}{\sum_{i=1}^{n}\mathrm{e}^{-d(x_0, x_i)}} \tag{6-33}$$

由式(6－33)所得的预测值 $\hat{Y}(x_0)$ 为所有训练样本的因变量值 y_i 的加权和，其权为 $\mathrm{e}^{-d(x_0, x_i)}$。当光滑因子 σ 取得非常大的时候，$d(x_0, x_i)$ 趋向于 0，$\hat{Y}(x_0)$ 近似于所有样本因变量的均值；相反，当光滑因子趋向于 0 的时候，$\hat{Y}(x_0)$ 和训练样本非常接近，当需预测的点被包含在训练样本集中时，式(6－33)求出的因变量的预测值会和样本中对应的因变量非常接近，而一旦碰到样本中未能包含进去的点，预测效果会非常差，这种现象称之为过拟合。当 σ 取得适中，求预测值 $\hat{Y}(x_0)$ 时，所有样本训练的因变量 y_i 都被考虑进去，与预测点的距离近的样本点对应的因变量就被加了更大的权。

GRNN 网络由输入层、隐含层和输出层组成，如图 6－18 所示。

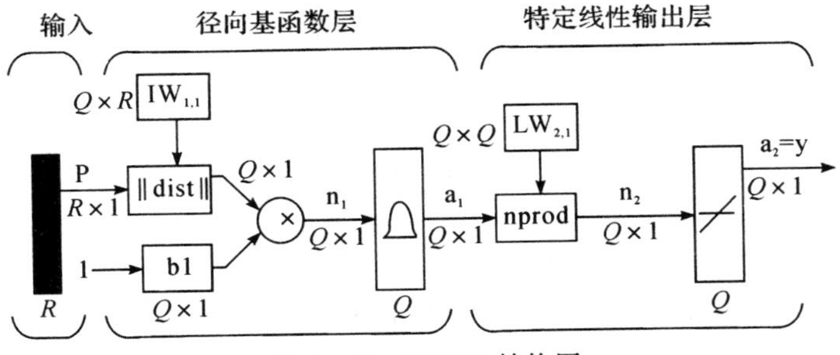

图 6－18　GRNN 结构图

隐含层中采用 Gussain 变换函数来控制隐含层输出，从而起到抑制输出单元的激活。在输入空间里，高斯函数对称于接受域。输入神经元对由网络输出的影响随输入矢量之间的距离而呈指数衰减。GRNN 网络中，每个训练矢量在隐含层中有一相应径向基神经元，隐含层神经元储存着每一个训练矢量。当网络输入一个新的矢量时，新矢量与隐含层每个单元的权矢量之间的距离可由下式计算：

$$\mathrm{dist} = |\boldsymbol{X}_j - \boldsymbol{W}_R^j|,\ j = 1, S_i \tag{6-34}$$

式中，S_1 为隐含层单元数；$\boldsymbol{X}$ 为输入矢量；$\boldsymbol{W}_1$为隐含层单元权矢量；dist 为输入矢量与权矢量

之间距离。计算的距离可由下式调整：

$$b = 0.8326/s$$
$$n_1 = \text{dist} \times b_1 \tag{6-35}$$

隐含层的高斯函数输出按下式计算：

$$a_1 = e^{(-n_1^{\ 2})} \tag{6-36}$$

式中，n_i 为调整后距离；s 窗口宽度。若 dist$=s$，则调整后距离 $n_1 = 0.832\,6$，高斯函数输出值$=0.5$，相当于相关系数为 0.5，如图 6－19 所示。若 dist 远远大于 s，高斯函数输出接近 0。随着 n_1 的增大，隐含层输出逐渐减小。从输出函数形式来看，高斯函数实际上表征了参数之间的相关关系。变量 s 起着窗口的作用，也就是说 s 大小起着对输出层神经元激活作用。s 愈大，b 愈小，隐含层神经元与输入矢量距离被缩小，因此，窗口中被激活的神经元数目增多；反之，s 愈小，b 愈大，隐含层神经元与输入矢量距离被放大，隐含层输出减小，窗口中被激活的神经元数目减小。

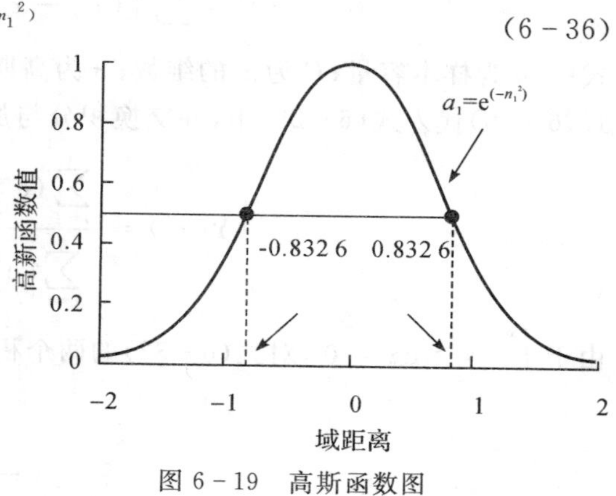

图 6－19　高斯函数图

GRNN 网络输出层为线性层，输出按下式计算：

$$a_2 = n_2 = W_2 a_1 \tag{6-37}$$

式中，W_2 为输出层权系数。

根据 GRNN 网络结构，可以看出在实际网络优化中，只需要确定和优化参数 s（窗口宽度）。理想的 s 大小可以通过模型的交叉检验转化为解一维的最优化问题的方法确定。因此，相对于 BP，RBF 等网络结构，利用 GRNN 网络结构表征半导体制造工艺设备更为简单、训练时间少。

3．氧化膜厚度的广义回归神经网络模型

热氧化工艺的关键输出参数为氧化膜厚度，另外第三节的试验数据中均匀性结果受测量与计算方法的不同存在一定偏差，为了更有利于讨论和保证结论可靠性，以热氧化统计表征中响应曲面设计采用的试验数据为网络训练的样本，建立工艺输出氧化膜厚度与输入因素氧化温度、氧化时间以及 H_2 流量的广义回归神经网络模型。

由于建立的是工艺输出氧化膜厚度与输入因素氧化温度、氧化时间以及 H_2 流量的神经网络模型，因此 GRNN 网络结构，由三层组成。第一层为输入层：氧化温度、氧化时间、H_2 流量；第二层为隐层（包括模式层和加和层），该层神经元数在这里我们设计为 15 个；第三层为输出层，为氧化膜厚度目标值。利用网络对样本的拟合能力来优化确定窗口宽度（spread），对于响应曲面设计中 15 个样本，窗口宽度为 1。因此，热氧化工艺输出氧化膜厚度的 GRNN 模型的网络结构如图 6－20 所示。

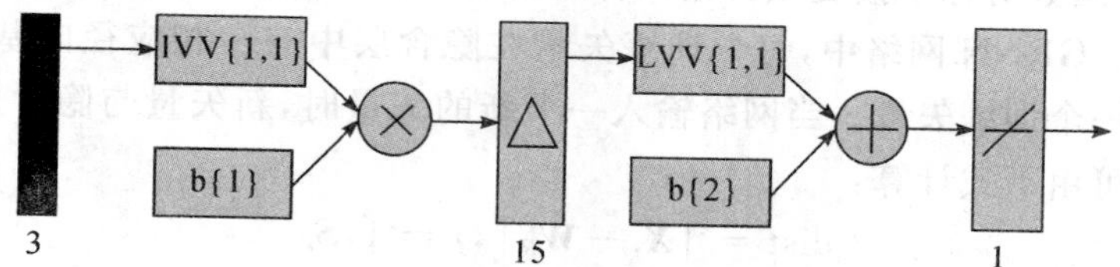

图 6－20　热氧化工艺的 GRNN 网络结构

基于上述网络结构，利用响应曲面设计中 15 组试验样本对上述网络结构训练，同时，为了评估不同模型结构的特点和对结果的影响，采用了 BP 网络结构建立了氧化膜厚度与工艺输入的 BP 网络模型。实际分析中，发现 BP 模型能够对样本数据精确拟合，但是其模型的预测能力较差，对于追加的验证试验，模型不能预测某些试验组合下的工艺输出。因此，这里比较回归模型与 GRNN 模型结果。

图 6-21 为 GRNN、回归模型预测值与试验结果比较，直线表示预测结果与实际结果完全吻合。可以看出，GRNN、回归模型都能较好的拟合样本，具有很好函数拟合能力。这里引用逼近信噪比来衡量逼近的好坏，信噪比越大表明函数逼近效果越好、预测误差越小：

$$\mathrm{SNR} = 10\lg\frac{\mathrm{En}(d)}{\mathrm{En}(e)}$$

其中，En() 表示信号的平方和，e 表示逼近误差，$e = d - f$；$\mathrm{En}(d) = \sum_{i=0}^{n-1} d^2$，$\mathrm{En}(e) = \sum_{i=0}^{n-1} e_i^2$；GRNN 网络模型的氧化膜厚度的逼近信噪比 SNR＝36.29db，而回归模型的逼进信噪比 SNR＝32.62db。GRNN 模型能更好的拟合样本数据。

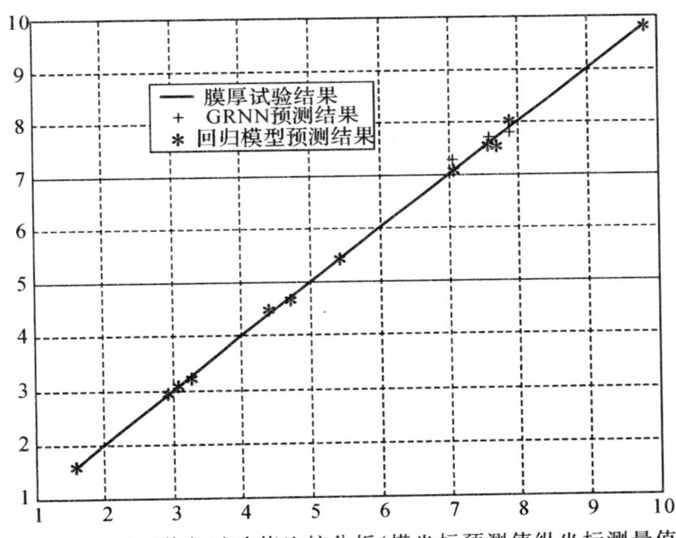

图 6-21　预测值与试验值比较分析(横坐标预测值纵坐标测量值)

对样本数据的拟合，反映的是模型对已知数据关系描述能力。在工艺设备的控制与优化中模型预测能力更为重要。选取训练样本外的 5 组试验组合来验证模型的预测能力，结果见表 6-31。图 6-22 为模型预测值与试验结果的趋势图。可以看出，在预测能力上，响应曲面回归模型更好。

表 6-31　响应曲面回归模型与 GRNN 模型预测能力比较

组合	实际工艺试验值	GRNN 模型预测值	响应曲面回归模型预测值	GRNN 模型预测误差/(%)	响应曲面试验模型预测误差/(%)
1	1.803 5	1.577 3	1.731	12.54	4.02
2	4.126 1	2.982 9	3.964	27.71	3.93
3	6.123 1	5.392 9	6.072	11.93	0.83

续表

组合	实际工艺试验值	GRNN模型预测值	响应曲面回归模型预测值	GRNN模型预测误差/(%)	响应曲面试验模型预测误差/(%)
4	8.470 3	7.718 9	8.515	8.87	0.53
5	9.919 5	9.840 5	9.687	0.80	2.34
平均误差/(%)				12.37	2.33

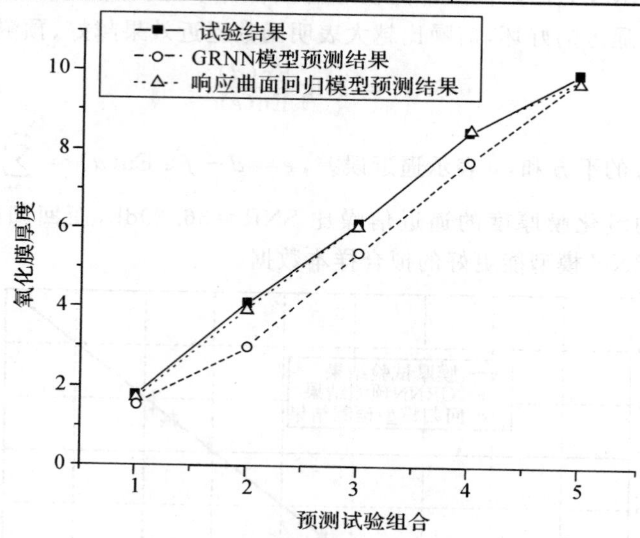

图 6-22 GRNN、回归模型预测与试验结果的比较

4. 等离子刻蚀工艺的广义回归神经网络模型

等离子刻蚀工艺由于同时存在化学与物理机理，过程复杂，存在显著的非线性关系。由于基于理论的物理模型的开发存在较大困难，因此在20世纪90年代，将试验设计理论引入工艺设备的统计表征时，在等离子刻蚀和CVD工艺中就开始引入神经网络模型。刻蚀速率是等离子体刻蚀工艺最为关键工艺输出参数，同时在实际工艺过程与测量中，它受到的噪声干扰相对较小。因此，这里将基于多晶硅D-最优化设计中的试验数据，建立刻蚀速率与工艺输入参数的广义回归模型。

基于多晶硅D-最优化设计中实验结果分析，模型的输出为多晶刻蚀速率，模型的输入为RF功率、腔室压力、电极间距以及Cl_2，He流量，试验组合数为35。GRNN网络结构由三层组成，第一层为输入层：RF功率、腔室压力、电极间距、Cl_2及He流量；第二层为隐层（包括模式层和加和层），该层神经元数为试验组合数35个；第三层为输出层，为多晶刻蚀速率；同时利用对样本的预测标准偏差优化，确定窗口宽度为90。其结构如图6-23所示。

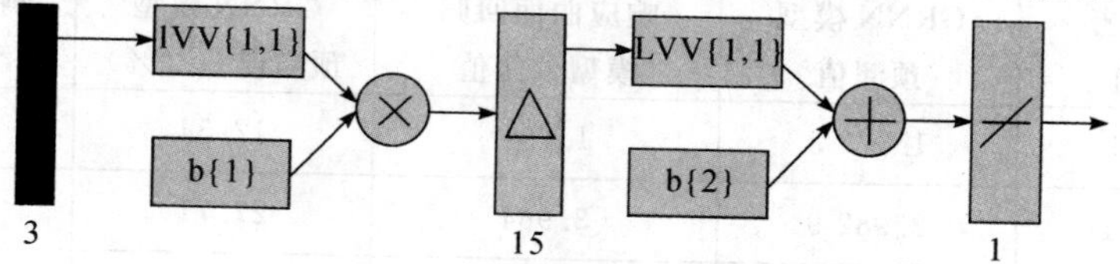

图 6-23 多晶等离子体刻蚀工艺的GRNN网络结构

基于上述网络结构，利用D-最优化设计中的35组试验样本对上述网络结构训练。对于

样本数据的拟合，GRNN 模型与回归模型的比较如图 6-23 所示。

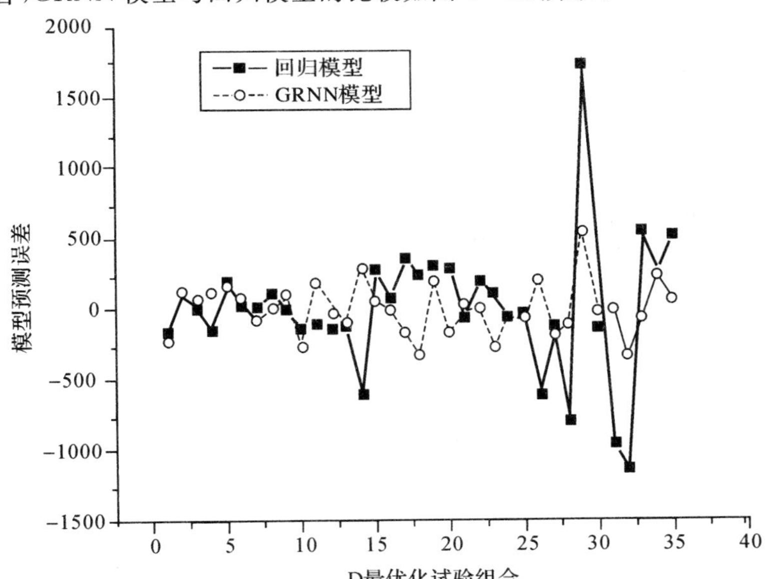

图 6-24　回归模型与 GRNN 模型样本预测误差比较

通过计算信噪比函数 SNR，回归模型与网络模型的信噪比函数分别为 43.97，62.99。相对与回归模型，GRNN 神经网络模型表现出更好的拟合能力。

实际应用中，模型的预测能力将更为重要。在选取的工艺优化设置点附近，随机抽取 5 个样本点来检验模型预测能力，其结果见表 6-32。GRNN 模型与回归模型预测结果比较分析如图 6-24 所示。从数值与图形结果，可以看出相对于回归模型，GRNN 模型在拟合能力与预测能力上，都有较大改进，利用 GRNN 表征多晶硅刻蚀工艺的关键参数刻蚀速率，更为适合。

表 6-32　刻蚀速率 GRNN 与回归模型预测能力比较

组合	实际工艺试验值	GRNN 模型预测值	回归模型预测值	GRNN 模型预测误差/(%)	回归模型预测误差/(%)
1	3 251.40	3 151.55	2 380.32	3.07	24.47
2	3 458.20	3 481.90	3 162.27	0.69	9.18
3	4 006.20	3 335.08	2 937.77	16.75	11.91
4	5 200.00	5 289.43	5 043.60	1.72	4.65
5	4 129.00	3 802.68	3 856.27	7.90	1.41
平均误差/(%)				6.03	10.32

对热氧化工艺输出热氧化膜厚度、多晶等离子体刻蚀多晶刻蚀速率的 GRNN 网络模型结果进行分析。对于输入变量为 3，样本数只有 15 组的试验数据(由于 Box-Behnken 试验考虑中心复合，对于神经网络模型的实际样本数为 13)，BP、GRNN 以及响应曲面的回归模型都具有较好的样本拟合能力。但是 BP 模型的预测能力较差，即出现过拟合问题。而 GRNN 相对于其他网络模型，针对小样本表现出较好预测能力，与回归模型相比，基于小样本的网络预测

能力还存在不足，而回归模型展现更好的适应能力。而对于5输入，样本数为35的多晶等离子体刻蚀工艺，GRNN网络模型在样本的拟合能力与样本外的预测能力上，与回归模型相比，都表现优越性。经过对比分析，与回归模型相比，在半导体制造工艺表征中采用神经网络模型具有如下特点：

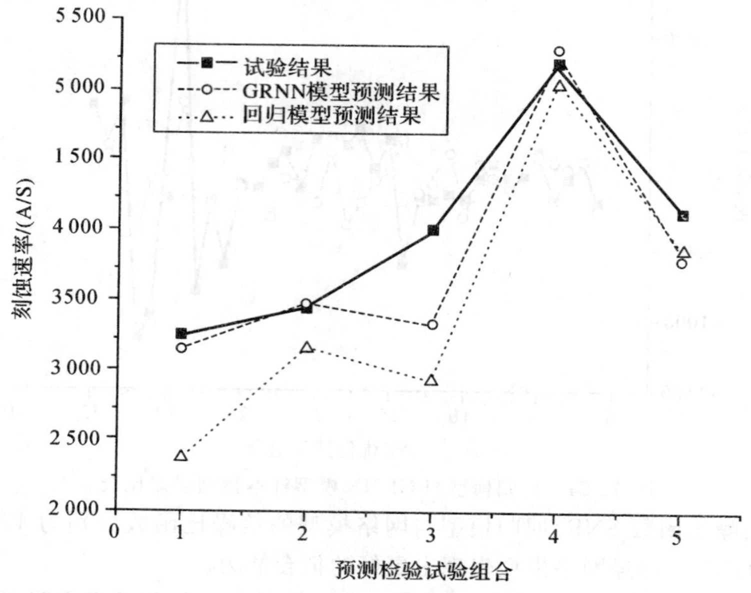

图6-25　GRNN、回归模型预测值与试验值比较分析

1)回归模型相对于网络模型，具有更好预测稳健性。神经网络模型虽然有需求样本少的优点，但是当样本不足时，模型的预测性能将会严重下降。而回归模型由于其形式具有表现物理性质的特性，虽然样本数不足可能导致不能精确估计模型参数，但是一旦建立模型，则能反映较好的预测稳定性。例如，热氧化工艺样本数与模型输入因素个数比为4.3(13/3)，而多晶等离子体刻蚀为7(35/5)，相对于回归模型，GRNN模型在预测能力上对热氧化膜厚度的预测就存在不足，而刻蚀速率则具有较好的精度。

2)工艺本身特性对模型的效果有重要影响。对于热氧化工艺，由Deal-Grove氧化模型可以看出，热氧化工艺机理相对简单，氧化膜厚度模型的非线性并不高。而等离子体刻蚀工艺，其刻蚀速率模型从动力学与化学与物理机理出发，则具有高度的非线性特性。由回归模型与神经网络模型的不同特点可知，回归模型在前者能够容易得到较好应用，而后者则会存在描述不足。对于神经网络模型，后者体现了它的优势。所以，从整个微电路工艺设备的统计表征中，引用神经网络模型的主要领域是等离子体工艺，如等离子体刻蚀、等离子淀积等这类高度复杂和非线性工艺。

与回归模型相比，神经网络也是基于先验数据的经验模型，因此采用试验设计方法制定试验方案，获得工艺输出与输入关系的数据是必须的。与回归模型不同的，神经网络建立模型不具有回归模型的显形式，因此不能通过模型参数来判断因素对输出的影响关系，因此不具备反映物理性质的特性，这对于工艺的控制与优化方向造成困难。

参考文献

[1] 贾新章,李京苑,统计过程控制与评价——Cpk、SPC 和 PPM 技术[M]. 北京:电子工业出版社,2004.

[2] Jack P C Kleijnen. An overview of the design an analysis of simulation experiments for sensitivity analysis[J]. European Journal of Operational Research, 2005, 164(2): 287-300.

[3] 田口玄一. 实验设计法(上册)[M]. 北京:机械工艺出版社,1987.

[4] Keki R Bhote, Adi K Bhote. World Class Quality: Using Design of Experiments to Make it Happen,2000;

[5] Sung-Woo Park, Chunl-Bok Kim, Sang-Yong Kim, et al. Design of experimental optimization for ULSI CMP process applications[J]. Microelectronic Engineering 2003,66:488-495.

[6] May Gary S, Huang Jiahua, Spanos Costas J. Statistical Experimental Design in Plasma Etch Model[J]. IEEE Transactions on semiconductor manufacturing, 1991,4(2):83-98.

[7] 陈国铭,统计质量控制——实验设计[M]. 北京,中国石化出版社,1995.

[8] Montgomery Douglas C. Design and analysis of experiments [M]. New York: Wiley,1997.

[9] Jeff Wu C F,Michael Hamada. 试验设计与分析及参数优化[M]. 张润楚,郑海涛,兰燕,等,译. 北京,中国统计出版社,2003.

[10] 张驰. 六西格玛试验设计[M]. 广州:广东经济出版社, 2003.

[11] 徐勤丰. 同时估计均值与方差的试验设计[D]. 上海:华东师范大学,1999.

[12] 方开泰. 均匀试验设计的理论、方法和应用——历史回顾[J]. 数理统计与管理,2004,23(3):69-80.

[13] 庄同曾. 集成电路制造技术——原理与实践[M]. 北京:电子工业出版社,1987.

[14] Lin Kuang-Kuo, Costas J Spanos. Statistical equipment modeling for VLSI manufacturing:an application for LPCVD[J]. IEEE Transaction on semiconductor manufacturing, 1990,3(4)216-229.

[15] Guo Ruey-Shan, Emanuel Sachs. Modeling, Optimization and Control of Spatial Uniformity in Manufacturing Processes[J]. IEEE Transactions on semiconductor manufacturing 1991,6(1):41－57.

[16] Montgomery Douglas C. Design and analysis of experiments [M]. New York:Wiley , 1997.

[17] 胡运权,张宗浩. 试验设计基础[M]. 哈尔滨:哈尔滨工业大学出版社,1997.

[18] Peltier M R, Wilcox C J, Sharp D C. Technical Note: Application of the Box-Cox Data Transformation to Animal Science Experiments [J]. American Society of Animal Science,1998, 76:847-849.

[19] James D Plummer, Michael D Deal, Peter B Griffin. 硅超大规模集成电路工艺技术——理论、实践与模型[M]. 严利人，王玉东，熊小义，等，译. 北京，电子工业出版社，2005.

[20] May Gary S, Huang Jiahua, Spanos Costas J. Statistical Experimental Design in Plasma Etch Model[J]. IEEE Transactions on semiconductor manufacturing, 1991:4(2)83-98.

[21] Stephen A Campbell. 微电子制造科学原理与工程技术[M]. 北京：电子工业出版社，2003.

[22] Montgomery Douglas C. Design and analysis of experiments [M]. New York: Wiley, 1997.

[23] 朱伟勇. 最优设计理论与应用[M]. 沈阳：辽宁人民出版社，1981.

[24] Bose C, Lord H. Neural network model in wafer fabrication, SPIE Proc [J]. Applications of Artificial Neural Networks, 1993:521-530.

[25] Christopher D Himmel, Gary S May G. Adavantages of Plasma Etch Modeling Using Neural Networks Over Statistical Techniques [J]. IEEE Trans Semiconductor Manufaturing, 1993, 6(2):130-111.

[26] Han Seung-Soo, Li Cai, et al. Modeling the Growth of PECVD Silicon Nitride Films for Solar Cell Applications Using Neural Networks[J]. IEEE Trans Semiconductor Manufacturing, 1996, 9(3):303-311.

[27] 张乃尧，阎平凡. 神经网络与模糊控制[M]. 北京：清华大学出版社，1998.

[28] 王洪元，史国栋. 人工神经网络技术及其应用[M]. 北京：中国石化出版社，2002.

[29] Byungwhan Kim, Sungjin Park. Charaterization of Inductively Coupled Plasma Using Neural Networks[J]. IEEE Transaction on Plasma Science, 2002, 30(2):698-705.

[30] Baker M D, Himmel C D, May G S. Time series modeling of reactive ion etching using neural work[J]. IEEE Trans semicond Manufacturing, 1995, 8(1):62.

[31] 石喜光，郑立刚，周昊，等. 基于广义回归神经网络与遗传算法的煤灰熔点优化[J]. 浙江大学学报(工学版)，2005, 39(8):1189-1192.

[32] Spechtd D F A. A general regression neural network[J]. IEEE Transaction on Neural Network, 1991, 2(6):568-576.